Lee Smolin

Quantenwelt

Lee Smolin

Quantenwelt

Wie wir zu Ende denken, was mit Einstein begonnen hat

Aus dem Englischen
von Jürgen Schröder

Deutsche Verlags-Anstalt

Die Originalausgabe ist 2019 unter dem Titel
Einstein's Unfinished Revolution. The Search for what lies beyond the Quantum
bei Penguin Press in New York erschienen.

MIX
Papier aus verantwortungsvollen Quellen
FSC® C014496

Verlagsgruppe Random House FSC® N001967

2. Auflage

Umschlaggestaltung: total italic, Thierry Wijnberg (Amsterdam/Berlin)
Illustrationen: Kaća Bradonjić
Satz, Druck und Bindung: GGP Media GmbH, Pößneck
Printed in Germany
ISBN 978-3-421-04686-4

www.dva.de

Dieses Buch ist auch als E-Book erhältlich.

Für Dina und Kai

Alles, was ein Musiker tun kann, ist, den Quellen der Natur näher zu kommen und dadurch zu spüren, dass er sich im Einklang mit den Naturgesetzen befindet.

–John Coltrane

Ich kann mit Sicherheit sagen, dass niemand die Quantenmechanik versteht.

–Richard Feynman

Inhalt

Vorwort 11

Teil 1: Orthodoxie des Unwirklichen 31
Eins Die Natur liebt es, sich zu verbergen 33
Zwei Quanten 47
Drei Wie Quanten sich verändern 59
Vier Wie Quanten miteinander teilen 73
Fünf Was die Quantenmechanik nicht erklärt 97
Sechs Der Triumph des Antirealismus 105

Teil 2: Die Wiedergeburt des Realismus 139
Sieben Die Herausforderung des Realismus: de Broglie und Einstein 141
Acht Bohm: Der Realismus macht noch einen Versuch 153
Neun Der physikalische Kollaps des Quantenzustands 177
Zehn Magischer Realismus 195
Elf Kritischer Realismus 207

Teil 3: Jenseits der Quantenwelt 241
Zwölf Alternativen zur Revolution 243
Dreizehn Lehren 269
Vierzehn Erstens, Prinzipien 293
Fünfzehn Eine kausale Perspektiventheorie 327

Nachwort/Revolutionen: Eigennotiz 351

Danksagung 361
Anmerkungen 364
Glossar 374
Weiterführende Literatur 385
Register 391

Vorwort

Wir Menschen hatten schon immer Schwierigkeiten mit der Grenze zwischen Wirklichkeit und Fantasie. Um uns die Welt zu erklären, erfinden wir Geschichten, und dann vernarren wir uns in sie, weil wir gute Geschichtenerzähler sind, und verwechseln unsere Vorstellungen von der Welt mit ihr selbst. Diese Verwechslung plagt Wissenschaftler ebenso wie Laien; tatsächlich betrifft sie uns stärker, weil unser Werkzeugkasten so leistungsfähige Geschichten enthält.

In dem Maße, wie wir unser Verständnis der natürlichen Welt vertiefen und uns zu kleineren und elementareren Phänomenen hinbewegen, errichten unsere Erfolge Hindernisse für den weiteren Fortschritt. Um zu vermeiden, dass wir uns festfahren, müssen wir unser gut begründetes Vertrauen auf die Macht gesicherter Erkenntnis durch ein scharfes Bewusstsein dessen in der Waage halten, wie durchaus hypothetisch auch unsere erfolgreichsten Hypothesen sind. Es ist eine schwierige Lektion, wenn man erfährt, dass unsere Empfindungen zwar teilweise von der Wirklichkeit verursacht sind, aber von unserem Gehirn vollständig konstruiert werden, um uns die Welt in genau derjenigen Form zu präsentieren, die wir brauchen, damit wir uns in der Natur zurechtfinden. Jenseits dieser Empfindungen schwebt die Natur im Grunde rätselhaft und hart an der Grenze unserer Erkenntnismöglichkeiten.

Die wichtigsten Merkmale der Natur, wie wir sie im Augenblick verstehen, wurden nicht wahrgenommen. Die einfachsten allgemeinen Tatsachen, die wir über die Welt wissen – dass beispielsweise die Materie aus Atomen besteht oder dass die Erde eine kugelförmige Schale aus Stein ist, die einen geschmolzenen Kern umgibt und von einer dünnen Atmosphäre eingehüllt wird, dass sie sich schwebend in einem nahezu leeren Raum bewegt, während sie einen natürlichen Kernreaktor umkreist – diese schlichten Tatsachen, die wir lernen, wenn wir gerade einmal unseren Kinderbetten entwachsen, sind das Ergebnis von Jahrhunderten intensiver Bemühungen von Gelehrten und Wissenschaftlern. Jede dieser Tatsachen erwuchs als eine beinahe verrückte Idee, die in Konflikt mit einer viel offensichtlicheren und vernünftigeren – aber falschen – Vermutung stand.

Eine wissenschaftliche Geisteshaltung besteht darin, die Tatsachen zu respektieren, über die Einigkeit herrscht und die die Lösung von Generationen von Streitigkeiten darstellen, während man gegenüber dem noch Unbekannten unvoreingenommen bleibt. Sie trägt dazu bei, dass man ein Gefühl der Demut im Hinblick auf die grundlegende Rätselhaftigkeit der Welt empfindet, denn die Aspekte, die wir kennen, werden nur noch rätselhafter, wenn wir sie weiter erforschen. Je mehr wir wissen, umso merkwürdiger ist alles. Es gibt in der Natur nichts so Gewöhnliches, dass seine Betrachtung nicht zu einem sprachlosen Gefühl der Verwunderung und Dankbarkeit führen könnte, dass man eben ein Teil von dem allen ist.

An diesem Frühlingsmorgen trägt die Luft, die durch das offene Fenster kommt, frische Gerüche aus dem Garten herein – aber durch welches Wunder geschieht das? Wie werden Moleküle, die von einer Brise hergeweht werden, durch eine Nase in diesen freudvollen Geruch verwandelt? Wir sehen lebhafte Farben, und wir erinnern uns daran, dass es eine Geschichte darüber gibt, wie unterschiedliche Wellenlängen des Lichts unterschiedliche Nervenzellen erregen. Aber wie könnten die Empfindungen der Röte und Bläue überhaupt durch die Erregung unterschiedlicher Nervenzellen verursacht werden? Was für eine Art von Dingen sind die Empfindungen, die *Qualia*, wie die Philosophen sie nennen, der verschiedenen Farben oder der verschiedenen Gerüche? Wie unterscheiden sich Gerüche von Farben, und warum unterscheiden sie sich, wenn alles bloß elektrische Impulse in Nervenzellen ist? Wer ist das Ich, das wacht, und was ist das Universum, das mich umgibt, wenn ich meine Augen öffne? Die einfachsten Tatsachen über unsere Existenz und unsere Beziehung zur Welt sind Rätsel.

Schleichen wir an der schwierigen Frage nach dem Bewusstsein zu einfacheren Fragen vorbei. Als Wissenschaftler glaube ich, dass das die beste Methode ist, um irgendwohin zu gelangen. Beginnen wir mit einer ganz elementaren Frage: Was ist Materie? Mein Sohn hat einen Stein auf dem Tisch liegen lassen. Ich ergreife ihn; sein Gewicht und seine Form passen bequem in meine Hand – gewiss ein uraltes Gefühl.

Aber was ist ein Stein?

Wir wissen, wie der Stein aussieht, wie er sich anfühlt. Aber diese Dinge beziehen sich zumindest ebenso sehr auf uns, wie sie sich auf den Stein beziehen. Nur wenig an der Empfindung oder der Erscheinung eines Steins gibt einen Hinweis darauf, was seinem Wesen nach die Existenz – die Steinhaftigkeit – eines Steins ausmacht. Wir wissen, dass der größte Teil des Steins leerer Raum ist, in dem Atome angeordnet sind. Die Festigkeit und Härte des Steins ist eine Konstruktion unseres Geistes, die Wahrnehmungen auf Größenskalen einbezieht, welche im Vergleich zur Größe der Atome ganz grob sind.

Materie gibt es in vielen Formen, von denen wir wissen, dass manche, wie der Stein, wie das organische Material, das in unsere Wolldecken, Leintücher und Kleider verwoben ist, komplex sein müssen. Betrachten wir also zunächst eine einfachere Form von Materie: das Wasser in unserem Glas. Was ist es?

Für unsere Augen und unseren Tastsinn erscheint Wasser als geschmeidig, kontinuierlich. Bis vor relativ kurzer Zeit, vor etwas mehr als einem Jahrhundert, meinten die Physiker, dass die Materie völlig kontinuierlich sei. Im frühen 20. Jahrhundert zeigte Albert Einstein, dass das falsch war und dass Wasser aus einer Unzahl von Atomen besteht. Im Wasser sind sie in Dreiergruppen angeordnet, zu Molekülen vereinigt, von denen jedes aus zwei Wasserstoff- und einem Sauerstoffatom besteht.

Ja, aber was ist ein Atom? Es dauerte weniger als ein Jahrzehnt nach Einstein, bis man verstand, dass jedes Atom wie ein winziges Sonnensystem aussieht, mit einem Kern im Zentrum anstelle der Sonne und den Planeten, die von den Elektronen repräsentiert werden.

So weit, so gut, aber was ist dann ein Elektron? Wir wissen, dass Elektronen in diskreten Einheiten vorkommen, von denen jede eine bestimmte Quantität an Masse und Ladung trägt. Ein Elektron kann eine Stelle im Raum haben. Es kann sich bewegen. Wenn wir zum ersten Mal schauen, ist es hier; wenn wir noch mal schauen, ist es dort.

Über diese Attribute hinaus ist es nicht leicht, ein Bild von dem zu geben, was ein Elektron ist. Es wird einen Großteil dieses Buches in Anspruch nehmen.

Das beste Verständnis dessen, was Steine sind, was Wasser ist, was Moleküle und Atome und Elektronen sind, kommt durch den Wissenschaftszweig zum Ausdruck, der als *Quantenphysik* bezeichnet wird. Aber, wie anscheinend mittlerweile jedermann weiß, ist das ein Reich voller Paradoxien und Rätsel. Die Quantenphysik beschreibt eine Welt, in der nichts eine stabile Existenz besitzt. Ein Atom oder ein Elektron kann eine Welle oder ein Teilchen sein, je nachdem, wie man es betrachtet; Katzen sind sowohl lebendig als auch tot. Das ist großartig für die Populärkultur, die »Quanten« zu einem Modewort für coole, abgefahrene Mystifizierung gemacht hat. Es ist aber schrecklich für diejenigen von uns, die die Welt verstehen wollen, in der wir leben, denn auf die einfache Frage »Was ist ein Stein?« scheint es keine leichte Antwort zu geben.

Im ersten Viertel des 20. Jahrhunderts wurde eine Theorie namens *Quantenmechanik* entwickelt, um die Quantenphysik zu erklären. Diese Theorie war seit ihrer Begründung das Musterkind der Naturwissenschaft. Sie ist die Grundlage unseres Verständnisses von Atomen, Strahlung und so vieler anderer Dinge, von den Elementarteilchen und Grundkräften bis zum Verhalten von Materialien. Ebenso lange war sie auch ein Problemkind. Von Anfang an waren ihre Erfinder zutiefst im Hinblick auf die Frage gespalten, wie man sie verstehen sollte. Einige brachten ihr Entsetzen und ihre Zweifel, sogar Empörung zum Ausdruck. Andere erklärten sie zu einer revolutionären neuen Art von Naturwissenschaft, die die metaphysischen Annahmen in Bezug auf die Natur und unsere Beziehung zu ihr erschütterten, die frühere Generationen für den Erfolg der Naturwissenschaft für wesentlich hielten.

In den folgenden Kapiteln hoffe ich, Sie davon zu überzeugen, dass die begrifflichen Probleme und stürmischen Meinungsverschiedenheiten, die die Quantenmechanik seit ihrer Begründung quälen, ungelöst und unlösbar sind, und zwar aus dem einfachen Grund, dass die Theorie falsch ist. Sie ist zwar äußerst erfolgreich, aber unvollständig. Unsere Aufgabe – wenn wir einfache Antworten auf unsere einfachen Fragen zum Wesen von Steinen haben wollen – muss darin bestehen, über die Quantenmechanik zu einer Beschreibung der Welt auf der Größenskala von Atomen hinauszugehen, die einen Sinn ergibt.

Diese Aufgabe könnte als überaus schwierig erscheinen, wenn es nicht einen nahezu vergessenen und lange ignorierten Aspekt der Geschichte der Quantenmechanik gäbe. Seit dem Beginn des Quantenzeitalters in den 1920er-Jahren hat es eine alternative Version der Quantenphysik gegeben, die einen vollständigen

Sinn ergibt. Diese Schattentheorie löst die scheinbaren Paradoxien und Rätsel des Quantenbereichs. Der Skandal – und ich glaube, dass dieser Begriff gerechtfertigt ist – besteht darin, dass diese alternative Form der Quantentheorie nur selten gelehrt wird. Sie wird selten erwähnt, sowohl in Lehrbüchern für angehende Physiker als auch in Popularisierungen für Laien.

Es gibt mehrere alternative Formulierungen der Quantenphysik, die einen konsistenten Sinn ergeben. Die Herausforderung besteht nun darin, auf diesen aufzubauen, um das richtige Verständnis der Quantenphysik zu finden – dasjenige, das die Natur verwendet. Ich glaube, dass dies breite Auswirkungen haben wird, weil die neue Form der Quantenphysik die Grundlage der Lösungen vieler hervorstechender Probleme in der Physik sein wird. Probleme wie zum Beispiel die Quantengravitation und die Vereinheitlichung der Kräfte, im Hinblick auf die wir wenig entschiedene Fortschritte gemacht haben, sind meiner Meinung nach deshalb Fehlschläge, weil unserer Theoriebildung eine falsche Theorie zugrunde liegt.

Die Physiker sind sich über das Verhalten der Quantenwelt einig. Wir sind uns einig, dass Atome und Strahlung sich anders verhalten als Steine und Katzen, und wir sind uns einig darüber, dass die Quantenmechanik funktioniert, um einige Aspekte dieses Verhaltens vorherzusagen. Aber wir sind uneins darüber, was es bedeutet, dass unsere Welt eine Quantenwelt ist. Es ist zwar klar, dass ein radikaler Wandel unseres Naturverständnisses erforderlich ist, aber wir sind uneins darüber, worin dieser Wandel bestehen soll. Manche machen geltend, dass wir es aufgeben müssen, irgendein Bild der Wirklichkeit aufrechtzuerhalten, und uns mit einer Theorie zufriedengeben müssen, die nur die Erkenntnis beschreibt, die wir von der Welt haben können. Andere behaupten, dass unsere Vorstellung der Wirklichkeit stark erweitert werden muss, um eine Unendlichkeit paralleler Wirklichkeiten zu erfassen.

Tatsächlich ist weder das eine noch das andere notwendig. Die alternativen Verständnisse der Quantenwelt verlangen nicht von uns, die Idee aufzugeben, dass die Physik eine Wirklichkeit beschreibt, die unabhängig von unserer Erkenntnis von ihr ist. Sie erfordern auch nicht, dass wir diese Wirklichkeit über die Vorstellung des gesunden Menschenverstands hinaus erweitern, dass es eine einzige Welt gibt und dass sie diejenige ist, die wir sehen, wenn wir um uns herumblicken. Wie ich auf den folgenden Seiten erklären werde, wird der Realismus des gesunden Menschenverstands, dem zufolge die Naturwissenschaft nach einem vollständigen Bild der natürlichen Welt streben kann, wie sie wirklich ist oder bei unserer Abwesenheit wäre, eigentlich nicht von irgendetwas bedroht, das wir über die Quantenphysik wissen.

Daher ist es sowohl unglücklich als auch unnötig, dass das Reich der Quanten als rätselhaft und kontraintuitiv dargestellt wurde. Eines der Ziele dieses Buches besteht darin, die alternativen Quantentheorien Laien zu präsentieren und dadurch die Rätselhaftigkeit aufzuheben und die Quantenwelt auf eine Weise darzustellen, die intuitiv und Leuten zugänglich ist, die keine Spezialisten für Physik sind.

Ich stelle mir meinen Leser als jemanden mit einer großen Neugier für die Natur vor, als jemanden, der die Naturwissenschaft vielleicht anhand von Nachrichten, Blogs und populärwissenschaftlichen Büchern verfolgt, aber dessen Ausbildung nicht die Mathematik beinhaltete, die gewöhnlich als Sprache der Physik angenommen wird. Stattdessen verwende ich Worte und Bilder, um die Grundphänomene zu vermitteln, die wir in der Quantenwelt finden, sowie die Prinzipien, die deren Erforschung angeregt hat. Nach der Einleitung beginnt das Buch mit drei kurzen Kapiteln, die die aufs Nötigste reduzierten Grundlagen der Quantenphysik beschreiben. Mit ihnen gerüstet, werden wir die verschiedenen begrifflichen Welten erforschen, die sich aus den verschiedenen Formen der Quantentheorie ergeben, die vorgeschlagen wurden.

Was steht bei der Auseinandersetzung um die Quantenmechanik auf dem Spiel? Warum ist es wichtig, ob unsere fundamentale Theorie der natürlichen Welt rätselhaft und paradox ist?

Hinter der ein Jahrhundert dauernden Auseinandersetzung um die Quantenmechanik steht eine grundlegende Meinungsverschiedenheit über das Wesen der Wirklichkeit – eine Meinungsverschiedenheit, die, wenn sie unaufgelöst bleibt, sich zu einem Streit über das Wesen der Naturwissenschaft zuspitzt.

Zwei Fragen liegen dem Schisma zugrunde.

Zuallererst, existiert die natürliche Welt unabhängig von unserem Geist? Genauer, hat die Materie eine stabile Gesamtheit von Eigenschaften an sich, unabhängig von unseren Wahrnehmungen und unserem Wissen?

Zweitens, können diese Eigenschaften von uns verstanden und beschrieben werden? Können wir genug in Bezug auf die Naturgesetze verstehen, um die Geschichte unseres Universums zu erklären und seine Zukunft vorherzusagen?

Die Antworten, die wir auf diese beiden Fragen geben, haben Implikationen für umfassendere Fragen über das Wesen und Ziel der Naturwissenschaft und die Rolle der Naturwissenschaft innerhalb des größeren Projekts der Menschheit. Tatsächlich handelt es sich um Fragen, die die Grenze zwischen Wirklichkeit und Fantasie betreffen.

Leute, die diese beiden Fragen mit Ja beantworten, werden als Realisten bezeichnet. Einstein war Realist. Auch ich bin Realist. Wir Realisten glauben, dass es eine wirkliche Welt da draußen gibt, deren Eigenschaften in keiner Weise von unserem Wissen oder unserer Wahrnehmung von ihr abhängen. Das ist die Natur, wie sie bei unserer Abwesenheit wäre und zum größten Teil ist. Außerdem glauben wir, dass die Welt präzise genug verstanden und beschrieben werden kann, um zu erklären, wie sich irgendein System in der natürlichen Welt verhält.

Wenn man Realist ist, glaubt man, dass die Naturwissenschaft die systematische Suche nach dieser Erklärung ist. Das beruht auf einer naiven Vorstellung von Wahrheit. Behauptungen über Gegenstände oder Systeme in der Natur sind insoweit wahr, als sie echten Eigenschaften der Natur entsprechen.

Wenn man auf beide Fragen mit Nein antwortet, ist man ein Antirealist.

Die meisten Wissenschaftler sind Realisten im Hinblick auf Alltagsgegenstände auf der Größenskala des Menschen. Dinge, die wir sehen, ergreifen und herumwerfen können, haben einfache und leicht zu verstehende Eigenschaften. Zu jedem Zeitpunkt existieren sie irgendwo im Raum. Wenn sie sich bewegen, folgen sie einer Bahn, und diese Bahn hat relativ zu jemandem, der sie beschreibt, eine bestimmte Geschwindigkeit. Sie haben Masse und Gewicht.

Wenn wir unserem Partner sagen, dass das rote Notizbuch, dass er oder sie sucht, auf dem Tisch liegt, erwarten wir, dass dies einfach wahr oder falsch ist, und zwar völlig unabhängig von unserem Wissen oder unserer Wahrnehmung.

Die Beschreibung von Materie auf dieser Ebene, von den kleinsten Größenskalen, die wir mit unseren Augen sehen können, bis hin zu Sternen und Planeten, wird als klassische Physik bezeichnet. Sie wurde von Galilei, Kepler und Newton erfunden. Einsteins Relativitätstheorien sind ihre krönenden Errungenschaften.

Aber es ist nicht leicht oder selbstverständlich, dass wir hinsichtlich der Materie auf der Ebene einzelner Atome Realisten sind. Das liegt an der Quantenmechanik.

Die Quantenmechanik ist gegenwärtig unsere beste Theorie der Natur auf der Größenskala von Atomen. Diese Theorie weist, wie ich schon angedeutet habe, bestimmte sehr rätselhafte

Eigenschaften auf. Es wird weithin angenommen, dass diese Eigenschaften den Realismus ausschließen. Das heißt, die Quantenmechanik verlangt, dass wir eine oder beide Fragen, die ich oben stellte, mit Nein beantworten. Sofern die Quantenmechanik die korrekte Beschreibung der Natur ist, sind wir gezwungen, den Realismus aufzugeben.

Die meisten Physiker sind keine Realisten in Bezug auf Atome, Strahlung und Elementarteilchen. Ihre Überzeugung stammt zum größten Teil nicht von dem Wunsch her, den Realismus auf der Grundlage radikaler philosophischer Positionen zu verwerfen. Stattdessen rührt sie daher, dass sie von der Wahrheit der Quantenmechanik überzeugt sind und – wie man sie gelehrt hat – glauben, dass die Quantenmechanik den Realismus ausschließt.

Wenn es wahr ist, dass die Quantenmechanik die Aufgabe des Realismus verlangt, dann muss man, wenn man Realist ist, glauben, dass die Quantenmechanik falsch ist. Sie mag zwar vorübergehend erfolgreich sein, aber sie kann nicht die vollständige korrekte Beschreibung der Natur im atomaren Maßstab sein. Das führte Einstein dazu, die Quantenmechanik als etwas abzulehnen, das mehr ist als nur eine vorübergehende Notlösung.

Einstein und andere Realisten glauben, dass uns die Quantenmechanik eine unvollständige Beschreibung der Natur gibt, in der Eigenschaften fehlen, die für ein vollständiges Verständnis der Welt notwendig sind. Einstein stellte sich manchmal vor, dass es »verborgene Variablen« gebe, die die Beschreibung der Welt durch die Quantentheorie vervollständigen würden. Er glaubte, dass die vollständige Beschreibung, einschließlich dieser fehlenden Eigenschaften, mit dem Realismus konsistent wäre.

Wenn man also Realist und Physiker ist, gibt es ein vordringliches Gebot, nämlich über die Quantenmechanik hinauszugehen, um diese fehlenden Eigenschaften zu entdecken und dieses Wissen zur Konstruktion einer wahren Theorie der Atome zu nutzen. Das war Einsteins unvollendete Mission, und sie ist auch meine eigene.

Es gibt verschiedene Arten von Antirealisten, was zu unterschiedlichen Auffassungen der Quantenmechanik führt.

Manche Antirealisten glauben, dass die Eigenschaften, die wir Atomen und Elementarteilchen zuschreiben, diesen Objekten nicht innewohnen, sondern nur durch unsere Interaktionen mit ihnen erzeugt werden und nur zu dem Zeitpunkt existieren, zu dem wir sie messen. Wir können sie als radikale Antirealisten bezeichnen. Der einflussreichste von ihnen war Niels Bohr. Er war der Erste, der die Quantentheorie auf das Atom angewendet hat, wonach er zum Führer und Mentor der nächsten Generation von Quantenrevolutionären wurde. Sein radikaler Antirealismus prägte einen Großteil der Art und Weise, wie die Quantentheorie verstanden wurde.

Eine andere Gruppe von Antirealisten glaubt, dass die Naturwissenschaft als Ganzes sich nicht mit dem befasst oder über das spricht, was in der Natur wirklich ist, sondern vielmehr immer nur über unser Wissen von der Welt redet. Ihrer Auffassung zufolge beziehen sich die Eigenschaften, die die Physik einem Atom zuschreibt, nicht auf dieses Atom; stattdessen beziehen sie sich nur auf das Wissen, das wir von ihm haben. Diese Wissenschaftler können als Quantenepistemologen bezeichnet werden.

Und dann gibt es die Operationalisten, eine Gruppe von Antirealisten, die Agnostiker in Bezug darauf sind, ob es eine grundlegende Wirklichkeit gibt, die von uns unabhängig ist, oder nicht. Die Quantenmechanik, so lautet ihre Behauptung, bezieht sich keinesfalls auf die Wirklichkeit; vielmehr ist sie eine Menge von Verfahrensweisen zur Befragung von Atomen. Sie bezieht sich nicht auf die Atome selbst, sondern darauf, was geschieht, wenn Atome in Kontakt mit den großen Vorrichtungen treten, die wir zu ihrer Messung benutzen. Heisenberg, der beste von Bohrs Schützlingen, der die Gleichungen der Quantenmechanik erfand, war zumindest teilweise ein Operationalist.

Im Gegensatz zu den Auseinandersetzungen zwischen radikalen Antirealisten, Quantenepistemologen und Operationalisten teilen alle Realisten eine ähnliche Perspektive – wir stimmen in der Antwort auf die beiden Fragen überein, die ich oben stellte. Aber wir unterscheiden uns darin, wie wir eine dritte Frage beantworten: Besteht die natürliche Welt hauptsächlich aus der Art von Gegenständen, die wir sehen, wenn wir uns umblicken, und aus den Dingen, aus denen sie zusammengesetzt sind? Mit anderen Worten, ist das, was wir sehen, wenn wir uns umblicken, typisch für das Universum als Ganzes?

Diejenigen unter uns, die diese Frage mit Ja beantworten, können sich als einfache oder naive Realisten bezeichnen. Ich sollte den Leser darauf aufmerksam machen, dass ich das Adjektiv »naiv« in der Bedeutung »stark«, »unverbraucht«, »unkompliziert« verwende. In meinen Augen ist eine Auffassung naiv, wenn sie keine ausgeklügelten Argumente oder verwickelten Rechtfertigungen braucht. Ich würde behaupten, dass ein naiver Realismus, wo immer möglich, vorzuziehen ist.

Es gibt Realisten, die nicht naiv in diesem Sinne sind. Sie glauben, dass die Wirklichkeit sich stark von der Welt, die wir wahrnehmen und messen, unterscheidet.

Ein Beispiel für eine solche Auffassung ist die Viele-Welten-Interpretation, die lehrt, dass die Welt, die wir wahrnehmen, nur eine aus einer riesigen und ständig wachsenden Anzahl paralleler Welten ist. Ihre Befürworter bezeichnen sich selbst als Realisten, und sie haben einen gewissen Anspruch auf diese Bezeichnung, weil sie die erste der beiden Fragen mit Ja beantworten. Aber meiner Meinung nach sind sie nur Realisten in einem äußerst technischen, akademischen Sinne. Vielleicht könnte man sie als magische Realisten bezeichnen, denn sie glauben, dass das, was wirklich ist, weit jenseits der Welt liegt, die wir wahrnehmen. Der magische Realismus in diesem Sinne ist beinahe schon eine Form des Mystizismus, denn er impliziert, dass die wahre Welt unserer Wahrnehmung verborgen ist.

Ist es möglich, eine Theorie der Atome zu formulieren, die im allgemeinsten und naivsten Sinne realistisch ist und deshalb alle drei Fragen mit Ja beantwortet? Es *ist* möglich, und das ist die Geschichte, die ich in diesem Buch erzählen möchte. Aber diese Theorie ist nicht identisch mit der Quantenmechanik, und wenn sie richtig ist, dann ist die Quantenmechanik falsch in dem Sinne, dass sie eine sehr unvollständige Beschreibung der Natur geben muss.

Ein Teil der Geschichte, die ich hier erzählen möchte, besteht darin, wie diese naiv realistische Theorie der Natur beiseitegedrängt wurde, während eine Theorie florierte, die von uns verlangte, entweder den Antirealismus oder den Mystizismus anzunehmen. Aber ich werde mit einer optimistischen Note schließen, indem ich einen Weg skizziere, auf dem wir zu einer realistischen Auffassung der Natur fortschreiten können, die die Quantenwelt einbezieht.

Das ist alles deshalb von Bedeutung, weil die Naturwissenschaft im frühen 21. Jahrhundert unter Beschuss steht. Die Naturwissenschaft steht unter Beschuss, und mit ihr der Glaube an eine wirkliche Welt, in der Tatsachen entweder wahr oder falsch sind. Teilen unserer Gesellschaft scheint geradezu die Grenze zwischen Wirklichkeit und Fantasie zu entgleiten.

Die Naturwissenschaft steht unter Beschuss von denen, die ihre Folgerungen für ihre politischen und geschäftlichen Ziele hinderlich finden. Klimawandel sollte keine politische Frage sein, er ist keine Frage der Ideologie, sondern ein Problem der nationalen Sicherheit und sollte als solches behandelt werden. Er ist ein wirkliches Problem, das auf Belegen beruhende Lösungen erfordert. Die Naturwissenschaft steht außerdem unter Beschuss von religiösen Fundamentalisten, die darauf bestehen, dass bestimmte historische Texte Gottes Lehren unveränderlicher Wahrheiten beinhalten.

Meiner Ansicht nach gibt es nur wenig Grund für einen Konflikt zwischen den meisten Religionen und der Naturwissenschaft. Viele Religionen akzeptieren – und feiern sogar – die Naturwissenschaft als den Weg zur Erkenntnis der natürlichen Welt. Darüber hinaus gibt es genügend Rätsel bezüglich der Existenz und Bedeutung der Welt, zu deren Erörterung uns sowohl die Religion als auch die Naturwissenschaft anregen, die aber weder die eine noch die andere lösen können.

Es wird nur verlangt, dass die Religionen jene naturwissenschaftlichen Entdeckungen, die als gesicherte Erkenntnis gelten, nicht angreifen oder zu untergraben versuchen. Diese Entdeckungen gelten deshalb als gesicherte Erkenntnis, weil sie von überwältigenden Belegen gestützt werden, als welche sie von denjenigen beurteilt werden, die hinreichend gebildet sind, um ihre Gültigkeit zu bewerten. Das ist in der Tat die Auffassung vieler religiöser Führer aller Glaubensrichtungen. Im Gegenzug sollten Naturwissenschaftler diese aufgeklärten Führer als Verbündete bei der Arbeit für eine bessere Welt verstehen.

Darüber hinaus steht die Naturwissenschaft durch eine Modeerscheinung bei manchen geisteswissenschaftlichen Akademikern unter Beschuss, die es eigentlich besser wissen sollten. Sie behaupten, dass die Naturwissenschaft nichts weiter als eine gesellschaftliche Konstruktion ist, die nur eine aus einem Spektrum gleichermaßen gültiger Perspektiven darstellt.

Damit die Naturwissenschaft klar und deutlich auf diese Herausforderungen reagieren kann, muss sie selbst vom mystischen Verlangen und den metaphysischen Programmen ihrer eigenen Fachleute rein sein. Individuelle Naturwissenschaftler können von mystischen Gefühlen und metaphysischen Voraannahmen motiviert sein – und sind es manchmal auch tatsächlich. Das macht der Naturwissenschaft so lange nichts aus, wie die eng bestimmten Kriterien, die Vermutung und Intuition von gesicherter Wahrheit trennen, universell verstanden und beherzigt werden.

Aber wenn die Grundlagenphysik selbst von einer antirealistischen Philosophie in Geiselhaft genommen wird, sind wir in Gefahr. Wir riskieren, das jahrhundertealte Projekt des Realismus aufzugeben, das nichts weniger als die kontinuierliche, Stück für Stück sich durch den Erkenntnisfortschritt vollziehende Anpassung der Grenze zwischen unserer Erkenntnis der Wirklichkeit und dem Reich der Fantasie ist.

Eine Gefahr des Antirealismus bezieht sich auf die Praxis der Physik selbst. Der Antirealismus reduziert unser Streben nach einem völlig klaren Verständnis der Natur und schwächt folglich unsere Maßstäbe dafür, was ein Verständnis eines physikalischen Systems ausmacht.

Im Gefolge des Triumphs des Antirealismus über die Welt der Atome hatten wir mit den antirealistischen Spekulationen über die Natur im größtmöglichen Maßstab zu kämpfen. Eine lautstarke Minderheit von Kosmologen verkündet, dass das Universum, das wir um uns herum sehen, nur eine Blase in einem riesigen Ozean namens Multiversum ist, das eine Unendlichkeit anderer Blasen enthält. Und während wir gefahrlos annehmen können, dass die Galaxien, die wir sehen, für den Rest unseres Universums typisch sind, müssen wir die anderen unsichtbaren Blasen so betrachten, dass sie von unterschiedlichen und zufällig zugeordneten Gesetzen regiert werden, sodass unser Universum weit entfernt davon ist, typisch für das Ganze zu sein. Dies im Verein mit der Tatsache, dass alle oder fast alle der anderen Blasen für immer und ewig außerhalb der Reichweite unserer Beobachtungen liegen, bedeutet, dass die Multiversum-Hypothese niemals geprüft oder falsifiziert werden kann. Deshalb liegt diese

Fantasievorstellung außerhalb der Grenzen der Naturwissenschaft. Dennoch wird diese Vorstellung von nicht wenigen hoch angesehenen Physikern und Mathematikern verfochten.

Es wäre ein Fehler, diese Fantasievorstellung des Multiversums mit der Viele-Welten-Interpretation der Quantenmechanik zu verwechseln. Es handelt sich um verschiedene Ideen. Dennoch teilen sie einen magisch-realistischen Umsturz des Ziels der Naturwissenschaft, die Welt, die wir um uns herum sehen, ausschließlich in Begriffen ihrer selbst zu erklären. Ich würde behaupten, dass der Schaden im Hinblick auf die Klarheit des Ziels und Zwecks der Naturwissenschaft, den die begeisterten Befürworter des Multiversums angerichtet haben, nicht möglich gewesen wäre, wenn nicht die Mehrheit der Physiker unkritisch antirealistische Varianten der Quantenphysik übernommen hätte.

Gewiss erklärt die Quantenmechanik viele Aspekte der Natur, und sie tut es mit höchster Eleganz. Die Physiker haben einen sehr leistungsfähigen Werkzeugsatz zur Erklärung vielfältiger Phänomene in den Begriffen der Quantenmechanik entwickelt, weshalb man viele Phänomene der Natur im Griff hat, wenn man die Quantenmechanik beherrscht. Zugleich tanzen die Physiker immer um die klaffenden Lücken herum, die die Quantenmechanik in unserem Naturverständnis offenlässt. Die Theorie liefert kein Bild von dem, was bei Einzelprozessen vor sich geht, und sie erklärt häufig nicht, warum ein Experiment so und nicht anders ausfällt.

Diese Lücken und Mängel sind deshalb von Bedeutung, weil sie der Tatsache zugrunde liegen, dass wir die zentralen Probleme der Naturwissenschaft nur halbwegs gelöst haben, bevor uns anscheinend die Luft ausging. Ich glaube, es ist uns deshalb noch nicht gelungen, die Quantentheorie mit der Gravitation und der Raumzeit zu vereinheitlichen (was wir mit der Quantisierung der Gravitation meinen) oder die Interaktionen zu vereinheitlichen, weil wir mit einer unvollständigen und falschen Quantentheorie gearbeitet haben.

Aber ich vermute, dass die Auswirkungen der Gründung der Naturwissenschaft auf falschen Grundlagen weiter und tiefer reichen. Das Vertrauen auf die Naturwissenschaft als Methode zur Auflösung von Meinungsverschiedenheiten und zur Bestimmung der Wahrheit wird untergraben, wenn ein radikaler Strang von Antirealismus an den Grundlagen der Naturwissenschaft floriert. Wenn diejenigen, die den Maßstab dafür festlegen, was als Erklärung gilt, durch einen virulenten Mystizismus verführt werden, lässt sich die daraus entstehende Verwirrung durch die ganze Kultur hindurch spüren.

Ich hatte das Privileg, einigen aus der zweiten Generation der Gründer der Physik des 20. Jahrhunderts zu begegnen. Einer der widersprüchlichsten war John Archibald Wheeler. Als Kerntheoretiker und Mystiker gab er die Vermächtnisse von Albert Einstein und Niels Bohr an meine Generation anhand der Geschichten weiter, die er uns über seine Freundschaft mit beiden erzählte. Wheeler war ein engagierter kalter Krieger, der an der Wasserstoffbombe arbeitete, auch wenn er den Weg für die Erforschung von Quantenuniversen und schwarzen Löchern bereitete. Außerdem war er ein großer Mentor, der Richard Feynman, Hugh Everett und einige der Pioniere der Quantengravitation zu seinen Schülern zählte. Und er hätte mein eigener Mentor sein können, wenn ich ein besseres Urteilsvermögen gehabt hätte.

Als treuer Schüler von Bohr sprach Wheeler in Rätseln und Paradoxien. Seine Tafel sah anders aus als alles, was mir je begegnet war. Sie hatte keine Gleichungen und nur ein paar elegant geschriebene Aphorismen, von denen jeder in einem Kasten aufgeführt wurde und das Destillat eines Lebens war, das den Grund dafür suchte, warum unsere Welt ein Quantenuniversum ist. Ein typisches Beispiel war »It from bit«. (Ja, lesen Sie es noch einmal –

langsam! Wheeler hatte schon früh die gegenwärtige Mode angenommen, die Welt als aus Information bestehend anzusehen, sodass Information fundamentaler ist als das, was sie beschreibt. Das ist eine Form von Antirealismus, die wir später besprechen werden.) Hier ist ein weiteres: »Kein Phänomen ist ein wirkliches Phänomen, bevor es nicht ein beobachtetes Phänomen ist.« Man hatte folgende Art von Gespräch mit Wheeler: Er fragte mich: »Angenommen, wenn Sie sterben und zu Ihrer allerletzten Prüfung vor den heiligen Petrus hintreten, stellt er Ihnen nur eine einzige Frage: ›Warum gibt es Quanten?‹« (Das heißt, warum leben wir in einer Welt, die von der Quantenmechanik beschrieben wird?) »Was werden Sie ihm sagen?«

Ein Großteil meines Lebens habe ich damit verbracht, nach einer befriedigenden Antwort auf diese Frage zu suchen. Während ich diese Seiten schreibe, erinnere ich mich lebhaft an meine ersten Begegnungen mit der Quantenphysik. Als ich mit siebzehn das Gymnasium abgebrochen hatte, durchstöberte ich die Regale der Physikbibliothek an der University of Cincinnati. Dort stieß ich auf ein Buch mit einem Kapitel von Louis de Broglie (wir werden ihm in Kapitel 7 begegnen), der als Erster vorschlug, dass Elektronen sowohl Wellen als auch Teilchen sind. Dieses Kapitel führte seine Theorie der Führungswelle ein, die die erste realistische Formulierung der Quantenmechanik war. Es war auf Französisch geschrieben, eine Sprache, die ich nach zwei Jahren Gymnasialunterricht zwar nur ruckartig las, aber ich erinnere mich gut an meine Begeisterung, als ich das Grundsätzliche verstand. Ich kann immer noch meine Augen schließen und eine Seite aus diesem Buch sehen, die die Gleichung aufführte, welche die Wellenlänge mit dem Impuls verknüpft.

Mein erster wirklicher Kurs in Quantenmechanik fand im nächsten Frühling am Hampshire College statt. Dieser Kurs, den Herbert Bernstein unterrichtete, endete mit einer Darstellung des fundamentalen Theorems von John Bell[1], das, kurz gesagt, nachweist, dass die Quantenwelt nicht gut in den Raum passt. Ich erinnere mich lebhaft daran, dass ich in den warmen Nachmittag hinausging, nachdem ich den Beweis des Theorems verstanden hatte, und überwältigt auf den Stufen der College-Bibliothek saß. Ich zog ein Notizbuch heraus und schrieb sofort ein Gedicht an ein Mädchen, in das ich verknallt war. In dem Gedicht sagte ich ihr, dass jedes Mal, wenn wir uns berührten, es Elektronen in unseren Händen gäbe, die von da an miteinander verschränkt sein würden. Ich erinnere mich nicht mehr daran, wer sie war oder wie sie mein Gedicht verstand oder ob ich es ihr überhaupt zeigte. Aber meine Besessenheit von der Durchdringung des Rätsels der nichtlokalen Verschränkung, die an diesem Tag begann, hat mich nie wieder verlassen; mein Drang, der Quantenwelt einen besseren Sinn abzugewinnen, ist ebenfalls in den Jahrzehnten seither nicht schwächer geworden. Auf meinem Berufsweg waren die Rätsel der Quantenphysik das zentrale Mysterium, zu dem ich immer wieder zurückgekehrt bin. Auf diesen Seiten hoffe ich, in Ihnen eine ähnliche Faszination zu erwecken.

Die Geschichte, die ich in diesem Buch erzähle, ist wie ein Schauspiel in drei Akten gestaltet. Teil 1 lehrt die Grundbegriffe der Quantenmechanik, die wir brauchen werden, während wir die Geschichte ihrer Erfindung verfolgen. Das Hauptthema ist hier der Triumph der Antirealisten, unter der Führung von Bohr und Heisenberg, über die Realisten, deren Protagonist Einstein war. Man beachte bitte, dass die Geschichte, die ich hier erzähle, nur eine Skizze ist; die wirkliche Geschichte ist weitaus komplexer. Teil 2 zeichnet die Wiederbelebung realistischer Ansätze der Quantenmechanik nach, die in den 1950er-Jahren begann, und erklärt ihre Stärken und Schwächen. Die Helden sind hier ein amerikanischer Physiker namens David Bohm und der irische Theoretiker, John Bell.

Die Schlussfolgerung von Teil 2 wird sein, dass realistische Ansätze möglich sind und hinreichend gut funktionieren, um die

Behauptungen zu untergraben, die Quantenphysik verlange, dass wir alle Antirealisten werden. Doch in meinen Augen hat keiner dieser Ansätze den Klang der Wahrheit. Ich glaube, dass wir Besseres erreichen können; tatsächlich würde ich aus Gründen, die ich erläutern werde, die Behauptung wagen, dass die korrekte Vervollständigung der Quantenmechanik auch das Problem der Quantengravitation lösen sowie uns eine gute kosmologische Theorie an die Hand geben wird. Teil 3 führt die heutigen Bemühungen zur Konstruktion dieser realistischen Theorie von allem ein. Einige davon sind von mir, einige von anderen.

Willkommen in der Quantenwelt. Fühlen Sie sich wie zu Hause, denn es ist Ihre Welt, und es ist unser Glück, dass wir ihre Rätsel lösen dürfen.

Teil 1

Orthodoxie des Unwirklichen

Eins

Die Natur liebt es, sich zu verbergen

Die Wirklichkeit ist
das Geschäft der Physik.

– Albert Einstein

Die Quantenmechanik bildet seit neun Jahrzehnten den Kern unseres Naturverständnisses. Sie ist allgegenwärtig, aber auch zutiefst rätselhaft. Nur ein kleiner Teil der modernen Naturwissenschaft würde ohne sie einen Sinn ergeben. Aber die Experten finden es schwer, sich darüber zu einigen, was sie über die Natur behauptet.

Die Quantenmechanik erklärt, warum es Atome gibt und warum Atome stabil sind und charakteristische chemische Eigenschaften haben. Sie erklärt auch, wie Atome sich zu vielfältigen Molekülen verbinden. Infolgedessen ist sie die Grundlage für unser Verständnis der Formen und Interaktionen dieser Moleküle. Ohne Quanten wäre das Leben unverständlich. Vom Verhalten von Wasser bis zur Form von Proteinen und der Genauigkeit und Übertragung von Information durch die DNA und RNA hängt alles in der Biologie von Quanten ab.

Die Quantenmechanik erklärt die Eigenschaften von Materialien, wie beispielsweise, warum Metall elektrischen Strom leitet, während ein anderes Material isolierend wirkt. Sie erklärt das Licht und die Radioaktivität und ist die Grundlage der Kernphysik. Ohne sie würden wir nicht verstehen, warum die Sterne leuchten. Und wir hätten auch nicht die Chips und Laser erfinden können, auf denen ein so großer Teil unserer Technik beruht. Die Quantenmechanik ist die Sprache, die wir verwenden, um das Standardmodell der Elementarteilchenphysik aufzuschreiben, das unser gesamtes Wissen über die Elementarteilchen und die Grundkräfte enthält, durch die sie miteinander interagieren.

Unserer besten Theorie des frühen Universums zufolge entstand die gesamte Materie in Verbindung mit den Mustern, die sich schließlich zu Galaxien zusammenschlossen, aus der Zufälligkeit des Quantenvakuums des leeren Raumes durch die schnelle Ausdehnung des Universums. Ich erwarte vom Leser nicht, dass er genau versteht, was das bedeutet, aber vielleicht rufen die Worte ein Bild hervor. Wenn das stimmt, gäbe es jedenfalls ohne Quantenphysik buchstäblich nichts außer leerer Raumzeit.

Doch trotz all ihrer Erfolge gibt es im Zentrum der Quantenmechanik ein hartnäckiges Rätsel. Die Quantenwelt verhält sich auf eine Weise, die unsere Intuition infrage stellt. Man sagt häufig, dass in der Quantenphysik ein Atom gleichzeitig an zwei Orten sein kann, aber das ist erst der Anfang; die vollständige Geschichte ist weitaus merkwürdiger als dies. Wenn ein Atom hier oder dort sein kann, müssen wir von Zuständen sprechen, in denen es irgendwie gleichzeitig hier und dort ist. Das wird als *Superposition* bezeichnet.

Wenn Sie ein Neuling in der Quantenwelt sind, fragen Sie sich bestimmt, was es bedeutet, dass ein Atom irgendwie sowohl hier als auch dort ist. Verlieren Sie nicht den Mut, wenn Sie das verwirrend finden. Sie haben ganz und gar das Recht, sich zu fragen, was das bedeutet. Das ist eines der zentralen Rätsel der Quantenmechanik. Im Augenblick genügt es jedoch, wenn Sie dies einfach als ein Rätsel akzeptieren, dem wir den Begriff »Superposition« beilegen. Später werden wir in der Lage sein, es zu enträtseln.

Folgendes ist ein erster Schritt. Wenn wir sagen, dass ein Quantenteilchen in einer »Superposition von hier und dort« ist, bezieht sich das auf die wellenartige Natur der Materie, denn eine Welle ist eine Störung, die ausgebreitet ist, und deshalb kann sie sowohl hier als auch dort sein.

Wir sprechen zwar von Elementarteilchen, aber alles Quantenartige, einschließlich Atome und Moleküle, ist sowohl ein Teilchen als auch eine Welle. Folgendes ist ein Vorgeschmack darauf, was das bedeutet. Wenn wir ein Experiment machen, das die Frage stellt, wo ein Atom ist, wird das Ergebnis sein, dass es sich an einem bestimmten Ort befindet. Aber zwischen den Messungen, wenn wir nicht nach ihm suchen, erweist es sich als unmöglich zu berechnen, wo es sein könnte. Es ist so, als ob die Wahrscheinlichkeit oder Tendenz, das Teilchen zu finden, sich als Welle ausbreitet, wenn wir nicht nachschauen. Aber sobald wir wieder nachschauen, ist es immer an einem bestimmten Ort.

Ein anderes Merkmal, das für die Quantenwelt einzigartig ist, wird als *Verschränkung* bezeichnet. Wenn zwei Teilchen miteinander interagieren und sich dann voneinander wegbewegen, bleiben sie in dem Sinne miteinander verflochten, dass sie Eigenschaften zu teilen scheinen, die sich nicht in Eigenschaften aufschlüsseln lassen, die jedes Teilchen für sich besitzt.

Wir können unsere Einbildungskraft anspannen, um diese neuen Begriffe auf Atome und Moleküle anzuwenden, die zu klein sind, um direkt sichtbar zu sein. Wir müssen sie auf indirekte Weise untersuchen, und zu diesem Zweck setzen wir große und komplexe Messvorrichtungen ein.

Diese Messgeräte sind Teil der alltäglichen, vertrauten Welt großer Gegenstände. Wir können sicher sein, dass große Alltagsgegenstände keine der merkwürdigen Verhaltensweisen zeigen, die die Quantenmechanik beschreibt. Ein Stuhl ist hier oder dort, aber nie in einer Kombination solcher Zustände. Wenn wir mitten in der Nacht in einem fremden Hotelzimmer aufwachen, mögen wir uns zwar nicht sicher sein, wo der Stuhl ist, aber wir können sicher sein, dass er an einem bestimmten Ort ist. Und nachdem wir mit ihm im Dunkeln zusammengestoßen sind, verschränkt sich unsere Zukunft nicht mit seiner Zukunft.

In der Welt, wie wir sie erfahren, sind Katzen entweder lebendig oder tot, auch wenn sie in eine Kiste gesperrt sind. Wenn wir die Kiste öffnen, entschließt sich die Katze nicht plötzlich aus einer Kombination aus totem und lebendigem Zustand dazu, tot zu sein. Wenn wir sie tot vorfinden, wird sie wahrscheinlich schon eine Weile in diesem Zustand gewesen sein, wie wir augenblicklich riechen werden.

Gewöhnliche Gegenstände teilen anscheinend keine der Quantenmerkwürdigkeiten der Atome, aus denen sie bestehen. Das scheint zwar offensichtlich zu sein, aber es wirft ein Rätsel auf. Die Quantenmechanik ist die Kerntheorie der Natur. Als solche muss sie universal sein. Wenn sie für ein Atom gilt, muss sie für zwei, zehn oder neunzig Atome gelten. Und wir haben ausgezeichnete experimentelle Belege dafür, dass sie das auch tut. Ausgefeilte Experimente, in denen große Moleküle in Zustände der Quantensuperposition gebracht werden, zeigen uns, dass sie genauso quantensonderbar sind wie Elektronen. Um nur eines zu nennen: Sie werden als Wellen gebeugt und zeigen auch Interferenzmuster von Wellen.

Aber dann muss die Quantenmechanik auch für die riesigen Sammlungen von Atomen gelten, aus denen Sie oder ich bestehen oder unsere Katze oder der Stuhl, auf dem sie hockt. Aber das scheint nicht der Fall zu sein. Auch gilt die Quantenmechanik anscheinend nicht für irgendeines der Instrumente und die Maschinen, die wir verwenden, um die Atome abzubilden und ihre Quantensonderbarkeiten zu enthüllen.

Wie kann das sein?

Insbesondere wenn wir eine Eigenschaft eines Atoms messen, verwenden wir große Vorrichtungen. Die Atome mögen sich in Superpositionen von Zuständen befinden und daher zugleich an mehreren Orten sein, aber das Messinstrument gibt immer genau eine der möglichen Antworten auf die Fragen an, die wir stellen. Warum ist das so? Warum gilt die Quantenmechanik nicht für eben die Vorrichtungen, die wir zur Messung von Quantensystemen verwenden?

Das wird als das *Messproblem* bezeichnet. Seit den 1920er-Jahren ist es umstritten und ungelöst. Die Tatsache, dass wir nach all dieser Zeit keine Einigkeit unter Experten gefunden haben, bedeutet, dass die Natur eine grundlegende Eigenschaft aufweist, die wir erst noch verstehen müssen.

Es gibt also irgendwo einen Übergang zwischen der Quantenwelt, in der ein Atom an mehreren Orten zugleich sein kann, und der gewöhnlichen Welt, in der alles immer an einem bestimmten Ort ist. Wenn ein Molekül, das aus zehn oder neunzig Atomen besteht, von der Quantenmechanik beschrieben werden kann, aber eine Katze nicht, dann gibt es irgendwo zwischen den beiden eine Grenze, die bestimmt, wo die Quantenwelt aufhört. Eine Antwort auf das Messproblem würde uns sagen, wo sich diese Grenze befindet, und den Übergang erklären.

Es gibt Menschen, die sich sicher sind, dass sie die Antwort auf das Messproblem kennen. Wir werden einigen von ihnen und ihren Ideen später begegnen. Wir sollten darauf achten, welchen Preis wir bezahlen müssen, um diesen Quantenirrsinn aus unserem Verständnis der Welt auszumerzen.

Grob gesagt, fallen die Menschen, die sich mit den Rätseln der Quantenmechanik befassen, in zwei Klassen.

Die erste Gruppe nimmt an, dass die Theorie, wie sie in den 1920er-Jahren formuliert wurde, im Wesentlichen richtig ist. Sie glauben, dass das Problem nicht bei der Quantentheorie liegt;

stattdessen liegt es daran, wie wir sie verstehen oder über sie sprechen. Diese Strategie zur Linderung der Merkwürdigkeit der Quantenmechanik geht auf einige ihrer Begründer zurück, beginnend mit Niels Bohr.

Niels Bohr war ein dänischer Physiker, der noch in seinen Zwanzigern als Erster die Quantentheorie auf Atome anwandte. Als er älter wurde, wurde er zum faktischen Anführer der Quantenrevolution, zum Teil aufgrund der Attraktivität seiner Ideen und zum Teil, weil er viele der jungen Quantenrevolutionäre ausbildete und ihr Mentor war.

Die zweite Gruppe kam zu dem Schluss, dass die Theorie unvollständig ist. Man kann ihr keinen Sinn abgewinnen, weil sie nicht die ganze Geschichte ist. Sie suchen nach einer Vervollständigung der Theorie, die uns den übrigen Teil der Geschichte erzählen und dadurch die Rätsel der Quantenmechanik lösen wird. Diese Strategie geht auf Albert Einstein zurück.

Mehr als irgendjemand sonst war Einstein verantwortlich für die Einleitung der Quantenrevolution. Er war der Erste, der die duale Natur des Lichts als Teilchen und als Welle formulierte. Mittlerweile ist er zwar bekannter für seine Relativitätstheorie, aber sein Nobelpreis bezog sich auf seine Arbeiten zur Quantentheorie, und er selbst gab zu, dass er viel mehr Zeit für die Quantentheorie aufwandte als für die Relativitätstheorie. Doch auch wenn er die Quantenrevolution einleitete, wurde Einstein nicht zu einem ihrer Anführer, weil sein Realismus verlangte, dass er die Theorie, wie sie in den späten 1920er-Jahren entwickelt war, ablehnte.

Der Sprache zufolge, die im Vorwort eingeführt wurde, sind diejenigen in der ersten Gruppe zum größten Teil Antirealisten oder magische Realisten. Die Realisten befinden sich in der zweiten Gruppe.

Diejenigen, die für die Unvollständigkeit der Quantenmechanik argumentieren, verweisen auf die Tatsache, dass sie in den meisten Fällen nur statistische Vorhersagen für die Ergebnisse von Experimenten machen kann. Anstatt zu sagen, was geschehen wird, gibt sie Wahrscheinlichkeiten für mögliche Ereignisse an. In einem Brief an seinen Freund Max Born aus dem Jahr 1926 schrieb Einstein:

> Die Quantenmechanik ist sehr achtunggebietend. Aber eine innere Stimme sagt mir, dass das noch nicht der wahre Jakob ist. Die Theorie liefert viel, aber dem Geheimnis des Alten bringt sie uns kaum näher. Jedenfalls bin ich überzeugt, dass *der* nicht würfelt.[2]

Einstein war auch mit Niels Bohr befreundet, und ihre gegensätzlichen Reaktionen auf die Quantenmechanik befeuerten eine leidenschaftliche Auseinandersetzung zwischen ihnen, die mehr als vierzig Jahre bis zu Einsteins Tod anhielt. Sie setzt sich bis zum heutigen Tag zwischen ihren geistigen Nachkommen fort. Einstein war der erste Mensch, der deutlich die Notwendigkeit einer revolutionären neuen Theorie von Atomen und Strahlung formulierte, aber er konnte nicht akzeptieren, dass die Quantenmechanik diese Theorie war. Seine erste Reaktion auf die Quantenmechanik bestand darin zu argumentieren, dass sie inkonsistent sei. Als das scheiterte, argumentierte er stattdessen, dass die Quantenmechanik eine unvollständige Beschreibung der Natur gibt, die einen wesentlichen Teil des Bildes auslässt.

Ich glaube, dass Einstein die Quantenmechanik als endgültige Theorie nicht akzeptieren konnte, weil er äußerst hohe Ansprüche an die Naturwissenschaft stellte. Er wurde von der Hoffnung umgetrieben, über die subjektive Meinung hinauszugehen und einen wahren Spiegel der Natur zu entdecken, der das Wesen der Wirklichkeit in ein paar wenigen zeitlosen mathematischen Gesetzen präsentiert. In seinen Augen zielte die Naturwissenschaft darauf ab, das wahre Wesen der Welt zu erfassen, und dieses Wesen ist unabhängig von uns und kann nichts damit zu tun haben, was wir über sie glauben oder von ihr wissen.

Besonders Einstein musste das Gefühl haben, das Recht zu haben, dies zu verlangen, weil er es bei seinen Entdeckungen der speziellen und allgemeinen Relativitätstheorie erlangt hatte. Nachdem er das Fundament für die Quantenphysik gelegt hatte, strebte er danach, das Wesen der Welt der Atome in einer vollständigen Beschreibung von Atomen, Elektronen und Licht zu erfassen.

Bohr erwiderte, die Atomphysik erfordere eine revolutionäre Korrektur unseres Verständnisses des Wesens der Naturwissenschaft sowie unserer Auffassung der Beziehung zwischen der Wirklichkeit und unserer Erkenntnis derselben. Dies rühre von der Tatsache her, dass wir ein Teil der Welt sind und deshalb mit den Atomen, die wir zu beschreiben versuchen, interagieren müssen.

Bohr behauptete, dass, sobald wir diesen revolutionären Wandel in unser Denken einbezögen, die Vollständigkeit der Quantenmechanik unausweichlich wäre, weil sie ein wesentlicher Bestandteil dessen sei, dass wir Teilnehmer der Welt sind, die wir zu beschreiben versuchen. Aus Bohrs Perspektive ist die Quantentheorie vollständig in dem Sinne, dass eine vollständigere Beschreibung der Welt nicht zu haben ist.

Wenn wir diese philosophischen Revolutionen ablehnen und darauf bestehen, eine altmodische, dem gesunden Menschenverstand entsprechende Auffassung der Wirklichkeit und ihrer Beziehung zu unseren Beobachtungen und unserer Erkenntnis aufrechtzuerhalten, müssen wir eine andere Art von Preis zahlen. Wir müssen in Erwägung ziehen, dass wir uns über einen bestimmten Aspekt der Natur täuschen. Wir müssen herausfinden, welche allgemeine Annahme falsch ist, und sie durch eine radikal neue physikalische Hypothese ersetzen, die den Weg zu einer neuen Theorie eröffnet, die die Quantenmechanik vervollständigen wird.

Dank einer Verbindung aus Theorie und Experiment, die mit einem Aufsatz Einsteins und zweier Mitarbeiter im Jahr 1935 begann, kennen wir einen Aspekt dieser Vervollständigung. Die neue Theorie muss die gängige Annahme verletzten, dass Dinge nur mit anderen Dingen interagieren, die sich nahe bei ihnen im Raum befinden.

Diese Annahme wird als Lokalitätsbedingung bezeichnet. Ein großer Teil der Geschichte, die ich in späteren Kapiteln erzählen werde, besteht darin, wie diese Idee des gesunden Menschenverstands in der Theorie, die die Quantenmechanik ersetzen wird, überwunden werden muss.

Dieses Buch hat drei Ziele. Erstens möchte ich Laien erklären, worin genau die Rätsel im Zentrum der Quantenmechanik bestehen. Nach über einem Jahrhundert der Erforschung der Quantenmechanik ist es bemerkenswert, dass es bis zum heutigen Tag keine Einigkeit im Hinblick auf die Lösung dieser Rätsel gibt.

Aber nachdem ich die Gründe für die Auseinandersetzung auf eine Weise erläutert habe, die beiden Seiten gegenüber fair ist, werde ich nicht unparteiisch bleiben. In der großen Debatte darüber, ob die Quantenmechanik das letzte Wort ist oder nicht, halte ich es mit Einstein. Ich glaube, dass es eine Schicht der Wirklichkeit gibt, die tiefer ist als die, die von Bohr beschrieben wurde, und die sich verstehen lässt, ohne altmodische Vorstellungen von Wirklichkeit und unserer Fähigkeit, sie zu verstehen und zu beschreiben, aufs Spiel zu setzen.

Daher besteht mein zweites Ziel darin, einen bestimmten Gesichtspunkt in Bezug auf die Rätsel der Quantenmechanik zu befürworten. Dieser besagt, dass die Probleme nur durch einen Fortschritt der Naturwissenschaft, der eine Welt jenseits der Quantenmechanik aufdecken wird, gelöst werden können. Wo die Quantenmechanik mysteriös und verwirrend ist, wird diese tiefere Theorie völlig verständlich sein.

Ich kann diese Behauptung deshalb aufstellen, weil wir seit der Erfindung der Quantenmechanik wissen, wie die Theorie so präsentiert werden kann, dass die Mysterien verschwinden und die Rätsel aufgelöst werden. Bei diesem Ansatz gibt es keine Infragestellung unserer üblichen Überzeugungen im Hinblick auf eine objektive Wirklichkeit, eine Wirklichkeit, die von dem, was wir über sie wissen oder mit ihr tun, nicht beeinflusst wird, und über die wir ein vollständiges Wissen haben können. In dieser Wirklichkeit gibt es genau ein Universum, und wenn wir etwas an ihm beobachten, dann deshalb, weil es wahr ist. Dies kann zu Recht als realistischer Ansatz gegenüber der Quantenwelt bezeichnet werden.

Ein antirealistischer Ansatz schreibt die Rätsel der Quantenmechanik bestimmten Feinheiten zu, die damit zu tun haben, wie wir zu Erkenntnissen über die Natur gelangen. Solche Ansätze machen radikale Vorschläge zur *Erkenntnistheorie*, die derjenige Zweig der Philosophie ist, der sich damit befasst, wie wir Dinge erkennen. Realistische Ansätze nehmen an, dass wir in der Lage sind, früher oder später zu einer wahren Vorstellung der Welt zu gelangen, und sind daher ganz bewusst naiv im Hinblick auf die Erkenntnistheorie. Stattdessen sind Realisten an der *Ontologie* interessiert, die die Erforschung dessen ist, was existiert. Im Gegensatz dazu glauben Antirealisten, dass wir unabhängig von unserer Vorstellung der Erkenntnis, die wir von der Welt haben, nicht wissen können, was wirklich existiert. Und diese Erkenntnis wird nur durch die Interaktion mit der Welt erlangt.

Daher werde ich mich bemühen, den Lesern zu versichern, dass die Quantenmechanik sich völlig innerhalb einer realistischen Perspektive verstehen lässt, in der die Außenwelt als vollkommen unabhängig von uns verstanden werden kann. Es gibt keinen rätselhaften Effekt des Beobachters auf das Beobachtete. Die Wirklichkeit ist da draußen, widerspenstig gegenüber unserem Willen und den Entscheidungen, die wir treffen. Diese Wirklichkeit ist gänzlich verstehbar. Und diese Wirklichkeit besteht aus einer einzigen Welt.

Die Existenz dieser realistischen Ansätze in Bezug auf die Quantenmechanik bedeutet zwar nicht schon an sich, dass die philosophisch extravaganteren Vorschläge falsch sind. Aber sie bedeutet, dass es keinen starken wissenschaftlichen Grund gibt, an sie zu glauben, weil der Realismus in der Naturwissenschaft immer vorzuziehen ist, wenn es sich einrichten lässt.

Warum ist also ein so großer Teil der Diskussionen über die Quantentheorie von den merkwürdigeren Ideen beseelt, denen zufolge die Wirklichkeit von unserer Erkenntnis abhängt, die wir von ihr haben, oder es mehrfache Wirklichkeiten gibt? Das ist ein Problem für Ideengeschichtler. Ein solcher Historiker, Paul Forman, hat die Dominanz von Bohrs und Heisenbergs antirealistischer Philosophie innerhalb der naturwissenschaftlichen Gemeinde in den 1920er- und 1930er-Jahren mit der Umklammerung durch das Chaos und die Irrationalität verknüpft, die von Spengler und anderen im Gefolge des ersten Weltkriegs gepredigt wurden.

Diese Geschichte ist zwar faszinierend, aber es gebührt den Geisteswissenschaftlern, ihr Gerechtigkeit widerfahren zu lassen. Ich bin kein Geisteswissenschaftler, sondern Naturwissenschaftler, und das bringt mich zu meinem dritten Ziel, das ich beim Schreiben dieses Buches verfolge.

Bei der Suche nach einer tieferen, aber einfacheren Wirklichkeit hinter der Quantenmechanik habe ich, seit ich als Gymnasiumsabbrecher zum ersten Mal Einstein zu diesem Thema las, auf seiner Seite gestanden. Meine Reise in der Physik begann mit der Lektüre von Einsteins autobiografischen Notizen, in denen er in den letzten Jahren seines Lebens, in den 1950er-Jahren, über die beiden Hauptaufgaben nachdachte, die seiner Ansicht nach in der Physik unvollständig geblieben sind. Diese bestanden darin, der Quantenphysik einen Sinn abzugewinnen und anschließend das neue Verständnis der Quanten mit der Gravitation zu vereinheitlichen, womit er seine allgemeine Relativitätstheorie meinte. Ich erinnere mich, dass ich damals dachte, ich könnte vielleicht zu helfen versuchen. Es war zwar unwahrscheinlich, dass ich Erfolg haben würde, aber vielleicht gab es hier etwas, wonach es sich zu streben lohnte.

Nachdem ich sozusagen meine Mission aus der Lektüre von Einsteins autobiografischen Notizen gewonnen hatte, fand ich jenes Buch von de Broglie, trat in ein gutes College ein, fand großartige Lehrer und hatte mehrmals Glück mit meinen Bewerbungen für das Aufbaustudium und darüber hinaus. Ich habe ein wundervolles Leben, und als Naturwissenschaftler an der Grenze des Wissens hatte ich viele Gelegenheiten, das Ziel anzuvisieren, das darin bestand, Einsteins zwei große Fragen zu lösen.

Bisher zumindest ist es mir noch nicht gelungen. Leider auch sonst niemanden. Gleichzeitig hat es in den letzten Jahrzehnten zumindest Fortschritte beim Verstehen des Problems gegeben. Das ist zwar nicht annähernd so gut wie die Lösung des Problems, aber es ist auch nicht nichts. Wir kennen die Hindernisse, die eine Theorie, die über die Grenzen der Quantenmechanik hinausgeht, überwinden muss, viel besser als Einstein. Und aufgrund dessen wurden einige sehr interessante Vorschläge und Hypothesen unterbreitet, die den Rahmen für die tiefere Theorie bilden könnten, nach der wir suchen.*

Seit Mitte der 1970er-Jahre habe ich darüber nachgedacht, wie man über die Quantenmechanik hinausgehen könnte, und nie zuvor war ich begeisterter und optimistischer im Hinblick auf die Erfolgsaussichten. Das ist also mein dritter Grund, warum ich dieses Buch geschrieben habe, nämlich einem breiteren Publikum einen Bericht von der Front bei unserer Suche nach der Welt jenseits der Quanten zu geben.

* Ein Hinweis an die Experten unter meinen Lesern: Die Grundlagen der Quantentheorie sind gegenwärtig ein sehr lebendiges Thema mit vielen aufregenden Entwicklungen, sowohl in experimenteller als auch in theoretischer Hinsicht. Viele Vorschläge konkurrieren zur Lösung der Rätsel, denen wir hier begegnen werden. Ich möchte den Leser warnen, dass unser Pfad durch diese Grenzregionen schmal sein wird, und es gibt viele aufregende Ideen und Ergebnisse, die ich hier nicht erwähne. Hätte ich versucht, das ganze Gebiet Revue passieren zu lassen oder all die neuesten, äußerst scharfsinnigen Fortschritte aufzunehmen, wäre das Ergebnis ein weniger zugängliches Buch gewesen. Mein erstes Ziel besteht darin, in die Welt der Quantenphänomene einzuführen, und nicht in das gesamte Spektrum konkurrierender Interpretationen dieser Phänomene. Ich entschuldige mich im Voraus bei jenen Experten, die hier nicht ihre bevorzugte Variante der Quantenphysik finden, und möchte sie ermutigen, ihre eigenen Bücher zu schreiben. Ich entschuldige mich auch bei den Historikern. Ich bin kein Geisteswissenschaftler, und die Geschichten, die ich erzähle, sind Schöpfungsmythen, die vom Lehrer an den Schüler weitergereicht wurden und in manchen Fällen ihren Ursprung bei den Gründern selbst haben.

Zwei
Quanten

Wenn wir die Quantenmechanik auf ihr wichtigstes Prinzip reduzieren, erhalten wir Folgendes:

> ***Wir können nur die Hälfte von dem wissen, was wir wissen müssten, wenn wir die Zukunft vollständig kontrollieren oder genau vorhersagen wollten.***

Dadurch wird die grundlegende Bestrebung der Physik gesprengt, die darin besteht, in der Lage zu sein, die Zukunft vorherzusagen. Man hoffte, dass diese Macht sich ergeben würde, wenn wir die physikalische Welt nur lückenlos beschreiben könnten. Durch die vollständige Beschreibung der Bewegung jedes Teilchens und der Wirkung jeder Kraft wären wir in der Lage, genau auszurechnen, was in der Zukunft geschehen würde. Bevor die Quantenmechanik in den 1920er-Jahren formuliert wurde, waren wir Physiker zuversichtlich, dass, wenn wir die Gesetze in Erfahrung bringen könnten, die die Elementarteilchen beherrschen, wir in der Lage wären, alles vorherzusagen und zu erklären, was in der Welt geschieht.

Die Hypothese, dass die Zukunft gänzlich durch die Gesetze der Physik bestimmt ist, die auf die gegenwärtige Konstellation der Welt wirken, wird als Determinismus bezeichnet. Das ist eine außergewöhnlich leistungsfähige Vorstellung, deren Einfluss sich auf vielfältigen Gebieten feststellen lässt. Wenn man das Ausmaß einschätzen kann, in dem der Determinismus das Denken im 19. Jahrhundert dominierte, kann man die revolutionäre Auswirkung der Quantenmechanik auf allen Gebieten verstehen, weil die Quantenmechanik den Determinismus ausschließt.

Um diesen Punkt zu unterstreichen, möchte ich aus Tom Stoppards Theaterstück *Arkadien* zitieren, in dem seine frühreife Heldin, Thomasina, ihrem Lehrer erklärt:

> Wenn Sie jedes Atom an seinem Ort und in seinem Bewegungsimpuls anhalten könnten – und wenn Ihr Gehirn alle Vorgänge, die somit in der Schwebe sind, erfassen könnte, und wenn Sie dann auch noch wirklich *sehr* gut in Algebra wären, dann könnten Sie die Weltformel für alle Ewigkeit schreiben; und obwohl keiner klug genug dafür ist, muß trotzdem diese Formel so existieren, als ob man sie schreiben könnte.[3]

Eine vollständige Beschreibung der Natur zu einem bestimmten Zeitpunkt wird als *Zustand* bezeichnet. Wenn wir uns die Welt so vorstellen, dass sie aus herumschwirrenden Elementarteilchen besteht, sagt uns der Zustand, wo sich jedes von ihnen befindet und in welche Richtung es sich dann gerade bewegt.

Die Macht der Physik stammt von ihren Gesetzen, die diktieren, wie sich die Natur in der Zeit verändert. Sie tun dies, indem sie den Zustand der Welt zum jetzigen Zeitpunkt in den Zustand zu jedem beliebigen zukünftigen Zeitpunkt verwandeln. Ein Gesetz der Physik verhält sich in gewissen Hinsichten wie ein Computerprogramm: Es liest Inputs ein und gibt einen Output aus. Der Input ist der Zustand zu einem bestimmten Zeitpunkt; der Output ist der Zustand zu einem zukünftigen Zeitpunkt.*

---

* Die Metapher des Universums als Computer ist zwar hilfreich zur Veranschaulichung des Determinismus, aber insgesamt ist sie irreführend, wie ich weiter unten darlegen werde.

Mit der Berechnung geht eine Erklärung dessen einher, wie sich die Welt in der Zeit verändert. Das Gesetz, das auf den gegenwärtigen Zustand wirkt, *verursacht* die zukünftigen Zustände. Eine erfolgreiche Vorhersage der Zukunft wird als Bestätigung dieser Erklärung angesehen. Die Vorhersage ist insofern deterministisch, als ein genauer Input zu einem genauen Output führt. Das bestätigt die Überzeugung, dass die Information, die in die Beschreibung des Zustands einfloss, tatsächlich eine vollständige Beschreibung der Welt zu einem bestimmten Zeitpunkt ist.

Dieser Begriff eines Gesetzes ist für eine realistische Naturauffassung grundlegend und geht insofern über jede einzelne Theorie hinaus. Die Newton'sche Mechanik und die beiden Relativitätstheorien Einsteins funktionieren alle auf dieselbe Weise. Man wendet das Gesetz auf den Zustand zum Anfangszeitpunkt an, und es verwandelt diesen Zustand in den Zustand zu einem zukünftigen Zeitpunkt. Dieses Schema zur Erklärung der Natur wurde von Newton erfunden, daher bezeichnen wir es als das Newton'sche Paradigma.

Es lohnt sich auch zu erwähnen, dass in fast allen bislang bekannten Fällen die Gesetze reversibel sind. Man kann den Zustand zu einem zukünftigen Zeitpunkt eingeben und das Gesetz rückwärtslaufen lassen, um den Zustand zu einem früheren Zeitpunkt auszugeben. (Die Frage nach der Reversibilität der Zeit und der Grundgesetze ist ein zentrales Anliegen der Kapitel 14 und 15.)

Häufig ist es der Fall, dass die Information, die man braucht, um den Zustand eines physikalischen Systems zu beschreiben, als Paar auftritt. Position und Impuls.* Volumen und Druck. Elektrisches und magnetisches Feld. Um die Zukunft vorherzu-

---

* Wir werden den Impuls gleich definieren, aber grob gesagt, ist der Impuls eines Körpers proportional zu seiner Geschwindigkeit und seiner Masse.

sagen, brauchen wir beides. Die Quantenmechanik sagt, dass wir nur eines von beiden wissen können.

Dies bedeutet, dass wir die Zukunft nicht genau vorhersagen können. Das ist nur der erste der Schläge auf unsere bequemen Intuitionen, die wir von der Quantentheorie einstecken müssen.

Welches Mitglied jedes Paares ist dasjenige, das man erkennen kann? Die Quantenmechanik sagt, dass man die Wahl hat! Das ist die Grundlage ihrer Infragestellung des Realismus.

Über die Unmöglichkeit der Vorhersage der Zukunft gibt es noch mehr zu sagen. Um dorthin zu gelangen, nutzen wir die große Allgemeinheit aus, die die Quantenmechanik in Anspruch nimmt, und sprechen etwas abstrakt. Wir wollen ein bestimmtes physikalisches System anhand eines Paares von Variablen beschreiben – wir wollen sie A und B nennen. Die Quantenphysik behauptet ein aus zwei Teilen bestehendes Prinzip.

1. Wenn wir sowohl A als auch B zu einem bestimmten Zeitpunkt kennen würden, könnten wir die Zukunft des Systems genau vorhersagen.
2. Wir können uns dafür entscheiden, A zu messen, oder wir können uns für die Messung von B entscheiden; und in jedem Fall werden wir Erfolg haben. Aber wir können nichts Besseres tun. Wir haben nicht die Wahl, gleichzeitig sowohl A als auch B zu messen.

So, wie ich es formuliert habe, ist dies ein Verbot dessen, was wir messen können; doch wenn wir es vorziehen, können wir es als ein Verbot in Bezug darauf ausdrücken, was wir über das System wissen können.

Aber halt, warum können Sie nicht A und anschließend, zu einem späteren Zeitpunkt, B messen? Das können Sie. Aber Ihre Messung von B wird Ihre vergangene Erkenntnis von A irrelevant (für den Zweck der Vorhersage der Zukunft) machen. Eine Möglichkeit, wie das geschehen kann, besteht darin, dass nach der Messung von B die Messung von A einen Zufallswert ergibt. Wir können B nicht messen, ohne den Wert von A zu zerstören, und umgekehrt. Wenn wir also A messen und dann B und dann wieder A, wird der Wert von A, den wir beim zweiten Mal erhalten, zufällig sein und folglich keinen Bezug zu dem Wert haben, den wir das erste Mal erhielten, als wir A maßen.

Zusammengenommen werden 1. und 2. als *Prinzip der Nichtkommutativität* bezeichnet. Zwei Handlungen werden als *austauschbar* bezeichnet, wenn es keine Rolle spielt, in welcher Reihenfolge wir sie ausführen. Wenn die Handlung, die zuerst ausgeführt wird, eine Rolle spielt, sagen wir, dass sie nichtkommutativ sind. Es spielt keine Rolle (außer für ein paar Fanatiker), in welcher Reihenfolge man Milch und Zucker in den Kaffee gibt; die Handlungen sind kommutativ. Sich anzuziehen beinhaltet nichtkommutative Operationen; die Reihenfolge, in der Sie ihre Unterwäsche und Hosen anziehen, spielt eine Rolle. Aber es spielt keine Rolle, welchen Strumpf Sie zuerst anziehen, oder ob Sie Ihre Strümpfe zuerst anziehen, auf dem halben Weg des Gesamtvorgangs oder am Ende. Daher ist das Anziehen von Strümpfen mit allem kommutativ außer mit dem Anziehen von Schuhen. (Die mathematisch Gesonnenen werden dies als Anwendung von Algebra auf die Topologie verstehen.)

Was geschieht, wenn wir ein gewisses Maß an Unschärfe bei der Messung von A gestatten? Dann können wir B messen, aber nur bis zu einer bestimmten Grenze der Genauigkeit. Diese Unschärfen sind reziprok – je besser wir A kennen, umso schlechter können wir B kennen, und umgekehrt.

Nehmen wir beispielsweise an, dass A die Position eines Teilchens ist. Dann ist B sein Impuls. Angenommen, wir führen eine Messung durch, die seinen Ort innerhalb eines Meters angibt. Dann können wir den Impuls bis auf eine entsprechende

Unschärfe messen. Wenn wir die Unschärfe von A erhöhen, können wir die Messung von B präziser machen, und umgekehrt. So erhalten wir ein Prinzip, das, wenig überraschend, als *Unschärferelation* bezeichnet wird.*

(Unschärfe von A) × (Unschärfe von B) > eine Konstante

Angewandt auf Position und Impuls erhalten wir

(Unschärfe der Position) × (Unschärfe des Impulses)
> eine Konstante

Die Physik ist wie der Campus einer Universität, wo jedes Gebäude nach jemandem benannt ist. Die Konstante ist nach Max Planck benannt, und die Unschärferelation nach Werner Heisenberg.

Die Unschärferelation ist ziemlich leistungsfähig, was folgende wichtige Konsequenz zeigt. Kehren wir zurück zu dem Szenario, in dem Sie zuerst A messen, dann B messen und dann wieder A. Wie ich oben schon sagte: Sobald Sie das Ergebnis der Messung von B kennen, ergibt die zweite Messung von A einen Zufallswert; er ist nicht mehr identisch mit dem ursprünglichen Wert von A. Aber nehmen wir an, dass Sie unmittelbar, bevor Sie A nochmals messen, etwas tun, um zu vergessen, was der Wert von B war. Dann erinnert das System sich – ja, dieses Wort verwenden wir, um diese Situation zu beschreiben – an den ursprünglichen Wert von A.

Das wird als *Interferenz* bezeichnet. Sie wird von der Unschärferelation gestattet, weil die Unsicherheit von B sehr groß ist, sobald Sie die Messung von B vergessen haben. Deshalb kann die Unschärfe von A klein sein.

---

* > bedeutet »ist größer als«.

Aber wie können wir eine Messung rückgängig machen? Ich möchte ein fantasievolles Beispiel geben. Es gibt viele einfache Fälle, in denen A und B jeweils zwei mögliche Werte annehmen. Nehmen wir an, dass die Systeme, die wir untersuchen, Menschen sind, und A sei die politische Identität, die wir zu einer binären Alternative vereinfachen werden: entweder links oder rechts. B soll die Präferenz von Haustieren sein, Katzenliebhaber gegenüber Hundeliebhabern. Jetzt spielen wir ein Spiel, in dem eine Person nicht sowohl eine bestimmte Haustierpräferenz als auch eine bestimmte politische Identität haben kann. Wir gehen zu einer Party, auf der jedermann linke Ansichten hat, und fragen jede Person, ob sie Katzen oder Hunde lieber mag. Wir bringen die Katzenliebhaber ins Wohnzimmer und die Hundeliebhaber in die Küche. Wenn wir in eines der beiden Zimmer gehen und uns nach ihren politischen Ansichten erkundigen, dann wird die Hälfte jetzt rechte Ansichten vertreten. Das muss geschehen, wenn die politische Identität und die Präferenz von Haustieren nicht kommutativ sind.

Aber rufen wir danach alle ins Wohnzimmer zusammen. Wir lassen sie sich eine Weile miteinander vermischen, dann treten wir ein und greifen eine zufällige Person heraus. Sie könnte aus entweder dem Wohnzimmer oder der Küche gekommen sein, wir wissen nicht, aus welchem Zimmer und haben deshalb die Spur ihrer Haustierpräferenz verloren. Wenn wir sie dann über ihre politische Einstellung befragen, stellen wir fest, dass sie wieder alle Linke sind.

Diese Prinzipien sind völlig allgemein. A und B sind häufig die Antworten auf Ja-Nein-Fragen. Aber im ursprünglichen Fall war A die Position eines Elementarteilchens, zum Beispiel eines Elektrons, und B war der Impuls des Teilchens.

Impuls ist eines jener Wörter, die ein Hindernis für das Verständnis darstellen. Nehmen wir uns daher einen Augenblick Zeit, um es zu definieren.

In der Physik müssen wir häufig auf die Geschwindigkeit und die Bewegungsrichtung eines Teilchens Bezug nehmen. Wir vereinigen diese beiden zu einer Quantität, die wir als *Geschwindigkeitsvektor* bezeichnen. Man kann sich den Geschwindigkeitsvektor eines Teilchens als einen Pfeil vorstellen, der in die Richtung seiner Bewegung weist. Je größer die Geschwindigkeit, umso länger ist der Pfeil.

Um einen Zusammenstoß zu überleben, wollen Sie so wenig Kraft wie möglich ausgesetzt sein. Die Kraft, die ein Lastwagen einem Auto übermittelt, ist proportional zu der Geschwindigkeitsänderung des Lastwagens. Aber sie ist auch zur Masse des Lastwagens proportional. Sie würden lieber mit einem Tischtennisball als mit einem Lastwagen zusammenstoßen, selbst wenn beide sich mit derselben Geschwindigkeit auf Sie zubewegen. Um das auszudrücken, definieren die Physiker den Impuls als Produkt aus Masse und Geschwindigkeit. Das ist ebenfalls ein Pfeil, der in die Bewegungsrichtung zeigt, nur jetzt ist seine Länge proportional sowohl zur Geschwindigkeit als auch zur Masse.

Impuls ist ein zentraler Begriff in der Physik, weil er erhalten bleibt. Das bedeutet, dass wir in allen beliebigen Prozessen die Impulse der verschiedenen beteiligten Teilchen am Anfang aufaddieren können und der resultierende Gesamtimpuls sich nicht ändern wird, egal was in der Zwischenzeit geschieht. Vor, während und nach einem Zusammenstoß wird der Gesamtimpuls derselbe sein. Was bei einem Zusammenstoß geschieht, ist, dass der Impuls von einem Körper zu einem anderen getauscht wird. Diese Veränderung des Impulses wird als Kraft erlebt.

Energie ist eine andere Größe, die erhalten bleibt. Die Gesamtenergie eines Teilchensystems ändert sich nie über die Zeit hinweg. Wenn Teilchen miteinander interagieren, kann das eine Teilchen Energie gewinnen, während die übrigen Energie verlieren. Aber die Gesamtenergie bleibt dieselbe; es wird weder Energie erzeugt noch vernichtet.

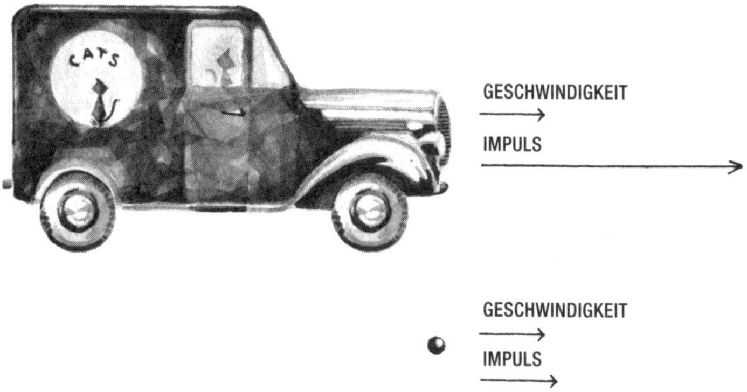

Abbildung 1: Ein Lastwagen hat einen viel größeren Impuls als ein Tischtennisball, der sich mit derselben Geschwindigkeit bewegt, weil seine Masse so viel größer ist und der Impuls das Produkt aus Masse und Geschwindigkeitsvektor ist.

Energie und Impuls sind miteinander verknüpft. Wir brauchen zwar nicht die genaue Beziehung, aber wir müssen wissen, dass ein Teilchen, das sich ungehindert bewegt und einen exakten Impulswert hat, auch einen exakten Energiewert hat.

Die Unschärferelation sagt dann, dass wir nicht sowohl die Position als auch den Impuls eines Körpers zum selben Zeitpunkt kennen können. Das bedeutet, dass wir keine präzise Vorhersage seiner Zukunft machen können, weil wir dazu sowohl wissen müssten, wo sich etwas befindet, als auch vollständig genau, wie schnell und in welche Richtung es sich bewegt.

Wenn wir eine Intuition dafür entwickeln wollen, wie sich Quantenteilchen verhalten, müssen wir in der Lage sein, uns ein Teilchen mit einer bestimmten Position vorzustellen, aber aufgrund der Unschärferelation ohne einen bestimmten Impuls oder eine bestimmte Geschwindigkeit. Das ist nicht schwierig: Stellen Sie sich vor, dass das Teilchen im Augenblick an einem bestimmten Ort ist. Im nächsten Augenblick wird es ebenfalls an einem bestimmten Ort sein, nur eben an einem anderen. Da sein Impuls unbestimmt ist, springt es zufällig umher.

Doch wie stellen wir uns ein Teilchen mit einem bestimmten Impuls, aber einer völlig unbestimmten Position vor? Das scheint anspruchsvoller zu sein. Wenn Sie nach ihm suchen, haben Sie eine gleiche Chance, es irgendwo zu finden. Es ist also völlig ausgebreitet. Aber wie stellen wir uns seinen bestimmten Impuls vor?

Die Antwort ist, dass ein Teilchen mit einem bestimmten Impuls, aber einer völlig unbestimmten Position sich bildlich als Welle vorstellen lässt. Und nicht nur als irgendeine Welle, sondern als eine reine Welle, eine solche, die mit einer einzigen Frequenz vibriert.

Eine Welle lässt sich durch zwei Zahlen charakterisieren. Die eine ist ihre Frequenz; das ist die Anzahl von Schwingungen pro Sekunde. Die andere ist die Entfernung zwischen den Spitzen, die als Wellenlänge bezeichnet wird. Beide sind folgendermaßen miteinander verknüpft: Wenn man diese beiden Zahlen miteinander multipliziert, erhält man die Geschwindigkeit, mit der die Welle sich fortbewegt. Eine Welle, die also mit einer einzigen Frequenz schwingt, wird ebenfalls eine bestimmte Wellenlänge haben.

Die Quantenmechanik behauptet, dass der Impuls des Teilchens und die Wellenlänge der Welle, die es repräsentiert, auf einfache Weise miteinander verknüpft sind, nämlich dass sie umgekehrt proportional sind. Also

$$\text{Wellenlänge} = h/\text{Impuls}$$

h ist dieselbe Planck'sche Konstante, die in den Unschärferelationen vorkam.

Nehmen wir einen Augenblick an, dass keine Kraft auf unser Teilchen wirkt, etwa weil es sich weit weg von allem anderen befindet. Bei Abwesenheit von Kräften hat ein Teilchen mit einem bestimmten Impuls auch eine bestimmte Energie. Diese

Energie ist wiederum mit der Frequenz der Welle verknüpft, insofern beide proportional miteinander variieren.

$$\text{Energie} = h \times \text{Frequenz}$$

Diese Beziehungen und Entsprechungen sind universal. Alles in der Quantenwelt lässt sich sowohl als Welle als auch als Teilchen auffassen. Das ist eine unmittelbare Folge des Grundprinzips, dass wir die Position oder den Impuls des Teilchens messen können, nicht aber beides gleichzeitig.

Wenn wir seine Position messen wollen, stellen wir es uns als Teilchen vor, das sich an einem bestimmten Ort, an einem Punkt im Raum befindet, aber nur vorübergehend. Der Impuls ist völlig unscharf, weshalb wir im nächsten Augenblick feststellen werden, wenn wir nochmals nachschauen, dass es zufällig irgendwo anders hingesprungen ist. Es kann nicht an einem Ort bleiben, weil es dann einen bestimmten Impulswert hätte, nämlich null.

Wenn wir uns andererseits entscheiden, den Impuls des Teilchens zu messen, werden wir entdecken, dass er einen bestimmten Wert hat. Es ist an keinem bestimmten Ort, also stellen wir es uns als Welle vor, aber als eine mit einer bestimmten Wellenlänge und Frequenz entsprechend den eben genannten Beziehungen.

Das so verrückt Sagenhafte daran ist, dass Wellen und Teilchen ganz verschieden sind. Ein Teilchen hat immer eine bestimmte Position und ist irgendwo im Raum lokalisiert. Seine Bewegung beschreibt einen Pfad durch den Raum, den wir als seine Bahn bezeichnen. Darüber hinaus hat ein Teilchen Newtons Physik zufolge zu jedem Zeitpunkt einen bestimmten Geschwindigkeitsvektor und folglich auch einen bestimmten Impuls. Eine Welle ist fast das Gegenteil. Sie hat keinen bestimmten Ort im Raum; sie breitet sich bei ihrer Fortbewegung aus und besetzt den gesamten Raum, der ihr zur Verfügung steht.

Aber jetzt erfahren wir, dass Wellen und Teilchen verschiedene Seiten einer Dualität sind, das heißt verschiedene Möglichkeiten, sich eine einzige Wirklichkeit vorzustellen. Eine einzige Wirklichkeit mit einer dualen Natur: einer Dualität von Wellen und Teilchen.

Ein Quantenteilchen kann eine Position haben. Wir fragen, wo es ist, und wir werden es irgendwo finden. Aber ein Quantenteilchen hat niemals eine Bahn, weil es – wenn wir wissen, wo es ist – völlig ungewiss ist, wo es im nächsten Augenblick sein wird. Wir müssen uns daran gewöhnen, uns Teilchen an bestimmten Positionen vorzustellen, die keine Punkte auf Bahnen sind. Ebenso werden wir immer einen Wert finden, wenn wir einen Impuls messen. Aber dann handelt es sich um eine Welle, die überall ausgebreitet ist. Wo wir das Teilchen finden werden, wenn wir anschließend seine Position messen, ist völlig ungewiss.

Man muss zugeben, dass dieses System unglaublich elegant ist. Aber am unwiderstehlichsten ist seine Universalität. Es gilt für das Licht, es gilt für Elektronen und es gilt für alle anderen bekannten Elementarteilchen. Es gilt für Kombinationen dieser Teilchen, wie Atome und Moleküle. Es hat zur Beschreibung der Bewegungen großer Moleküle funktioniert, wie Buckyballs und Proteine. Es gibt keinen Fall eines Experiments, das empfindlich genug war, um die Quantennatur eines Objekts zu enthüllen, aber daran scheiterte. Zumindest bislang stellen die Größe und Komplexität keine Grenze dar. Wir wissen noch nicht, ob die Welle-Teilchen-Dualität für Menschen oder Katzen oder Planeten oder Sterne gilt, aber es gibt keinen bekannten Grund, warum das mit Sicherheit unmöglich sein sollte.

In all diesen Fällen ist das Ergebnis dasselbe: Wir können nur die Hälfte von dem wissen, was wir wissen müssten, um die Zukunft genau vorherzusagen.

Drei

Wie Quanten sich verändern

In der ersten Vorlesung seines Kurses über Quantenmechanik behauptete mein Lehrer Herbert Bernstein, dass die Physik die Wissenschaft von allem ist. Unser Ziel in der Physik ist es, die allgemeinsten Naturgesetze zu finden, anhand derer die vielfältigen Phänomene, die die Natur aufweist, alle erklärt werden können.

Die Quantenmechanik erklärt das breiteste Spektrum von Phänomenen, die bislang irgendeine Theorie erklärt hat. Gleichzeitig schränkt sie die Fragen stark ein, die man zu irgendeinem beliebigen Phänomen stellen kann. Wir sind bereits einer bestimmten Art von Begrenzung begegnet, nämlich dass wir nur die Hälfte von dem wissen können, was wir über ein System wissen müssten, um genaue Vorhersagen seiner Zukunft zu machen. Infolgedessen müssen wir es aufgeben, genau zu beschreiben, was mit einzelnen Atomen vor sich geht, und zwar zugunsten statistischer Vorhersagen, die nur für Durchschnitte gelten, die aus vielen Fällen gebildet sind. Folglich müssen wir auf das Bestreben verzichten, die Zukunft genau vorherzusagen, um an die Quantentheorie zu glauben.

Die meisten Physiker haben diese Bestrebungen angesichts des Erfolges der Quantenmechanik eingestellt. Aber ich glaube, dass das kurzsichtig ist und dass es eine tiefere Ebene der Wirklichkeit gibt, die zu entdecken ist und deren Beherrschung unser

Streben nach einem vollständigen Verständnis der Natur erneuern wird.

Eine andere Einschränkung begrenzt die Reichweite der Quantentheorie. Wir können das durch ein Prinzip ausdrücken, das ich als *Subsystemprinzip* bezeichne:

> ***Jedes System, für das die Quantenmechanik gilt, muss ein Subsystem eines größeren Systems sein.***

Ein Grund dafür ist, dass die Quantenmechanik sich nur auf physikalische Größen bezieht, die durch Messinstrumente gemessen werden, und diese müssen außerhalb des untersuchten Systems sein. Außerdem werden die Ergebnisse dieser Messungen von Beobachtern wahrgenommen und aufgezeichnet, die ebenfalls nicht Teil des untersuchten Systems sind.

Die meisten von uns nähern sich der Naturwissenschaft mit der naiven Erwartung, dass sie uns sagen wird, was wirklich ist. Wir können John Bell folgen und eine wirkliche Eigenschaft eines Systems eine »seinsfähige« Eigenschaft (beable) nennen: Sie ist ein Teil dessen, was existiert. Bell prägte dieses Wort als Gegensatz zum Begriff der *Observablen*, was dasjenige ist, das Antirealisten von einer Theorie erwarten.

»Observablen« und »seinsfähige Eigenschaften« sind aufgeladene Begriffe, deren Gebrauch Loyalität zu einer bestimmten Seite der Debatte zwischen Realismus und Antirealismus bedeuten kann. Eine Observable ist eine Größe, die das Ergebnis eines Experiments oder einer Beobachtung ist. Es besteht keine Verpflichtung zu glauben, dass sie etwas entspräche, das getrennt von der Messung existiert oder vor der Messung einen Wert hat. Antirealisten verwenden diesen Begriff, um zu betonen, dass die Größen, die die Quantenphysiker messen, nicht getrennt von oder vor unserer Beobachtung von ihnen existieren müssen. Realisten verwenden John Bells Begriff der »seinsfähigen Eigenschaft« (beable), um auf die Wirklichkeit Bezug zu nehmen, von der sie glauben, dass sie existiert, ob wir etwas messen oder nicht.

Die meisten wissenschaftlichen Erklärungen, ob sie sich auf den Flug von Kanonenkugeln, Vögeln oder Bienen beziehen, sprechen von seinsfähigen Eigenschaften.

Aber nicht die Quantenmechanik! Wie Heisenberg und Bohr betonten, spricht die Quantenmechanik nicht in Begriffen von dem, was ist, sondern nur von dem, was beobachtet wurde. Ihrer Ansicht nach gibt es im Bereich der Atome keine nützliche Redeweise über seinsfähige Eigenschaften; stattdessen befasst sich die Quantenmechanik nur mit Observablen.

Um die Observablen eines Atoms zu messen, machen wir es zum Gegenstand eines großen, makroskopischen Instruments. Per definitionem ist dieses Gerät kein Teil des Systems, dessen Observablen wir untersuchen. Und der Beobachter ebenfalls nicht.

Um in der Sprache der Quantenmechanik beschrieben werden zu können, muss ein System daher Teil eines größeren Systems sein, das den Beobachter und sein Messinstrument umfasst. So kommt unser Subsystemprinzip zustande.

Die meisten Anwendungen der Quantentheorie beziehen sich auf Atome und Moleküle oder andere winzige Systeme; in diesen Fällen ist die Einschränkung irrelevant. Aber einige von uns haben den Ehrgeiz, das gesamte Universum zu beschreiben. Wir meinen, dass dies das Endziel der Naturwissenschaft ist. Doch das Universum als Ganzes ist per definitionem kein Teil eines größeren Systems. Das Subsystemprinzip vereitelt unsere Hoffnung auf eine Theorie des gesamten Universums.

Es gibt einen subtilen, aber wichtigen Unterschied zwischen der Vorstellung, dass die Quantenmechanik die Theorie von allem ist, und der Hoffnung, die Quantentheorie so auszudehnen, dass sie das ganze Universum umfasst. Professor Bernstein meinte mit seiner Behauptung, dass die Physik die Wurzel der korrekten Beschreibung von allem ist – wobei alles als ein Subsystem des Ganzen betrachtet wird. Es ist etwas ganz anderes, sich vorzustellen, dass die Quantentheorie für das gesamte Universum gilt, was bedeuten würde, uns Beobachter und unsere Messinstrumente als einen Teil des untersuchten Systems aufzufassen.

Im Laufe des letzten Jahrhunderts wurden mehrere Versuche unternommen, die Quantenmechanik zu einer Theorie des gesamten Universums zu erweitern. Einem davon werden wir später begegnen; ein Teil unserer übergreifenden Argumentation besteht darin, dass diese Versuche scheitern.

Zum einen werden knifflige Fragen des Selbstbezugs aufgeworfen, wenn der Beobachter zu einem Teil des beschriebenen Systems gemacht wird. Es ist noch nicht einmal klar, dass ein Beobachter eine vollständige Selbstbeschreibung geben kann, weil der Akt der Selbstbeobachtung oder Selbstbeschreibung die beobachtende Person verändert.

Aber es gibt tiefere Gründe dafür, warum die Quantenmechanik nicht zu einer Theorie des gesamten Universums erweitert werden kann.

In mehreren meiner Bücher (*Warum gibt es die Welt?*, *Im Universum der Zeit* und *The Singular Universe and the Reality of Time*, gemeinsam verfasst mit Roberto Mangabeira Unger) untersuche ich die Frage, wie die Physik erweitert werden könnte, um eine Theorie des gesamten Universums zu ergeben. Ich komme zu dem Schluss, dass eine Theorie des gesamten Universums sich in mehreren entscheidenden Hinsichten von jeder der physikalischen Theorien unterscheiden muss, die bisher entwickelt wurden, einschließlich der Quantenmechanik. All diese Theorien ergeben nur dann einen Sinn, wenn sie als Beschreibungen von Teilen des Universums interpretiert werden.

Tatsächlich ist die Tatsache, dass die Quantenmechanik nur

dann einen Sinn ergibt, wenn sie als Theorie eines Teils des Universums gelesen wird, für sich allein ein hinreichender Grund dafür, die Quantenmechanik als unvollständig zu betrachten. Eine Sache, die wir von einer Theorie verlangen können, die die Quantentheorie vervollständigt, ist, dass sie einen Sinn ergibt, wenn sie auf die Beschreibung des Universums als eines Ganzen ausgedehnt wird.

Das ist jedoch nicht der einzige Gedankengang, der zu der Schlussfolgerung führt, dass die Quantenmechanik unvollständig ist. Andere Bedenken und Schwierigkeiten hatten einen weitaus größeren Einfluss darauf, wie das Thema sich historisch entwickelt hat. Im Augenblick werde ich die kosmologischen Fragen ignorieren und mich auf unmittelbarere Herausforderungen konzentrieren.

Der Prozess der Anwendung allgemeiner Gesetze auf ein bestimmtes physikalisches System umfasst drei Schritte.

Erstens spezifizieren wir das physikalische System, das wir untersuchen wollen.

Der zweite Schritt besteht darin, das System zu einem bestimmten Zeitpunkt anhand einer Liste von Eigenschaften zu beschreiben. Wenn das System aus Teilchen besteht, werden diese Eigenschaften die Positionen und Impulse der Teilchen umfassen. Wenn es aus Wellen besteht, dann geben wir ihre Wellenlängen und Frequenzen an. Und so weiter. Diese aufgelisteten Eigenschaften machen den Zustand des Systems aus.

Der dritte Schritt besteht im Postulat eines Gesetzes, um zu beschreiben, wie das System sich in der Zeit verändert.

Vor der Quantenphysik hatten die Physiker eine einfache, aber mächtige Bestrebung im Hinblick auf die Naturwissenschaft. Beim zweiten Schritt wären wir in der Lage, ein System in Begriffen zu beschreiben, die in zweierlei Sinn vollständig wären. Vollständig bedeutet vor allem, dass eine detailliertere Beschreibung weder notwendig noch möglich ist. Jede andere mögliche Eigenschaft des Systems wäre eine Folge von denen, die bereits erfasst sind. Außerdem sollte die Liste der Eigenschaften exakt so viele umfassen, wie man braucht, um genaue Vorhersagen der Zukunft zu machen. Die Zukunft kann anhand unseres vollständigen Wissens der Gegenwart präzise bestimmt werden. Das ist die zweite Bedeutung dessen, dass die Beschreibung vollständig ist.

Zwischen Newton im späten 17. Jahrhundert und der Erfindung der Quantenmechanik in den 1920er-Jahren glaubte man, dass die Eigenschaften, die diese vollständige Beschreibung ausmachen, die Positionen aller Teilchen und ihre Impulse seien.

Natürlich könnte es passieren, dass wir die genauen Positionen und Impulse aller Teilchen, aus denen ein System besteht, nicht kennen. Die Luft in diesem Zimmer besteht aus etwa 10^{28} Atomen und Molekülen. Daher ist eine vollständige Auflistung ihrer Positionen unmöglich. Wir müssen eine sehr annähernde Beschreibung anhand von Begriffen der Dichte, des Drucks und der Temperatur verwenden. Diese beziehen sich auf Durchschnitte der Positionen und Bewegungen der Atome. Unsere Massenbeschreibung wird Wahrscheinlichkeiten verwenden müssen, und die Vorhersagen, die sie macht, werden folglich bis zu einem gewissen Grad unscharf sein.

Aber wir verwenden Wahrscheinlichkeiten nur zu unserer Bequemlichkeit, und die sich ergebenden Unschärfen drücken bloß unsere Unwissenheit aus. Wir glauben auch weiterhin, dass es hinter unserer Massenbeschreibung eines Gases anhand von Dichte und Temperatur eine präzise Beschreibung gibt, die die Auflistung dessen umfasst, wo sich jedes einzelne Atom befindet und wie es sich bewegt. Wir teilen die Überzeugung, dass, wenn wir Zugang zu dieser Beschreibung hätten, wir die Gesetze verwenden könnten, um die Zukunft genau vorherzusagen. Diese Überzeugung gründet auf dem Glauben an den Realismus – dass es eine objektive Wirklichkeit gibt, deren Erkenntnis uns möglich ist.

Die Quantenmechanik blockiert diese selbstzufriedene Bestrebung, weil ihr erstes Prinzip behauptet, dass wir höchstens die Hälfte der Information wissen können, die erforderlich wäre, um diese Bestrebung zu verwirklichen.

Die vollständige Information, die benötigt wird, um die Zukunft genau vorherzusagen, wird *klassischer Zustand* genannt. Mit »klassisch« bezeichnen wir die Physik, wie sie zwischen Newton und der Entdeckung der Quanten war. Folglich liegt es nahe, die Angabe der Hälfte dieser Information als *Quantenzustand* zu bezeichnen. Die Hälfte ist willkürlich; man kann sich für den Impuls entscheiden oder für die Position oder für eine Mischung aus beiden, solange nur die Hälfte der Information, die man braucht, um die Zukunft vorherzusagen, vorhanden ist und die andere Hälfte fehlt.

Der Quantenzustand ist ein zentraler Begriff in der Quantentheorie. Ein Realist wird die Frage stellen wollen: Ist er wirklich? Entspricht der Quantenzustand eines Teilchens genau der physikalischen Wirklichkeit dieses Teilchens? Oder ist er lediglich ein bequemes Werkzeug, um Vorhersagen zu machen? Vielleicht ist der Quantenzustand gar keine Beschreibung des Teilchens, sondern nur der Information, die wir über das Teilchen haben?

Wir werden diese Fragen an dieser Stelle nicht lösen. Experten sind verschiedener Meinung über sie. Wir werden schon bald Gelegenheit haben, uns auf diese und andere Fragen zur Bedeutung und Korrektheit der Quantenmechanik zu konzentrieren. Einstweilen nehmen wir einen pragmatischen Standpunkt ein und betrachten den Quantenzustand als ein Werkzeug für Vorhersagen über die Zukunft.

Ein Quantenzustand ist ein nützliches Werkzeug, weil es genau dazu in der Lage ist. Das ist unser nächstes Prinzip.

Wenn der Quantenzustand eines isolierten Systems zu einem bestimmten Zeitpunkt gegeben ist, gibt es ein Gesetz, das den genauen Quantenzustand dieses Systems zu jedem beliebigen anderen Zeitpunkt vorhersagen wird.

Dieses Gesetz wird als *Regel 1* bezeichnet. Manchmal wird es auch Schrödingergleichung genannt. Das Prinzip, dass es ein solches Gesetz gibt, wird als *Unitarität* bezeichnet.

Während also die Beziehung zwischen dem Quantenzustand und dem Verhalten eines einzelnen Teilchens statistisch sein kann, ist die Theorie deterministisch, wenn es darum geht, wie der Quantenzustand sich in der Zeit verändert.

Wie wir schon sagten, werden Quantenzustände mit ganz bestimmten Werten von Energie und Impuls durch reine Wellen mit einer exakten Frequenz und Wellenlänge repräsentiert. Aber diese Quantenzustände sind sehr speziell. Wie steht es mit anderen Quantenzuständen, deren Impulse unscharf sind, sodass sie nicht mit einer einzigen Frequenz und einer einzigen Wellenlänge schwingen? Allgemeinere Quantenzustände werden durch Wellen mit beliebigen Profilen repräsentiert. Sie haben weder eine scharfe Position noch einen scharfen Impuls, weshalb es Unschärfen geben wird, wenn die eine oder andere dieser Größen gemessen wird.*

Es gibt auch Zustände mit bestimmter Position und völlig unbestimmtem Impuls; wenn wir sie grafisch darstellen, sehen sie wie Spikes aus, die überall null sind außer an dem einzelnen Punkt, an dem sich das Teilchen befindet. Andere Zustände gipfeln über einer Raumregion und entsprechen Teilchen, die ungenau lokalisiert sind, sodass wir nur näherungsweise wissen, wo sie sind.

---

* Wenn eine Welle einen Quantenzustand repräsentiert, bezeichnen wir ihn manchmal als Wellenfunktion.

Eine Möglichkeit, einen allgemeinen Quantenzustand herzustellen, besteht darin, reine Wellen zusammenzufügen, wobei jede eine andere Frequenz und Wellenlänge hat.

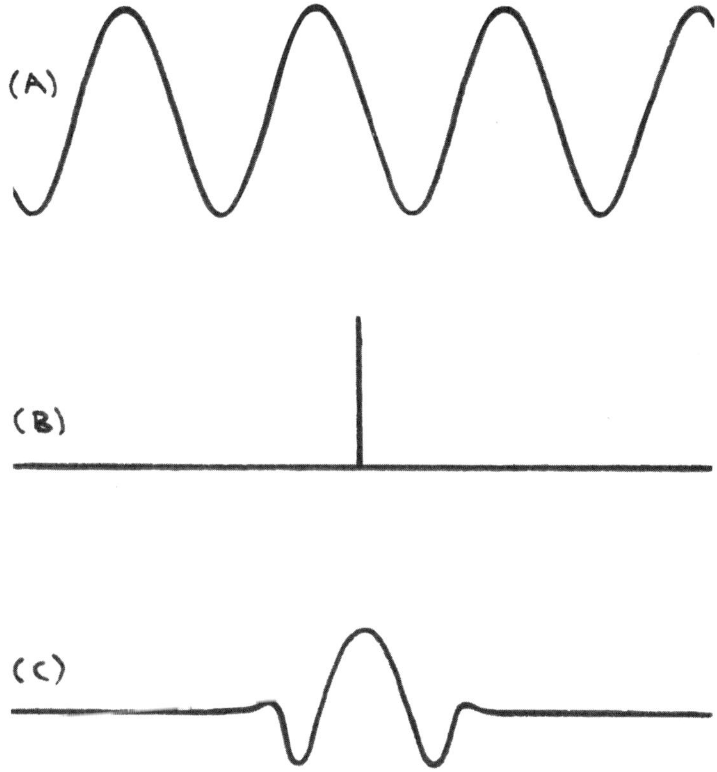

Abbildung 2: Drei Wellenfunktionen sind abgebildet, die zeigen, wie verschiedene Arten von Zuständen repräsentiert werden. (A) zeigt eine reine Welle mit einer einzigen Wellenlänge, die einem ganz bestimmten Impuls entspricht. Die Position ist völlig unscharf, wie es das Unschärfeprinzip verlangt. Der Spike in (B) zeigt einen Zustand mit einer ganz bestimmten Position, aber die Wellenlänge ist völlig unbestimmt und unscharf. Den dazwischen liegenden Fall (C) erhält man durch die Kombination mehrerer Wellenlängen, sodass der Impuls und die Position beide etwas unscharf sind.

Wenn wir die Energie einer solchen Kombination messen, erhalten wir ein Spektrum von Werten, die den verschiedenen Frequenzen entsprechen, aus denen die Welle besteht.

Wenn es sich dabei um Musik handelte, wären die Wellen Schallwellen. Eine reine Welle mit einer einzigen Frequenz lässt eine einzelne Note erklingen. Das gleichzeitige Spiel mehrerer Noten bringt einen Akkord hervor. Es gibt keine Grenze dafür, wie viele Noten man gleichzeitig spielen kann, und auch nicht dafür, wie viele Quantenzustände zusammengefügt werden können.

Die Kombination von zwei Zuständen, indem man die Wellen zusammenfügt, die sie repräsentieren, wird als *Superposition der Zustände* bezeichnet. Sie entspricht der Kombination von zwei Möglichkeiten, wie das Teilchen sich bewegt haben könnte, um am Detektor anzukommen. Als wir zuvor Katzen- und Hundeliebhaber im Wohnzimmer und in der Küche voneinander trennten, repräsentierte jedes Zimmer einen Quantenzustand, der durch eine bestimmte Präferenz für ein Haustier definiert wurde. Als wir sie im Wohnzimmer zusammenbrachten, haben wir diese beiden Zustände superponiert.

Das ist ein Beispiel für ein allgemeines Prinzip, das als *Superpositionsprinzip* bezeichnet wird.

> ***Zwei beliebige Quantenzustände können zusammen superponiert werden, um einen dritten Quantenzustand zu definieren. Das geschieht durch das Zusammenfügen der Wellen, die den beiden Zuständen entsprechen. Das entspricht einem physikalischen Prozess, der die Eigenschaft vergisst, die die beiden voneinander unterscheidet.***

Logischerweise teilt eine Superposition zweier Zustände C und D C *oder* D mit. Die Person könnte ein Hundeliebhaber *oder* ein Katzenliebhaber sein. Der Junktor »oder« bedeutet, dass etwas vergessen wurde. Eine Person könnte ein C oder ein D gewesen sein, aber wenn wir vergessen haben, was genau sie war, können wir nur sagen, dass sie C *oder* D ist.

Wie ich betont habe, sind Quantenzustände deshalb wichtig, weil sie sich in der Zeit nach einer bestimmten Regel entwickeln. Die Beziehung zwischen dem Quantenzustand und einer Beobachtung ist zwar probabilistisch, doch die Beziehung zwischen diesem Zustand im gegenwärtigen Zeitpunkt und dem Quantenzustand zu einem anderen Zeitpunkt ist ganz bestimmt. Aber es gibt einen wichtigen Vorbehalt, der darin besteht, dass die ganz bestimmte Entwicklungsregel nur für Systeme gilt, die vom übrigen Universum isoliert sind. Nur in Fällen, in denen das System frei von Störungen oder Einflüssen aus äußeren Quellen ist, ist die Entwicklungsregel deterministisch.

Wenn wir eine Messung an dem System vornehmen, stören wir es, und zwar typischerweise dadurch, dass wir es zwingen, mit einem Messinstrument zu interagieren. Daher gilt Regel 1 nicht für Messungen. Das ist nicht nur für Messungen der Fall, sondern für jede Interaktion zwischen dem System und äußeren Kräften. Gibt es also irgendetwas Besonderes an Messungen?

Messungen sind besonders, weil mit ihnen Wahrscheinlichkeiten in die Quantentheorie hineinkommen.

Die Quantenmechanik behauptet, dass die Beziehung zwischen dem Quantenzustand und dem Ergebnis einer Messung probabilistisch ist. Im Allgemeinen gibt es einen Bereich möglicher Ergebnisse einer gegebenen Messung. Diese werden mit derselben Wahrscheinlichkeit auftreten, und diese Wahrscheinlichkeiten hängen vom Quantenzustand ab. In dem Fall, in dem wir die Position eines Teilchens messen, ist diese Abhängigkeit besonders einfach:

Die Wahrscheinlichkeit dafür, das Teilchen an einem bestimmten Ort im Raum zu finden, ist proportional zum Quadrat der Höhe der entsprechenden Welle an diesem Raumpunkt.

Dies wird als Born'sche Regel bezeichnet, nach Max Born, der sie vorschlug. Warum das Quadrat? Eine Wahrscheinlichkeit ist immer positiv, aber Wellen oszillieren zwischen positiven und negativen Werten. Das Quadrat jedoch ist immer positiv, und es ist das Quadrat, das mit der Wahrscheinlichkeit verknüpft ist. Man sollte sich Folgendes merken: Je höher die Größe oder Höhe einer Welle, umso wahrscheinlicher wird man das ihr entsprechende Teilchen an diesem Punkt finden.

Diese letzten Punkte sind entscheidend dafür, wie die Quantenmechanik funktioniert, daher möchte ich sie zusammenfassen: Die Welle repräsentiert den Quantenzustand. Wenn wir das System in Ruhe lassen, ändert es sich nach Regel 1 deterministisch in der Zeit. Aber der Quantenzustand ist nur indirekt mit dem verknüpft, was wir beobachten, wenn wir eine Messung vornehmen, und diese Beziehung ist nicht deterministisch. Die Beziehung zwischen dem Quantenzustand und dem, was wir beobachten, ist probabilistisch. Die Zufälligkeit kommt hier auf grundlegende Weise ins Spiel.

Doch selbst wenn der Quantenzustand uns nur Wahrscheinlichkeiten für unsere Beobachtungen angibt, haben wir etwas ganz Bestimmtes, sobald wir ein Ergebnis erhalten, weil man hinterher genau weiß, was der Zustand ist. Es ist der Zustand, der dem Ergebnis entspricht, das wir durch die Messung erhalten haben. Angenommen, wir messen den Impuls eines Elektrons und erhalten das Ergebnis, dass das Elektron sich mit dem Impuls 17 (in irgendeiner Einheit) nach Norden bewegt. Dann wissen wir nach der Messung, dass der Quantenzustand NACH NORDEN, IMPULS = 17 ist.

Das ist in einer zweiten Regel* verankert, die wir als *Regel 2* bezeichnen.

Das Ergebnis einer Messung kann nur probabilistisch vorhergesagt werden. Aber danach ändert die Messung den Quantenzustand des gemessenen Systems, indem sie es in den Zustand versetzt, der dem Messergebnis entspricht. Das wird als Kollaps der Wellenfunktion bezeichnet.

In unserer Geschichte über politische und Haustierpräferenzen geht beispielsweise eine Person, sobald sie eine Frage nach der einen oder anderen Präferenz beantwortet, in den Quantenzustand über, der durch diese bestimmte Präferenz definiert ist.

Da das Messergebnis probabilistisch ist, ist es auch die Änderung des Quantenzustands, die von Regel 2 diktiert wird.

Sobald die Messung vorbei ist, kann das System wieder als isoliert betrachtet werden, und Regel 1 gilt wieder bis zur nächsten Messung.

Regel 2 wirft eine ganze Menge Fragen auf.

Bricht die Wellenfunktion augenblicklich zusammen, oder braucht es dazu eine gewisse Zeit?

Findet der Kollaps statt, sobald das System mit dem Detektor interagiert? Oder erst später, wenn eine Aufzeichnung gemacht wird? Oder vielleicht noch später, wenn sie von einem bewussten Geist wahrgenommen wird?

Ist der Kollaps eine physikalische Veränderung, was bedeutet, dass der Quantenzustand wirklich ist? Oder ist er bloß eine Änderung unseres Wissens über das System, was

---

* Aber sobald ich Regel 1 erwähnte, wussten Sie schon, dass es eine zweite geben müsse. Ich möchte darauf hinweisen, dass in manchen Lehrbüchern die Regeln 1 und 2 vertauscht sind.

bedeutet, dass der Quantenzustand nur eine Repräsentation dieses Wissens ist?

Wie weiß ein System, dass eine bestimmte Interaktion mit einem Detektor stattgefunden hat, sodass es dann und nur dann Regel 2 befolgen sollte?

Was geschieht, wenn wir das ursprüngliche System und den Detektor zu einem größeren System kombinieren? Gilt Regel 1 dann für das ganze System?

Alle diese Fragen betreffen verschiedene Aspekte des Messproblems.

Unterschiedliche Antworten sind auf sie gegeben worden und waren nahezu ein Jahrhundert lang eine Quelle von Kontroversen. Wir werden eine Menge über alle diese Dinge zu sagen haben, sobald wir das ganze Bild kennen.

Vier

Wie Quanten miteinander teilen

So nützlich es unter den Umständen des Alltags auch ist, wenn man sagt, dass die Welt »da draußen« unabhängig von uns existiert, lässt sich diese Ansicht doch nicht mehr aufrechterhalten.

– *John Archibald Wheeler*

Die Superposition von Quantensystemen stellt eine ernsthafte Herausforderung gegenüber dem Realismus dar. Aber noch heimtückischere Hindernisse für den Realismus ergeben sich daraus, wie die Quantenmechanik Systeme beschreibt, die durch die Kombination einfacherer Systeme aufgebaut sind.

Superposition bezieht sich auf die Kombination verschiedener möglicher Zustände eines einzelnen Systems. Wie ich schon sagte, entspricht sie dem »oder«. Die Quantenmechanik hat auch Interessantes über die Kombination zweier verschiedener Systeme zu einem zusammengesetzten System zu sagen. Angenommen, wir haben ein Elektron und ein Proton. Jedes besitzt zu Beginn seinen eigenen Quantenzustand. Wir können sie miteinander kombinieren, um ein Wasserstoffatom herzustellen. Das ganze Atom besitzt seinen eigenen Quantenzustand, der aus der Kombination der Zustände seiner Bestandteile entsteht. Das entspricht dem »und«. Jeder Quantenzustand repräsentiert die Hälfte der möglichen Information, die für eine vollständige

Beschreibung seiner Bestandteile benötigt wird. Der gemeinsame Quantenzustand repräsentiert außerdem die Hälfte der möglichen Information über das Atom. Das führt zu sehr interessanten neuen Phänomenen.

Betrachten wir wieder Leute mit zwei unvereinbaren Eigenschaften, politischen Ansichten und Haustierpräferenzen. Nehmen wir an, dass Anna und Beth eine Wohnung teilen. Sie sprechen über die Anschaffung eines Haustiers. Einzeln genommen, ist Anna eine Katzenliebhaberin und Beth auch. Der Zustand ihres Paars ist einfach die Kombination davon. Jede hat eine bestimmte Präferenz für Haustiere, daher hat jede unbestimmte politische Ansichten. Wenn man sie nach ihren politischen Vorlieben fragt, wird jede eine 50-prozentige Chance haben, die Frage mit »links« zu beantworten, und eine 50-prozentige Chance, sie mit »rechts« zu beantworten. Wenn sie also zur Politik befragt werden, werden sie in der Hälfte der Fälle feststellen, dass sie übereinstimmen, und in der anderen Hälfte, dass sie verschiedener Meinung sind. In dem betreffenden Zustand, in dem sie jeweils getrennt voneinander eine bestimmte Haustierpräferenz haben, sind ihre politischen Ansichten zufällig und unkorreliert. Die Tatsache, dass Anna ihre politischen Ansichten kundgibt, hat keinen Einfluss auf Beths Ansichten.

Die Quantenphysik gestattet uns auch, Zustände für das Paar zu definieren, bei denen alle ihre Einzelansichten unbestimmt sind, aber wir können ein bestimmtes Wissen darüber haben, wie ihre Ansichten miteinander verknüpft sind. Ein wichtiges Beispiel für einen solchen Zustand ist ein solches, bei dem das einzig Sichere darin besteht, dass Anna und Beth verschiedener Meinung sein werden, wenn wir ihnen dieselbe Frage stellen. Dieser Zustand wird als GEGENTEIL bezeichnet. In diesem Zustand kann man beiden eine beliebige Frage stellen, und, was auch immer die eine behauptet, so wird die andere das Gegenteil behaupten. Doch ist es unmöglich, ihre einzelnen Antworten vorherzusagen.

GEGENTEIL ist ein Beispiel für ein überraschendes Phänomen, nämlich dass es Quantenzustände für zwei Teilchen gibt, bei denen wir etwas darüber wissen, wie die Teilchen sich zueinander verhalten, aber nichts über jedes Teilchen für sich genommen. Wir bezeichnen solche Zustände als *verschränkt*. Das Phänomen der Verschränkung ist etwas Neues, das mit den Quanten in die Physik kommt und kein klassisches Analogon aufweist.

Die Information, dass sie unterschiedlicher Meinung sein werden, welche Frage man ihnen auch stellen mag, ergibt genau die Hälfte der Information, die man brauchen würde, um ihre tatsächlichen Antworten vorherzusagen. Die andere Hälfte bezieht sich auf ihre individuellen Antworten. Im GEGENTEIL-Zustand wissen wir also nichts über ihre individuellen Ansichten und alles darüber, wie ihre Ansichten miteinander korrelieren. Wenn sie sich im GEGENTEIL-Zustand befinden, teilen Anna und Beth folglich eine Eigenschaft miteinander, die nicht einfach die Summe der Eigenschaften ist, die sie einzeln genommen haben.

Das Paar verbringt den Abend zusammen und wacht im GEGENTEIL-Zustand auf. Jede geht zu ihrer Arbeit. Beim Mittagessen fragen Annas Kollegen sie entweder nach ihrer politischen Einstellung oder nach ihrem Verhältnis zu Haustieren. Sie entscheiden erst in letzter Minute, welche Frage sie stellen. Danach halten sie fest, welche Frage Anna gestellt wurde und was sie sagte. Beths Kollegen tun dasselbe. Das wird ein Jahr lang jeden Tag wiederholt, wonach beide Gruppen von Kollegen sich auf einer Tagung treffen und ihre Notizen miteinander vergleichen. Was werden sie entdecken?

In der Hälfte der Fälle wird man Anna und Beth verschiedene Fragen gestellt haben. Ignorieren wir diese Fälle und sehen wir uns nur diejenigen Tage an, an denen ihnen dieselbe Frage gestellt wurde. In 100 Prozent dieser Fälle fielen ihre Antworten unterschiedlich aus. Und zwar trotz der Tatsache, dass jede ihrer Antworten, einzeln betrachtet, völlig zufällig zu sein scheint.

So, wie ich die Situation beschrieben habe, wäre sie nicht schwer zu erklären. Es ist nur nötig, dass das Paar jeden Morgen beim Frühstück eine Münze wirft, um zu entscheiden, wer welche Antworten gibt, wenn sie gefragt werden. Aber es gibt analoge Geschichten, bei denen wir Paare von Photonen untersuchen anstatt Paare von Menschen. Wir können Photonenpaare in den GEGENTEIL-Zustand versetzen und verschiedene Eigenschaften an ihnen messen. Immer wenn wir ihnen dieselbe Frage stellen, fallen die Antworten verschieden aus. Aber wir können zeigen, dass sich das nicht durch irgendeine Vereinbarung erklären lässt, die vor unserer Befragung getroffen wurde. Dies wurde in einem wichtigen Aufsatz bewiesen, den 1964 der irische Physiker John Bell schrieb.

Im Falle von Photonen stellen wir keine Fragen zu politischen Vorlieben oder Haustierpräferenzen, sondern zur Polarisierung. Eine elektromagnetische Welle besteht aus hin und her schwingenden elektrischen und magnetischen Feldern. Die Schwingungen sind senkrecht zur Richtung, in die sich die Welle bewegt. Diese Schwingungen definieren eine Ebene, die beim Schwingen des Feldes umherspringt. Wir sagen, dass das Licht polarisiert ist, wenn das elektrische Feld stetig in einer bestimmten Ebene schwingt. Individuelle Photonen, die durch eine polarisierte Linse hindurchgehen, wie sie beispielsweise bei Sonnenbrillen üblich sind, weisen eine wohldefinierte Polarisierung auf.

Wir können ein Protonenpaar herstellen, das zusammen Polarisierungen im GEGENTEIL-Zustand aufweist. Um das zu zeigen, lassen wir sie in entgegengesetzten Richtungen wandern, bis sie weit voneinander entfernt sind, dann stellen wir ein polarisiertes Glas in ihren Pfad, durch welches sie entweder hindurchgehen oder nicht. Wenn die Gläser dieselbe Polarisationsebene haben, wird im GEGENTEIL-Zustand eines der beiden Photonen durch das Glas hindurchgehen, aber das andere nicht.

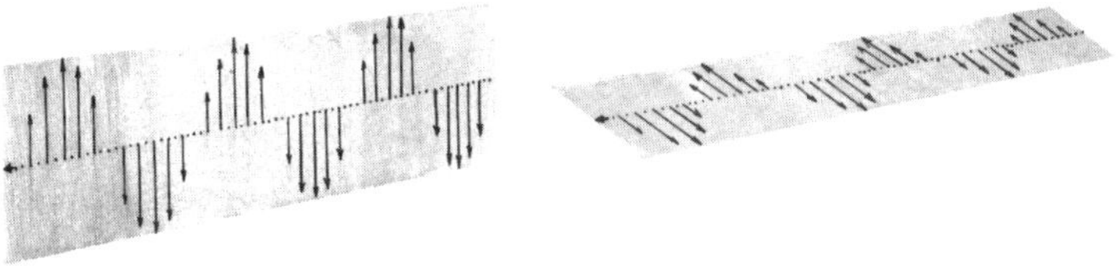

Abbildung 3: Diese Abbildung zeigt, was wir meinen, wenn wir sagen, dass elektromagnetische Strahlung polarisiert sein kann. Hier werden Spuren zweier Wellen gezeigt, die sich durch das elektrische Feld unter Abwesenheit äußerer Ströme und Ladungen bewegen. Man beachte, dass das elektrische Feld senkrecht zur Bewegungsrichtung der Welle steht. Die Schwingungen des Feldes, gemeinsam mit der Bewegungsrichtung, bestimmen eine Ebene im dreidimensionalen Raum. Diese wird als Polarisationsebene bezeichnet. Wir zeigen zwei Polarisationsebenen, die im rechten Winkel zueinander stehen.

Welches jedoch hindurchgeht, ist zufällig, weil ihre individuellen Eigenschaften im GEGENTEIL-Zustand völlig unbestimmt sind.

Wir können das eine Glas auch drehen, wodurch die Polarisationsebene nach einer Seite hin rotiert wird. Die beiden Polarisatoren stehen jetzt in verschiedenen Winkeln. Nun gehen in einigen Fällen beide Photonen durch. Wie häufig beide hindurchgehen, hängt vom Winkel zwischen den Polarisatoren ab. Wenn der Winkel zwischen den beiden Polarisatoren null ist, stellen wir dieselbe Frage auf jeder Seite, und es geschieht nie, dass beide hindurchgehen. Rotieren wir dann den einen Polarisator ein wenig, sodass sie leicht unterschiedliche Fragen stellen. Jetzt gehen in ein paar Fällen Photonen auf beiden Seiten hindurch. Wir stellen die Frage, wie der Anteil von Fällen zunimmt, in denen beide hindurchgehen, wenn wir den Winkel zwischen den beiden Polarisationsebenen variieren.

Bell führte eine Annahme ein, die die Idee zum Ausdruck brachte, dass die Physik lokal ist, insofern Informationen sich nicht schneller als das Licht bewegen können. Das erfordert, dass, wenn die beiden Photonen sehr weit voneinander entfernt sind, die Fragen, die ich an das eine Photon stelle, nicht die Antworten des anderen beeinflussen können.

Aus dieser Annahme leitete Bell eine Einschränkung für den Anteil von Fällen ab, in denen beide Photonen durch ihre Polarisatoren hindurchgehen. Diese Einschränkung hängt von dem Winkel zwischen den beiden Polarisationsebenen ab.

Bell stellte zunächst die Frage, ob die Einschränkung von den Vorhersagen der Quantenmechanik verletzt wird. Er fand heraus, dass sie für bestimmte Winkel verletzt wird. Das bedeutet, dass die Quantenmechanik Bells Prinzip der Lokalität verletzt. Wir können leicht erkennen, dass das in der Geschichte unseres Paares der Fall ist. Wenn Anna und Beth jeweils zur Arbeit gehen, teilen sie einen einzigen Quantenzustand, den Zustand GEGENTEIL. Dies ist keine Eigenschaft von ihnen als Individuen. Es ist eine gemeinsame Eigenschaft; sie ergibt nur dann einen Sinn, wenn sie dem Paar zugeschrieben wird. Diese Situation steht bereits in einer Spannung zu der Philosophie, dass physikalische Eigenschaften lokal sind.

Aber es kommt noch schlimmer. Wenn Beths Kollegen sie nach ihrer Haustierpräferenz fragen, sagt sie, dass sie Katzen liebt. Das ändert augenblicklich ihren Quantenzustand. Wie Regel 2 vorschreibt. Ursprünglich war er unbestimmt, aber jetzt ist sie eine reine Katzenliebhaberin. Wenn sie noch einmal zu ihrer Haustierpräferenz befragt wird, sagt sie mit Sicherheit »Katze«, sodass der Zustand KATZE sie bestimmt.

Aber weil sie den Tag im GEGENTEIL-Zustand begann, wurde Anna in diesem Moment nach derselben Logik zu einer Person mit einer eindeutigen Vorliebe für Hunde. Wenn sie von ihren Kollegen gefragt wird, welche Haustiere sie bevorzugt, sagt Anna jetzt mit 100-prozentiger Sicherheit »Hunde«.

Somit scheint die Messung von Beths Präferenz augenblicklich Annas Zustand zu beeinflussen. Trotz der Tatsache, dass Beth gemessen wurde und Anna mit niemandem gesprochen hat, gilt Regel 2 auch für Anna. Das ist ein Beispiel für das Phänomen, das als Quanten-Nichtlokalität bezeichnet wird.

Die Geschichte wäre genau dieselbe, wenn Beth nach ihren politischen Neigungen gefragt werden würde. Wie sie auch antworten würde, Anna würde augenblicklich die gegenteilige Eigenschaft annehmen.

Sobald Beth nach der einen ihrer Präferenzen gefragt worden ist, teilen sie und Anna keinen Zustand mehr. Beth hat jetzt einen bestimmten eigenen Zustand, und man kann sagen, dass das das Ergebnis davon war, gemessen worden zu sein. Sonderbar ist die Tatsache, dass, weil beide ursprünglich gemeinsam im verschränkten Zustand GEGENTEIL waren, die Frage an Beth augenblicklich auch Annas Zustand verändert. Aufgrund der Antwort, die Beth gibt, wird Anna umgehend dazu bestimmt, in einem eigenen Quantenzustand zu sein, nämlich in dem, der das Gegenteil von jeder beliebigen Antwort ist, die Beth gibt.

Das geschieht sogar, auch wenn noch niemand Anna irgendetwas gefragt hat. Beth und ihre Kollegen können Lichtjahre entfernt sein, sodass keine Information darüber, was Beth gefragt wurde und was sie geantwortet hat, Anna auf Jahre hinaus erreichen könnte, wenn wir die übliche Beschränkung in Bezug auf die Informationsübertragung annehmen. Das bedeutet, dass auch Anna selbst noch nicht wissen kann, dass sich ihr Quantenzustand verändert hat. Aber er hat sich verändert, wenn die Quantentheorie richtig ist.

Natürlich wäre die Geschichte dieselbe, wenn Anna es wäre, die zuerst gefragt worden wäre. Die Folgen davon, einen verschränkten Zustand zu teilen, sind vollkommen symmetrisch.

Das sonderbare Verhalten des Quantenzustands GEGENTEIL wurde von Einstein entdeckt und war das Kernstück eines Aufsatzes, den er 1935 mit zwei jüngeren Kollegen schrieb, Boris Podolsy und Nathan Rosen.[4] Die drei Autoren (die manchmal als

EPR abgekürzt werden) benutzten ein Experiment wie das, das ich beschrieben habe, um geltend zu machen, dass die Quantenmechanik unvollständig sein muss. Um zu dieser Schlussfolgerung zu gelangen, gaben sie ein Kriterium dafür an, wann eine Eigenschaft eines physikalischen Systems als wirklich betrachtet werden muss.

> Wenn man, ohne ein System auf irgendeine Weise zu stören, eine seiner Eigenschaften mit 100-prozentiger Sicherheit bestimmen kann, dann muss es ein Element der physikalischen Wirklichkeit geben, das mit dieser Eigenschaft verbunden ist.

Einstein und seine Mitarbeiter nahmen außerdem an, dass man ein System nur stören kann, indem man ihm physikalisch etwas antut. Vor allem nahmen sie auch an, dass jede physikalische Störung lokal ist und somit der Einschränkung unterliegt, sich mit Lichtgeschwindigkeit oder langsamer zu bewegen. Insbesondere impliziert das, dass

> Anna nicht physikalisch durch die Auswahl der Fragen beeinflusst werden kann, die Beth gestellt werden, bis genügend Zeit verflossen ist, damit ein Lichtsignal die Information, welche Frage an Beth gestellt wurde, von Beth an Anna übertragen hat.

Wir haben eben gesehen, dass Beths Kollegen auch Annas Haustierpräferenz kennen, sobald sie Beth nach ihrer Vorliebe für Haustiere fragen. Einstein und seine Freunde glaubten jedoch fest an das Lokalitätsprinzip, das impliziert, dass, weil sie weit voneinander entfernt sind, Anna nicht von Fragen beeinflusst werden konnte, die man ihrer weit entfernten Freundin Beth gestellt hatte. Folglich ist das eben genannte Wirklichkeitskriterium erfüllt, und wir können schließen, dass *Annas Vorliebe für Haustiere ein Element der Wirklichkeit ist.*

Außerdem kann das, was im Hinblick auf Anna wirklich ist, nicht von irgendetwas beeinflusst werden, was Beth zustößt oder nicht zustößt. Daher muss Annas Vorliebe für Haustiere wirklich sein, ob nach der Haustierpräferenz von Beth gefragt wurde oder nicht.

Nun beachte man, dass Beths Kollegen sie stattdessen über ihre politische Einstellung befragt haben könnten. Dasselbe Argument gilt auch hier, und wir müssen daraus schließen, dass *Annas politische Vorliebe ebenfalls ein Element der Wirklichkeit ist.* Und wieder *ist das der Fall, egal ob Beths politische Einstellung erfragt wurde oder nicht.*

Wir müssen also folgern, dass *sowohl Annas Haustierpräferenz als auch ihre politische Einstellung Elemente der Wirklichkeit sind!*

Aber Quantenzustände können nicht gleichzeitig sowohl die politische Einstellung als auch die Haustierpräferenz einer Person beschreiben. *Daher beschreibt Annas Quantenzustand sie nur unvollständig.*

Und folglich, so schlossen Einstein, Podolsky und Rosen, ist die Beschreibung der Welt anhand von Quantenzuständen unvollständig.

Ich habe über dieses Argument seit meinem ersten Jahr im College nachgedacht. Soweit ich es beurteilen kann, ist es logisch korrekt. Einstein und seine jungen Freunde setzten Lokalität voraus, als sie postulierten, dass *Anna physikalisch nicht durch die Wahl der an Beth gestellten Fragen beeinflusst werden kann, wenn sie weit voneinander entfernt sind.*

Bell machte genau dieselbe Annahme in Bezug auf Photonen, und nicht auf Menschen, als er seine Einschränkung ableitete.

Wenn die beiden Photonen sehr weit voneinander entfernt sind, können die Fragen, die ich an das eine Photon stelle, nicht die Antworten beeinflussen, die das andere geben wird.

Das ist in der Tat die einzige nichttriviale Annahme in Bells Argumentation. Da also, wie ich schon sagte, Bells Einschränkung mit der Quantenmechanik nicht übereinstimmt, muss es so sein, dass die Quantenmechanik selbst mit der Lokalität nicht übereinstimmt.

Aber wir können noch weiter gehen und direkt überprüfen, ob die Lokalität, wie sie von EPR und Bell angenommen wurde, von der Natur verletzt wird.

Die Bedeutung von Bells Einschränkung besteht darin, dass sie nicht nur für die Quantenmechanik gilt. Die Einschränkung, die er abgeleitet hat, beschränkt jede Theorie, die Bells und EPRs Lokalitätsprinzip erfüllt. Dies schließt Theorien ein, die die Quantenmechanik ersetzen sollen. Sie wird auch für jede Theorie gelten, die in Zukunft erfunden wird. Das bedeutet, dass wir Experimente konstruieren können, die das Lokalitätsprinzip direkt überprüfen.

Glücklicherweise konnte Bells Einschränkung durch ein relativ erschwingliches Gerät überprüft werden, das in einem einzigen Zimmer handgefertigt wurde. Ein paar tapfere Seelen machten sich an die Arbeit, Experimente aufzubauen, um das Theorem zu testen. Nachdem mehrere Versuche zu einseitigen und widersprüchlichen Ergebnissen geführt hatten, wurden die endgültigen Experimente in Orsay in der Nähe von Paris in den frühen 1980er-Jahren von Alain Aspect und seinen Mitarbeitern Jean Dalibard, Philippe Grangier und Gérard Roger durchgeführt.[5]

In Aspects Experimenten sind die verschränkten Teilchen Photonen und die Fragen, die gestellt werden, beziehen sich auf ihre Polarisationsebenen. Diese Experimente beginnen damit, dass ein Atom aus seinem Grundzustand durch ein Photon aus einem Laser in einen angeregten Zustand versetzt wird. Diese Photonen werden so ausgewählt, dass, wenn das angeregte Atom in den Grundzustand zurückfällt, es dabei ein Paar verschränkter Photonen hervorbringt, die sich im Zustand GEGENTEIL befinden. Die Photonen fliegen in entgegengesetzte Richtungen auseinander und treffen nach ein paar Metern auf Polarisatoren, die ihre Polarisierungen relativ zu einer Ebene messen. Die Ebene jedes Polarisators kann in jeder beliebigen Position, die der Experimentator auswählt, frei eingestellt werden, sodass die Korrelationen der Polarisationen der beiden Photonen gemessen werden können. Die Ergebnisse verletzten glatt Bells Einschränkung, während sie genau mit den Vorhersagen der Quantentheorie übereinstimmten.

Die Experimente zeigen uns, dass die oben hervorgehobene Annahme der Bell-Lokalität falsch ist! Die Quantenwelt gehorcht nicht dem Lokalitätsprinzip.

Wenn das nicht die schockierendste Nachricht ist, die Sie aus der Welt der Naturwissenschaft gehört haben, dann haben Sie sie vielleicht nicht verstanden. *Die Natur erfüllt nicht die Vorstellung der Lokalität.* Zwei Teilchen, eigentlich zwei Gegenstände in der Welt, die weit voneinander entfernt sind, können Eigenschaften miteinander teilen, die keinen Eigenschaften zugeschrieben werden können, die jeder für sich getrennt aufweist.

An diesem Punkt liegt es nahe, sich zu fragen, ob das Prinzip, dass Information nicht schneller als mit Lichtgeschwindigkeit übertragen werden kann, verletzt werden könnte, indem man den Umstand ausnutzt, dass Beth und Anna einen verschränkten Zustand teilen. Könnte die Tatsache, dass Annas Zustand auf der Grundlage dessen, welche Frage an Beth gerichtet wird, sich plötzlich ändert, von Beths Kollegen verwendet werden, um augenblicklich eine Botschaft an Annas Kollegen zu schicken?

Die Antwort ist, dass Information nicht schneller als mit Lichtgeschwindigkeit verschickt werden kann, weil die Beziehung zwischen Annas Zustand und den Antworten, die sie gibt, zufällig ist. Egal welche Frage Anna gestellt wird, ihre Antworten sind in jedem Fall 50 Prozent. Das gilt, bevor Beth gefragt wird, wenn sie den Zustand GEGENTEIL mit Anna teilt, und es gilt auch danach. Erst wenn die Listen der Antworten, die jede auf eine Reihe von Fragen gab, zusammengebracht und miteinander verglichen werden, erscheinen Belege für rätselhafte Korrelationen. Und die Listen sind gewöhnlich klassische Objekte, die nicht schneller als mit Lichtgeschwindigkeit übertragen werden können.

Es gibt eine andere ähnliche Möglichkeit, die Aspect und seine Kollegen ebenfalls überprüfen konnten. Vielleicht stehen auf einer tieferen Ebene als der, die von der Quantentheorie beschrieben wird, die beiden Atome in Verbindung miteinander, sodass das erste Photon, das gemessen werden soll, Informationen an das andere Photon darüber weitergibt, welche Frage an es gestellt wurde. Dann könnte das Lokalitätsprinzip immer noch erfüllt werden. Aber jetzt haben wir die spezielle Relativitätstheorie zu berücksichtigen, die behauptet, dass keine Information sich schneller als mit Lichtgeschwindigkeit bewegen kann. Um diese Möglichkeit zu prüfen, wurde das Experiment mit einem Zufallsschalter auf der einen Seite wiederholt. Dieser Schalter konnte sehr schnell entscheiden, welche Frage an sein Photon gestellt werden würde. Er war schnell genug, dass die Wahl getroffen wurde, während die Photonen noch im Flug begriffen waren. Der Schaltvorgang geschah also schneller als er dem anderen Photon durch irgendein Signal mitgeteilt werden konnte, das sich mit Lichtgeschwindigkeit oder langsamer bewegt. Das Ergebnis war unverändert. Wenn die beiden Photonen in Verbindung miteinander stehen, werden ihre Botschaften viel schneller als mit Lichtgeschwindigkeit übertragen, und die Relativitätstheorie ist verletzt.

Was sollen wir dann von Einsteins, Podolskys und Rosens Argument halten? So raffiniert es auch war, das Argument muss im Lichte der experimentellen Befunde als falsch betrachtet werden, weil es auf einer falschen Annahme beruht, nämlich der Lokalitätsannahme. Die experimentellen Tests der Bell'schen

Ungleichung zeigen uns, dass, sobald Anna und Beth im Zustand GEGENTEIL miteinander verschränkt sind, Anna *tatsächlich* durch die Wahl der Fragen beeinflusst wird, die an Beth gestellt werden. Das bleibt wahr, auch wenn sie weit voneinander entfernt sind. Das gilt für die Quantenmechanik und, wie aus den Experimenten folgt, es muss auch für jede tiefere Theorie gelten, die die Quantenmechanik vervollständigt.

Trotzdem war der Aufsatz von EPR ungemein wichtig, weil er einen überraschenden Aspekt der Quantenphysik beleuchtete, nämlich die Verschränkung. Es hat Jahrzehnte gedauert, bis das anerkannt wurde; tatsächlich war der Aufsatz von EPR seiner Zeit voraus. Abgesehen von der Entdeckung der Verschränkung war der Aufsatz Ausgangspunkt für Bell und somit für die schockierende experimentelle Entdeckung, dass die Physik das Lokalitätsprinzip verletzt.

Bohr, der große Antirealist, antwortete unmittelbar auf den EPR-Aufsatz mit einem besonders undurchsichtigen Beispiel seines Argumentationsstils.[6] Er widersprach den Wirklichkeitskriterien von EPR, indem er darauf hinwies, dass eine Messung von einem der Teilchen das andere Teilchen indirekt stört, indem sie den Kontext stört, in dem die Eigenschaften des anderen Teilchens einen Sinn ergeben.

In den nächsten fünfzehn Jahren wurde nur ein einziger Aufsatz geschrieben, der den von EPR zitiert. Die nächsten mehrfachen Zitierungen stammen von Bohm und Everett in den 1950er-Jahren. John Bell war erst der sechste Autor, der EPR zitierte, was er in seinem großartigen Aufsatz von 1964 tat, fast dreißig Jahre später. Doch im Jahr 2015 wurde der Aufsatz mehr als sechzigmal zitiert, und 2016 ebenfalls. Endlich leben wir im Zeitalter der Verschränkung.

In den letzten Jahren wurde das Teilen von Eigenschaften unter verschränkten Paaren in Experimenten bestätigt, in denen die Paare durch Hunderte von Kilometern voneinander getrennt sind. Die Verschränkung entwickelt sich rasch von einer Kuriosität des Labors zu einer Technik. Sie wird jetzt als Ressource betrachtet, die im Zentrum einer neuen Art von Computer steht – des Quantencomputers. In der nahen Zukunft könnte uns die Verschränkung ermöglichen, Codes zu knacken, die lange als sicher galten, während sie außerdem neue Arten von Codes ermöglicht, die wirklich nicht zu knacken sind. Es sind bereits Satelliten für Quantenkommunikation in Umlauf, die verschränkte Paare verwenden, um die Botschaften zu verschlüsseln, die sie übertragen.

Einsteins erste revolutionäre Aufsätze erschienen 1905, als er sechsundzwanzig war. Dreißig Jahre später war der EPR-Aufsatz Einsteins letzter Aufsatz, der die Physik bis auf die Grundfesten erschütterte. Nur ganz wenigen ist es gegeben, die Naturwissenschaft über drei Jahrzehnte hinweg anzuführen. Einstein gab den Versuch nie auf, die tiefere Theorie jenseits der Quantenmechanik zu finden, und zwei Jahrzehnte später arbeitete er immer noch in seinem Notizbuch im Krankenhaus in der Nacht, in der er starb. Aber er scheiterte, und der einfache Grund dafür war, dass er nie verstand, dass die zentrale Annahme hinter vielen seiner großartigen Aufsätze – das Prinzip, dass die Physik lokal ist – falsch war.

Es gibt keinen Grund, warum Bells Aufsatz von 1964 nicht in den späten 1930er-Jahren hätte geschrieben werden können, kurz nach dem EPR-Aufsatz. Und die experimentelle Widerlegung der Lokalität hätte kurz danach stattfinden können. Man kann sich nur fragen, was Einstein gedacht hätte, wenn er in den 1940er-Jahren von Bell und Aspect erfahren hätte.

Zusammengenommen veranschaulichen die Geschichten, die ich erzählt habe, die Sonderbarkeit der Quantenwelt. Sie haben uns Dinge über die Welle-Teilchen-Dualität, die Superposition und das Unschärfeprinzip gelehrt.

Noch sonderbarer war die Tatsache, inwiefern Quanteneigenschaften miteinander verschränkt und von Systemen geteilt werden können, die räumlich weit voneinander entfernt sind. Das war die ultimative Lehre der Geschichte, die Einstein, Podolsky und Rosen erzählten. Aber erst durch John Bells Wiedererzählung wurde die wahre Moral der Geschichte als das radikale Wesen der Nichtlokalität der Quantenwelt enthüllt.

Wie wir gesehen haben, lässt sich die Superposition als Quantenvariante von »oder« verstehen, was ich als **oder** schreiben werde. Wenn wir zwei Systeme miteinander kombinieren, verwenden wir eine Quantenvariante von »und«. Ich werde das als **und** schreiben. Beide verhalten sich anders als die gewöhnliche Verwendung von »oder« und »und«, an die wir aus dem Alltag gewöhnt sind. Aber wenn sie zusammenwirken, ergeben sich wirklich sonderbare Dinge. Das sehen wir in einem berühmten Experiment, das als *Schrödingers Katze* bezeichnet wird.

Beginnen wir mit einem ganz einfachen Modell eines Atoms, das in zwei Zuständen sein kann: in einem angeregten, instabilen Zustand, den wir als ANGEREGT bezeichnen, und in einem stabilen Grundzustand mit niedrigerer Energie, der als GRUND bezeichnet wird. Da ANGEREGT instabil ist, wird dieser Zustand in GRUND zerfallen, indem ein Photon abgegeben wird, das die Energie wegträgt. Diese Zerfallsprozesse finden mit einer Häufigkeit statt, die durch die Halbwertszeit des angeregten Zustands gemessen wird.

Setzen wir ein Atom im Zustand ANGEREGT in eine Kiste und warten eine Zeit, die mit der Halbwertszeit vergleichbar ist. Wenn wir nicht in die Kiste schauen, können wir nur ableiten, dass die Wahrscheinlichkeit etwa 50 Prozent beträgt, dass wir beim Öffnen der Kiste sehen werden, dass das Atom in den Zustand GRUND zerfallen ist. Aber wie ist der Zustand, bevor wir in die Kiste schauen? Der Quantenmechanik zufolge ist es weder in ANGEREGT noch in GRUND, sondern in einer Superposition von beiden. Wir können das folgendermaßen schreiben

Atom = ANGEREGT **oder** GRUND

Regel 2 zufolge hat diese Superposition das Potenzial, zu einem der beiden Zustände ANGEREGT oder GRUND zu werden, wenn wir nachschauen. Wenn wir eine große Menge solcher Zustände haben, dann können wir Wahrscheinlichkeiten für jedes dieser Ergebnisse bestimmen. Diese Wahrscheinlichkeiten ändern sich mit der Zeit. Unmittelbar nachdem wir das Atom hergestellt haben, ist die Wahrscheinlichkeit, dass es zerfällt, sehr klein. Ein Vielfaches der Halbwertszeit später ist es nahezu sicher zerfallen.

Eine Superposition ist nicht dasselbe, wie in dem einen oder anderen Zustand mit unterschiedlichen Wahrscheinlichkeiten zu sein. Ein Grund dafür ist, dass, wenn wir die Energie unscharf machen, indem wir zwei Zustände mit verschiedenen Energien superponieren, eine andere Observable dadurch ganz bestimmt gemacht wird. Das ist analog der Art und Weise, wie wir es anstellten, dass unsere Besucher ganz bestimmte politische Ansichten hatten, indem wir ihre Zustände mit verschiedenen Haustierpräferenzen superponierten. Daher können wir immer eine Frage finden, die zur Energie komplementär ist und auf die die Antwort mit Sicherheit JA sein wird. Das wäre nicht der Fall, wenn wir es nur mit den Wahrscheinlichkeiten für ANGEREGT oder GRUND zu tun hätten.

Als Nächstes stellen wir einen Geigerzähler in die Kiste und stellen ihn so ein, dass er immer dann einen Stromstoß aussendet, wenn er ein Photon sieht.

Vom Gesichtspunkt der Quantenmechanik aus kann der Geigerzähler ebenfalls in zwei verschiedenen Zuständen sein. Es gibt den Zustand NEIN, in dem er kein Photon gesehen hat, und den

Zustand JA, wenn er eins sieht. Er kann sich auch in einer Superposition aus diesen beiden Zuständen befinden.

Wir setzen das Atom in die Kiste mit dem Geigerzähler. Wir müssen vorsichtig sein, damit wir es so einrichten, dass das Atom im Zustand ANGEREGT und der Geigerzähler im Zustand NEIN ist.

AUSGANGSZUSTAND = ANGEREGT **und** NEIN

Mit **und** meinen wir, dass diese Zustände, da es sich um Zustände zweier verschiedener Systeme handelt, miteinander kombiniert sind, und nicht superponiert.

Viel später erwarten wir, wenn alles gut läuft, das Atom im Zustand GRUND und den Geigerzähler im Zustand JA zu sehen. Das entspricht der Situation, dass der Geigerzähler das Photon entdeckt hat, das beim Zerfall des Atoms abgegeben wurde.

ENDZUSTAND = GRUND **und** JA

Dazwischen ist das System in einer Superposition der folgenden beiden Zustände.

ZWISCHENZUSTAND = (GRUND **und** JA) **oder**
(ANGEREGT **und** NEIN)

Das Gesamtsystem ist eine Superposition eines Zustands, in dem das Atom in dem nichtzerfallenen Zustand ANGEREGT *und* der Geigerzähler im Zustand NEIN ist, und der anderen Möglichkeit, nämlich des Zustands, in dem das Atom zu GRUND zerfallen ist *und* der Geigerzähler im Zustand JA ist, in dem er das Photon gesehen hat.

Dieser ZWISCHENZUSTAND ist ein Beispiel für einen *korrelierten Zustand.* Wir nennen ihn deshalb so, weil die Eigenschaften der beiden Systeme miteinander korreliert sind. Der Zustand des Atoms ist zwar unbestimmt, aber wenn wir wissen, in welchem Zustand das Atom ist, können wir den Zustand des Geigerzählers ableiten.

Doch wenn wir dann die Kiste öffnen und hineinschauen, sehen wir nie eine Superposition. Das Hineinschauen ist eine Messung, die der Regel 2 gehorcht. Wir sehen entweder, dass der Geigerzähler geklickt hat und das Atom folglich zerfallen ist, oder dass das Atom immer noch angeregt ist und der Zähler erst noch klicken muss.

Das scheint ausgesprochen seltsam zu sein. Es folgen einige Fragen, die dadurch aufgeworfen werden.

Warum gibt es zwei Regeln dafür, wie sich Quantensysteme in der Zeit verändern, anstatt nur eine einzige?

Warum behandeln wir Messungen und Beobachtungen anders als andere Prozesse? Gewiss ist doch ein Messgerät einfach nur eine Maschine, die aus Atomen besteht. Sollte es nicht nur eine einzige Regel dafür geben, wie sich die Dinge in der Zeit verändern, die für alle Fälle gilt?

Und welche Eigenschaft von Messgeräten macht sie andersartig? Ist es nur die Größe oder die Komplexität des Geräts? Ist es die enorme Anzahl von Atomen, aus denen es besteht? Oder ist es die Tatsache, dass es zur Gewinnung von Information verwendet werden kann?

Wann findet der Kollaps zu einem bestimmten Zustand statt? Dann, wenn das Atom auf den Detektor stößt? Oder wenn das Signal verstärkt wird? Oder erst dann, wenn wir uns der Information bewusst werden?

All diese Fragen sind Aspekte des Messproblems.

Die einfachste Antwort ist, dass es irgendwie auch so sein muss. Wir beobachten nie, dass große Dinge unbestimmt sind: In unserer Welt gibt es keine Geigerzähler, die sowohl geklickt haben als auch nicht geklickt haben. Jede Frage, die wir stellen, hat eine ganz bestimmte Antwort. Aber wir brauchen Superpositionen, um Atome und Strahlung zu erklären.

Um hervorzuheben, wie sonderbar das alles ist, setzte Schrödinger eine Katze in die Kiste zusammen mit dem Atom und dem Geigerzähler. Er verband das Signal vom Geigerzähler mit einem Transformator, dessen Output mit den Ohren der Katze verklammert war. Wenn der Geigerzähler seine Entdeckung des Photons signalisierte, erhielt die Katze einen tödlichen Stromschlag.

(Natürlich hat Schrödinger das nicht wirklich getan. Dies ist ein Gedankenexperiment, das uns einen Schock versetzen soll, und nicht der Katze.)

Wir warten eine Halbwertszeit und öffnen dann die Kiste. Wenden wir Regel 1 oder Regel 2 an? Erörtern wir, was jede der beiden Regeln vorhersagen würde.

Nehmen wir zunächst an, dass Regel 1 für das gesamte System innerhalb der Kiste gilt, unter anderem auch für die Katze. Dieses System besteht aus dem Atom, dem Geigerzähler und der Katze. Wieder gibt es zwei Zustände, die sich leicht interpretieren lassen. Einer davon ist der Ausgangszustand

AUSGANGSZUSTAND = ANGEREGT **und** NEIN **und** LEBENDIG

Dies ist der Zustand, in dem das Atom angeregt ist, der Geigerzähler nichts entdeckt hat und die Katze lebendig ist. Nach einer langen Zeit können wir sicher sein, dass das Atom zerfallen und die Katze gestorben ist.

ENDZUSTAND = GRUND **und** JA **und** TOT

Dieser Zustand ist das Ergebnis des Zerfalls und zeigt ein stabiles Atom im Grundzustand, einen Detektor, der geklickt hat, und eine tote Katze.

Dazwischen ist der Zustand eine Superposition dieser beiden Zustände.

ZWISCHENZUSTAND = (ANGEREGT **und** NEIN **und** LEBENDIG) **oder** (GRUND **und** JA **und** TOT)

Aber eine Katze ist ein Säugetier mit einem Gehirn und vielleicht einem bewussten Geist. Sie ist beinahe so komplex wie wir. Warum sollte es also einen Sinn ergeben, dass die Katze in einer Superposition von lebendig und tot ist? Wenn es keinen Sinn ergibt, dass wir in einer Superposition existieren, dann ergibt es auch gewiss keinen in Bezug auf die Katze. Wenn wir Regel 2 auf unsere Beobachtung anwenden, sollten wir sie auch auf die Katze anwenden, die im Grunde das Signal des Detektors beobachtet.

Also wenden wir besser Regel 2 an. Wenn wir die Kiste öffnen, trifft das System eine Entscheidung und springt in einen bestimmten Zustand. Wir finden entweder eine lebendige oder eine tote Katze.

Regel 1 allein gilt also nicht für Menschen oder Katzen. Aber gilt sie für Geigerzähler? Und wo ist die Grenze? Warum gilt sie für Atome und nicht für große Ansammlungen von Atomen wie Detektoren, Katzen und Menschen?

Dies wird als das Rätsel von Schrödingers Katze bezeichnet. Ein Maß für die Fruchtbarkeit der menschlichen Einbildungskraft ist die Anzahl von Antworten, die auf dieses Rätsel angeboten wurden.

Einige Jahre nachdem Bell seine Einschränkung veröffentlicht hatte, wurde ein noch stärkeres Ergebnis veröffentlicht, das die Optionen für realistische Quantentheorien weiter begrenzt. Um es zu erläutern, kehren wir zu Bell zurück.

Eine Möglichkeit, um zu formulieren, was an Bells Ergebnis überraschend ist, besteht darin, dass die Antworten, die Anna auf

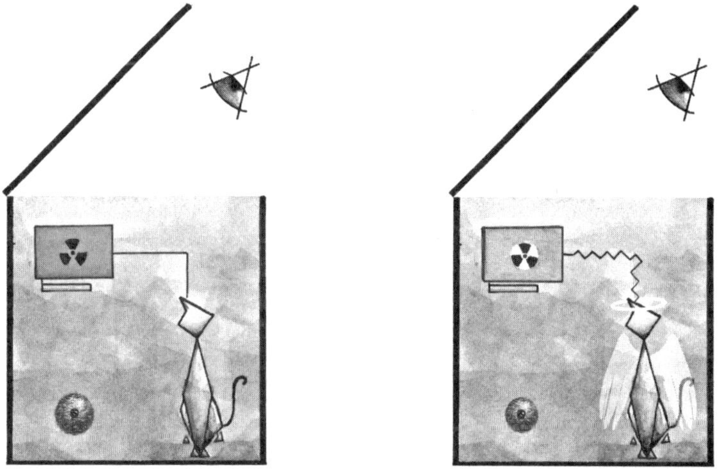

Abbildung 4: Das Gedankenexperiment mit Schrödingers Katze. Ein Detektor wird konstruiert, der mit einem Stromstoß auf ein Photon reagieren soll, das von einem zerfallenden und aus einem angeregten Zustand in den Grundzustand hinabspringenden Atom abgegeben wird. Die Katze ist an den Stromkreis angeschlossen, sodass der eintreffende Stromstoß sie tötet. Nach kurzer Zeit ist das Atom in einem superponierten Zustand aus seinen angeregten und zerfallenen Zuständen. Wenn man Regel 1 auf diesen Fall anwendet, dann lautet die Vorhersage, dass die Katze in der geschlossenen Kiste in einer Superposition von zwei Zuständen ist, lebendig und tot.

die Fragen gibt, die ihr gestellt werden, von den Fragen abhängen müssen, die Beth gestellt werden. Das ist schockierend, weil Anna und Beth getrennt sind, weshalb die Lokalität eine solche Abhängigkeit ausschließen würde. Man beachte jedoch, dass sie nicht getrennt sein müssen, damit die Schlussfolgerung gilt. Dann ist das Ergebnis, dass Annas Antworten davon abhängen, welche Fragen an Beth gestellt werden, aus einem anderen Grund überraschend.

Zuvor haben wir von Paaren von Messungen gesprochen, die wechselseitig miteinander unvereinbar sind, wie beispielsweise die Position und der Impuls eines Teilchens. In diesen Fällen scheint es, dass der Akt der Messung einer Größe mit dem Wert der anderen Größe interferiert oder ihn stört. Wir beschrieben das, indem wir sagten, dass die Reihenfolge, in der die beiden Messungen vorgenommen werden, eine Rolle spielt.

Man beachte jedoch, dass der Fall von Anna und Beth sich davon unterscheidet. Fragen, die an Beth gestellt werden, sind völlig vereinbar mit Fragen, die an Anna gestellt werden. Die Reihenfolge, in der sie gestellt werden, spielt keine Rolle. Das war der Fall, als die beiden Freundinnen weit voneinander entfernt waren, als sie gefragt wurden, aber es wäre immer noch der Fall, wenn sie nebeneinander stünden.

Doch auch wenn die Reihenfolge, in der wir die beiden Freundinnen befragen, irrelevant ist, sodass Fragen an die eine mit Fragen an die andere kompatibel sind, bleibt es trotzdem der Fall, dass die Antworten, die Anna gibt, von der Wahl abhängen, welche Fragen an Beth gestellt werden.

Diese Abhängigkeit wird als *Kontextualität* bezeichnet, weil die Antworten, die Anna gibt, sich als vom Gesamtkontext abhängig erweisen, und zwar bis zu dem Punkt, dass sie von Entscheidungen abhängen, die darüber getroffen wurden, welche anderen Fragen gestellt werden. Es zeigt sich, dass die Kontextualität in weitem Umfang für quantenmechanische Systeme gilt. Sie tritt in Situationen auf, in denen unser System durch mindestens drei Eigenschaften beschrieben wird, die wir A, B und C nennen können. A ist sowohl mit B als auch mit C vereinbar, daher kann A gleichzeitig mit entweder B oder C gemessen werden. Aber B und C sind nicht miteinander vereinbar, weshalb wir zu einem bestimmten Zeitpunkt nur eines von beiden messen können.

Wir können also A und B oder A und C messen. Wir machen eine Reihe von Experimenten, in denen wir beide Wahlen treffen, und wir zeichnen alle Antworten auf. Wenn wir das tun, werden wir feststellen – unter der Annahme, dass die Quantenmechanik korrekt ist –, dass die Antworten auf A davon abhängen, ob wir uns dafür entschieden haben, B oder C zusammen mit A zu messen. Die Schlussfolgerung ist, dass die Natur kontextuell ist. Das ist bei der Quantenmechanik der Fall, und es wurden Experimente durchgeführt, die diese Vorhersage der Theorie bestätigen. Daher muss das auch in jeder tieferen Theorie gelten, die die Quantenmechanik ersetzen wird.

Dieses Ergebnis wurde zuerst von John Bell in den frühen 1960er-Jahren bewiesen, bevor er sein Ergebnis zur Nichtlokalität veröffentlichte. Er reichte es bei einer Zeitschrift ein, aber der Aufsatz war anscheinend zwei Jahre lang »auf dem Schreibtisch des Herausgebers« verschwunden. Daher wurde es erst 1966 veröffentlicht. Inzwischen war das Ergebnis noch einmal von zwei Mathematikern bewiesen worden, Simon Kochen und Ernst Specker, weshalb das Ergebnis, dass die Quantenmechanik kontextuell ist, häufig ihnen zugeschrieben wird, aber eigentlich als Bell-Kochen-Specker-Theorem bezeichnet werden sollte.[7]

Die Quantenmechanik wurde erfunden, um bestimmte rätselhafte experimentelle Ergebnisse betreffend Licht, Strahlung und Atome zu erklären. Die drei neuen Phänomene, die wir in diesem Kapitel erörtert haben – Verschränkung, Nichtlokalität und Kontextualität –, sind weitaus rätselhafter. Jedes einzelne ist so sonderbar, dass sie eine Zeit lang in Argumenten verwendet wurden, die zeigen sollten, dass die Quantenmechanik falsch sein muss, bis Experimente bestätigten, dass sie alle tatsächlich Aspekte der Welt der Natur sind. Das war gewiss nicht erwartet worden. Verschränkung, Nichtlokalität und Kontextualität gingen jeweils aus der Untersuchung von Quantensystemen hervor, und man kann mit gutem Recht sagen, dass sie jeweils Vorhersagen der Quantentheorie waren, die sich ganz überraschend als wahr erwiesen.

Diese drei Aspekte der Quantenphysik stellen ernsthafte Herausforderungen für den Realismus dar. Tatsächlich schließen sie große Klassen realistischer Theorien aus. Insbesondere ist die nichtlokale Verschränkung unvereinbar mit allen Theorien, deren seinsfähige Eigenschaften (beables) einander nur durch lokale Kräfte beeinflussen, deren Wirkungen sich mit Lichtgeschwindigkeit oder langsamer ausbreiten. Jede realistische Theorie, die die Quantenmechanik imitieren kann, muss daher eine Welt beschreiben, die diese Bedingung verletzt und damit die Nichtlokalität offen akzeptiert. Aus diesem Grund sprach Einstein von einer »gespenstischen Fernwirkung«. Die Wahl, vor der wir stehen, ist einfach: Wir können den Realismus aufgeben und die Quantenmechanik als letztes Wort akzeptieren, oder wir können voranschreiten und zu verstehen suchen, wie die Natur die Lokalität verletzt, während sie es dennoch schafft, überhaupt einen Sinn zu ergeben.

Fünf

Was die Quantenmechanik nicht erklärt

Die Quantenmechanik beantwortet nicht jede Frage, die wir in Bezug auf die Welt der Atome stellen können, aber bei Vielem ist sie erfolgreich. Dies ist eine gute Gelegenheit, um zusammenzufassen, was wir darüber gelernt haben, was die Quantenmechanik erklärt, und was nicht.

Grob gesagt, sagt die Quantenmechanik zwei Arten von Eigenschaften vorher und erklärt sie: Eigenschaften einzelner Systeme und Durchschnitte, die über viele Einzelsysteme hinweg gewonnen wurden. Beides unterscheidet sich stark voneinander.

Wenn wir einer Größe einen bestimmten Wert zuweisen können – wie beispielsweise bei einer Messung –, dann ist das eine Eigenschaft des einzelnen Systems, das gemessen wurde. Aber häufig verbietet uns das Unschärfeprinzip, dass wir irgendetwas anderes erörtern als Durchschnitte.

Worauf beziehen sich diese Durchschnitte? Aufgrund des Unschärfeprinzips kann es geschehen, dass zwei Atome, die auf identische Weise im selben Ausgangszustand präpariert wurden, unterschiedliche Werte ergeben, wenn sie später gemessen werden. Beispielsweise tendieren Atome, die in derselben Ausgangsposition präpariert werden, zur Ausbreitung und werden später an unterschiedlichen Orten festgestellt. Auch wenn die Antworten am Ende variieren, können wir doch ihren Durchschnittswert messen. Die Quantenmechanik sagt uns, dass diese Durchschnitte über viele Durchgänge eines Experiments hinweg gewonnen werden. Ein Experiment erfordert, dass wir viele Exemplare eines Systems präparieren, warten, dann jede Kopie messen und dann den Durchschnitt der Ergebnisse bilden.

Eine Ansammlung von Atomen, die in einer bestimmten Hinsicht ähnlich sind, sich aber in anderen Hinsichten unterscheiden, wird als *Ensemble* bezeichnet. Die Quantenmechanik befasst sich mit Ensembles. Diese können dadurch definiert werden, dass man eine Größe mit einem bestimmten Wert festlegt, wie zum Beispiel die Energie, während andere Parameter über einen Wertebereich variieren, wie es das Unschärfeprinzip verlangt. Wenn wir in der Quantenmechanik von Durchschnitten oder Wahrscheinlichkeiten sprechen, beziehen wir uns gewöhnlich auf etwas, das dadurch gemessen werden kann, dass man einen Durchschnitt aus den Mitgliedern eines Ensembles bildet, das aus vielen Exemplaren des fraglichen Atoms besteht.

Oft ist das leicht, weil viele Experimente mit einer Ansammlung von Atomen durchgeführt werden, beispielsweise mit einem Gas. Das sind wirkliche Ensembles, weil die Atome der Ansammlung wirklich sind. Manchmal existiert das Ensemble jedoch nur in der Vorstellung des Theoretikers.

Es ist üblich, die Ergebnisse der Durchschnittsbildung über viele Exemplare eines Einzelsystems hinweg anhand der Eigenschaften dieser Einzelsysteme zu erklären. In der Quantenmechanik ist es jedoch häufig umgekehrt, sodass eine Eigenschaft eines einzelnen Atoms anhand von Durchschnitten erklärt wird, die über viele Atome hinweg gebildet wurden. Aber wie kann das Kollektiv das Individuum bestimmen? Diese Art von Fällen steht im Zentrum dessen, was an der Quantenwelt am rätselhaftesten ist.

Eine der individuellen Eigenschaften, die die Quantenmechanik erörtern kann, ist die Energie eines Atoms oder Moleküls. Es stellt sich heraus, dass in der Quantenmechanik die Energien vieler Systeme bestimmte diskrete Werte annehmen, die man als Spektrum bezeichnet. Das Spektrum ist eine Eigenschaft einzelner Atome, da es in Experimenten beobachtet werden kann, die sich auf ein einziges Atom beziehen. Atome, Moleküle und verschiedene Materialien weisen alle Spektren auf, und in all diesen Fällen werden diese Spektren von der Quantenmechanik korrekt vorhergesagt. Mehr noch, die Quantenmechanik *erklärt*, warum diese Systeme nur diese Energien aufweisen können. Sie erreicht das dadurch, dass sie die Welle-Teilchen-Dualität ausnutzt. Das ist eine Stelle, an der Durchschnitte, die über viele Systeme hinweg gebildet wurden, zur Erklärung dessen verwendet werden, was in einem einzelnen System geschieht.

Die Erklärung beinhaltet zwei Schritte. Im ersten wird die Beziehung zwischen Energie und Frequenz benutzt, die die Grundlage der Wellen-Teilchen-Dualität ist. Ein Spektrum diskreter Energiewerte entspricht einem Spektrum diskreter Frequenzen. Der zweite Schritt nutzt das Bild eines Quantenzustands als Welle. Eine Welle, die mit einer bestimmten Frequenz schwingt, ist wie eine Klingel oder eine Gitarrensaite, die einen Ton hervorbringt. Die Saite schwingt, wenn sie gezupft wird, ebenso wie die Klingel, wenn sie angeschlagen wird und mit einer bestimmten Frequenz läutet.

Anschließend verwenden wir die Gleichung für Quantenzustände, die sich in der Zeit verändern, um die Schwingungsfrequenzen des Systems vorherzusagen. Die Gleichung hat als Eingaben die Massen der Teilchen, die das System beinhaltet, und die Kräfte zwischen ihnen. Als Ausgabe liefert sie das Spektrum der Schwingungsfrequenzen. Diese werden dann in Schwingungsenergien übersetzt.

Das funktioniert gut. Wenn wir beispielsweise eingeben, dass das System aus einem Elektron und einem Proton besteht, die durch ihre elektrische Anziehung zusammengehalten werden, gibt die Gleichung das Spektrum des Wasserstoffatoms aus.

In den meisten Fällen gibt es einen Zustand geringster Energie, der als Grundzustand bezeichnet wird. Zustände höherer Energie werden als angeregte Zustände bezeichnet. Man regt den Grundzustand an, indem man die Energie zufügt, die nötig ist, um ihn auf das Niveau eines dieser angeregten Zustände zu bringen. Das veranlasst den Zustand, vom Grundzustand in den angeregten Zustand überzugehen. Die hinzugefügte Energie wird häufig durch Photonen geliefert. Angeregte Zustände sind in der Regel instabil, weil sie in den Grundzustand zurückfallen können, indem sie die überschüssige Energie in Form eines Photons abstrahlen. Der Grundzustand hat unter sich keinen Zustand mehr, auf den er zurückfallen könnte, und ist daher stabil. Die meisten Systeme verbringen die meiste Zeit in ihren Grundzuständen.

Diese Methode wurde an überaus vielen Systemen getestet, einschließlich Atomen, Molekülen, Atomkernen und Festkörpern. In allen Fällen beobachtet man die vorhergesagten Spektren. Zusätzlich dazu, das Spektrum möglicher Energien richtig vorherzusagen, macht die Quantenmechanik Vorhersagen über Durchschnittsgrößen, wie beispielsweise die Durchschnittswerte der Positionen der Teilchen, aus denen das System besteht.

Für jede Schwingungsfrequenz kann die Gleichung, die die Quantenmechanik definiert, gelöst werden, um die entsprechende Welle zu ergeben. Wir verwenden dann die Born'sche Regel (dass das Quadrat der Welle proportional zur Wahrscheinlichkeit ist, das Teilchen zu finden), um Wahrscheinlichkeiten dafür vorherzusagen, dass das Teilchen an verschiedenen Orten festgestellt wird.

Die Zustände bestimmter Energie sind mit unbestimmten Positionen verknüpft. Angenommen, wir präparieren eine Million verschiedener Wasserstoffatome, die alle im Grundzustand sind. Bei jedem davon messen wir die Position des Elektrons (relativ zum Proton, das im Zentrum des Atoms festgehalten wird). Jede individuelle Messung führt zu einer anderen Position.

Die Messung einer Million verschiedener Atome gibt uns eine Million verschiedener Positionen. Manche werden von dem Proton weit entfernt sein, aber die meisten werden sich um das Proton herum im Zentrum anordnen. Die Anordnung möglicher Positionen ergibt eine statistische Verteilung, und es ist diese Verteilung, anstatt eine bestimmte Position, die die Quantenmechanik vorhersagt.

Dem Unschärfeprinzip zufolge lässt sich die Position keines Elektrons vorhersagen. Aber man kann die statistische Verteilung der Positionen feststellen, die sich aus der Messung einer überaus großen Zahl ergibt. Diese statistischen Verteilungen werden dadurch berechnet, dass man die Welle quadriert.

Zusammengefasst: Die Quantenmechanik macht zwei Arten von Vorhersagen. Sie macht Vorhersagen für die diskreten Energiespektren oder andere Größen, die ein System aufweisen kann. Und sie macht außerdem Vorhersagen über statistische Verteilungen von Größen wie beispielsweise die Positionen von Teilchen.

In jedem Fall, der mir bekannt ist, wurden diese beiden Arten von Vorhersagen durch Experimente bestätigt. Das ist überaus beeindruckend.

Aber erklärt die Quantenmechanik auch, wie einzelne Atome funktionieren? Ist eine erfolgreiche Vorhersage immer dasselbe wie eine Erklärung?

Ebenso beeindruckend ist das, was die Quantenmechanik nicht tut. Sie beschreibt nicht und sagt auch nicht vorher, wo ein bestimmtes einzelnes Elektron festgestellt werden wird. Da sie sich mit Durchschnitten befasst, hat die Quantenmechanik uns wenig darüber zu sagen, was in einzelnen Systemen vor sich geht.

Es gibt viele Fälle, in denen wir es mit Durchschnitten zu tun haben. Wir können problemlos die Durchschnittsgröße von Kanadiern messen. Das ist deshalb möglich, weil jeder Kanadier eine bestimmte Zahl von Zentimetern groß ist. Wir addieren alle diese Zentimeter, teilen durch die Anzahl der Kanadier, die wir gemessen haben, und erhalten den Durchschnitt.

In solchen Fällen wird der Durchschnitt aus einzelnen Größen gebildet, die Eigenschaften von Individuen sind. Wir könnten uns dafür entscheiden, mit der gesamten Liste von Größen zu arbeiten, aber für viele Zwecke, wie beispielsweise den Entwurf von Möbeln oder Autos, brauchen wir nur den Durchschnittswert. Wenn wir noch irgendetwas anderes brauchen, dann ist es wahrscheinlich die *Standardabweichung*, die uns den typischen Variationsbereich der Größe angibt. Anhand des Durchschnitts und der Standardabweichung könnte eine Fluggesellschaft (wenn sie wollte) Flugzeugsitze bauen, in denen 95 Prozent der Kanadier bequem Platz hätten.

In diesen Fällen ist die Information, die wir ignorieren, wenn wir Durchschnitte verwenden, wirklich in der Welt vorhanden, aber wir entscheiden uns dafür, sie zugunsten der Durchschnitte zu unterdrücken. Die Unbestimmtheiten, die sich aus unserer Verwendung von Wahrscheinlichkeiten ergeben, sind eine reine Folge unseres Nichtwissens.

Aber nehmen wir an, dass wir jedes Mal, wenn wir die Größe einer Person messen, ein anderes Ergebnis erhalten würden. Dann gäbe es ein Element echter Zufälligkeit, weil wir keine Möglichkeit haben zu wissen, wie groß jemand nächstes Mal sein könnte, wenn wir ihn oder sie messen. Das liegt näher an dem Fall, mit dem wir in der Quantentheorie zu tun haben. Was bedeutet der Durchschnitt, und was erklärt er, wenn es nichts über Einzelfälle zu berichten gibt?

Die Quantenmechanik macht korrekte Vorhersagen über Durchschnitte, obwohl sie nichts Bestimmtes über Einzelfälle zu sagen hat. Anscheinend fehlt uns die Art von Erklärung, die wir gewöhnlich in Fällen wie der Größe erwarten, in denen die Grundlage eines Durchschnitts in der Tatsache besteht, dass der Durchschnitt sich aus Einzelfällen zusammensetzt.

Einer der unerwartetsten Aspekte der Quantenmechanik besteht darin, dass ein System sich in der Zeit auf zweierlei Weisen verändern kann. Ich habe diese in Kapitel 3 beschrieben. Die meiste Zeit entwickelt sich der Quantenzustand deterministisch nach Regel 1. Aber wenn wir eine Messung des Systems vornehmen, entwickelt es sich ganz anders nach Regel 2. Die Messung wird eine Zahl aus einem Spektrum möglicher Werte ergeben. Unmittelbar nach der Messung springt der Quantenzustand in einen Zustand, der dem bestimmten Wert entspricht, der in dem Experiment gemessen wurde.

Regel 1 ist kontinuierlich und deterministisch; Regel 2 ist dagegen ruckartig und probabilistisch. Der Zustand springt ruckartig unmittelbar nach der Messung, aber die Quantenmechanik sagt nur Wahrscheinlichkeiten für verschiedene Ergebnisse vorher, und daher auch dafür, in welchen Zustand das System springt.

Die meisten Leute sind verblüfft, wenn sie von diesen beiden Regeln erfahren. Wie wir zuvor schon erörtert haben, gibt die Situation ein echtes Rätsel auf. Das Erste, das sie verblüfft, ist das Messproblem: Was ist an einer Messung so besonders? Bestehen Messgeräte und die Menschen, die sie benutzen, nicht aus Atomen, für die Regel 1 gilt?

Indem sie diktiert, wie ein Quantensystem sich in der Zeit verändert, spielt Regel 1 dieselbe wesentliche Rolle in der Theorie, die Newtons Bewegungsgesetze in der Physik vor der Quantentheorie spielten. Wie Newtons Gesetze ist Regel 1 deterministisch. Sie nimmt einen Eingabezustand und entwickelt ihn zu einem bestimmten Ausgabezustand zu einem späteren Zeitpunkt. Das bedeutet, dass sie Eingabezustände, die als Superpositionen konstruiert sind, auf Ausgabezustände abbildet, die auf ähnliche Weise aus Superpositionen konstruiert sind. Wahrscheinlichkeit spielt keine Rolle.

Aber Messungen, wie sie von Regel 2 beschrieben werden, entwickeln keine Superpositionen zu anderen Superpositionen hin.

Wenn man eine bestimmte Größe misst, wie beispielsweise die Haustierpräferenz oder die Position, erhält man einen bestimmten Wert. Und danach ist der Zustand derjenige, der diesem bestimmten Wert entspricht. Selbst wenn der Eingabezustand eine Superposition aus Zuständen mit bestimmten Werten ist, gilt dasselbe folglich nicht für den Ausgabezustand, da er genau einem einzigen Wert entspricht.

Regel 2 sagt uns nicht, was der bestimmte Wert ist; sie sagt nur Wahrscheinlichkeiten dafür voraus, dass verschiedene mögliche Ergebnisse auftreten. Aber diese Wahrscheinlichkeiten sind nicht unecht; sie sind ein Teil dessen, was die Quantenmechanik vorhersagt. Regel 2 ist unentbehrlich, weil durch sie Wahrscheinlichkeiten in die Quantenmechanik hineinkommen. Und Wahrscheinlichkeiten sind in vielen Fällen unentbehrlich; sie sind das, was die Experimentalphysiker messen.

Die Quantenmechanik erfordert jedoch, dass Regel 1 und Regel 2 nie auf denselben Prozess angewandt werden, weil die beiden Regeln sich widersprechen. Das bedeutet, dass wir Messungen immer von anderen Vorgängen in der Natur unterscheiden müssen.

Doch wenn wir Realisten sind, dann sind Messungen einfach nur physikalische Prozesse, und es gibt nichts Besonderes, das sie grundsätzlich von irgendetwas anderem unterscheiden sollte, das in der Natur geschieht. Daher ist es unter Annahme des Realismus sehr schwer zu rechtfertigen, dass man Messungen eine Sonderrolle zuweist. Folglich ist es auch schwer, die Quantenmechanik mit dem Realismus zu vereinbaren.

Am Ende stellt sich folgende Frage: Können wir mit diesen Widersprüchen und Rätseln leben, oder wollen wir und erwarten wir mehr von der Naturwissenschaft?

Sechs

Der Triumph des Antirealismus

Die Quantentheorie beschreibt nicht die physikalische Wirklichkeit. Stattdessen liefert sie einen Algorithmus zur Berechnung von *Wahrscheinlichkeiten* für die makroskopischen Ereignisse (»Klicks von Detektoren«), die die Folgen unserer experimentellen Eingriffe sind. Diese strikte Definition des Geltungsbereichs der Quantentheorie ist die einzige Interpretation, die je gebraucht wird, sei es von Experimentatoren oder Theoretikern.

– Chris Fuchs und Asher Peres

Die Person, die zuerst einsah, dass die Quantenphysik eine radikal neue Theorie erfordern würde, die sich auf die Dualität von Wellen und Teilchen gründet, war Albert Einstein. Einstein war ein Realist bis ins Mark. Doch die Quantenrevolution, die er auslöste, gipfelte zwanzig Jahre später in einer Theorie, die verlangt, dass Messungen ausgesondert und anders behandelt werden als alle anderen Prozesse – eine Unterscheidung, die, wie im letzten Kapitel dargelegt, dem Realismus fremd ist. Die Lösung bestand den meisten Pionieren der Quantenwelt zufolge darin, den Realismus aufzugeben. Wie kam es zu dieser Aufgabe des Realismus?

Die Idee einer Dualität von Welle und Teilchen erschien zuerst in Einsteins Untersuchungen der Natur des Lichts in den ersten

Jahren des 20. Jahrhunderts. Zu diesem Zeitpunkt hatten die Physiker Theorien erwogen, denen zufolge Licht ein Teilchen ist, und Theorien, denen zufolge Licht eine Welle ist, aber immer entweder das eine oder das andere. Newton erwog die Wellentheorie und lehnte sie zugunsten einer Theorie ab, der zufolge Licht durch einen Strom von Teilchen vermittelt wird, der von den Gegenständen zum Auge wandert. (Manche antiken Denker ließen sie in die andere Richtung wandern, was zu Schwierigkeiten bei der Erklärung führte, warum wir im Dunkeln nicht sehen.) Newtons Grund für seine Wahl war interessant: Er dachte, dass Teilchen besser erklärten, warum das Licht auf geraden Linien wandert. Wellen konnten, wie er wusste, sich krümmen, wenn sie an Hindernissen gebeugt werden, und er glaubte nicht, dass Licht dazu in der Lage wäre. Newtons Teilchentheorie des Lichts herrschte, bis ein englischer Naturwissenschaftler namens Thomas Young in den frühen Jahren des 19. Jahrhunderts zeigte, dass sich Licht tatsächlich krümmt und gebeugt wird, und zwar an den Kanten von Hindernissen und wenn es durch einen Spalt hindurchgeht. Young war ein Arzt, der Beiträge zu mehreren Gebieten der Naturwissenschaft und Medizin sowie der Ägyptologie leistete. Er war Experte auf einem breiten Spektrum von Gebieten, was durch die rasche Expansion der Naturwissenschaften schon bald unmöglich gemacht wurde. Manchmal wurde er als »der letzte Mensch, der alles wusste« bezeichnet, aber seine größte Leistung war seine Wellentheorie des Lichts, die zusammen mit den experimentellen Belegen, die er für die Beugung lieferte, zum Sturz von Newtons Teilchentheorie führte.

Eines der Beispiele, die Young betrachtete, war das Doppelspaltexperiment, das in Abbildung 5 veranschaulicht wird. Wasserwellen, die ihren Ursprung auf der linken Seite haben, gehen auf ihrem Weg zu einem Strand auf der rechten Seite durch eine Mole hindurch, die zwei Spalten aufweist. Die Wellen aus den beiden Spalten interferieren miteinander: Die Höhe des Wassers

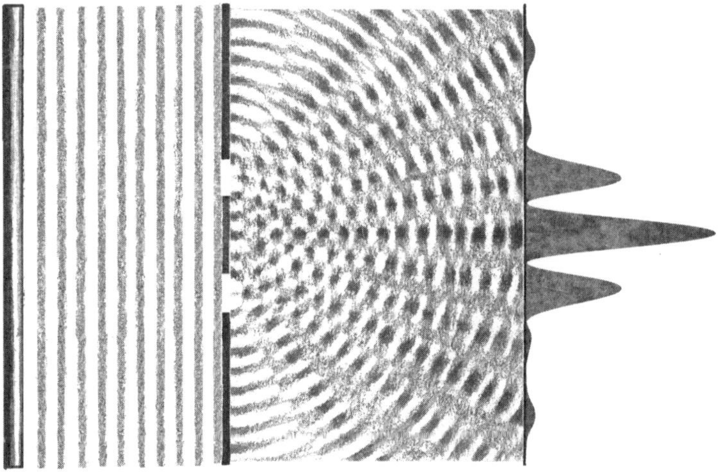

Abbildung 5: Das Doppelspaltexperiment, das zeigt, dass Licht sich als Welle verhält.

an jedem Punkt rechts von der Mole ist eine Kombination von Wellen, die sich von den beiden Spalten ausbreiten. Wenn die Gipfel der beiden Wellen zusammenfallen, stellt man Verstärkung fest – die kombinierte Welle ist dann am höchsten; aber wenn der Gipfel der einen Welle mit dem Tal der anderen zusammenfällt, heben sie sich gegenseitig auf. Das Ergebnis ist das Muster, das auf der rechten Seite grafisch dargestellt ist und als *Interferenzmuster* bezeichnet wird. Das Entscheidende, was man verstehen und im Gedächtnis behalten muss, besteht darin, dass das Interferenzmuster das Ergebnis von Wellen ist, die von den beiden Spalten herkommen.

Thomas Young war in der Lage, das Analogon einer Doppelspaltapparatur für Licht zu konstruieren, und er sah ein Interferenzmuster. Das war ein starkes Argument dafür, dass Licht eine Welle ist.

Weitere Unterstützung für die Idee, dass Licht eine Welle ist, kam von dem schottischen Physiker James Clerk Maxwell, der um 1860 zeigte, dass Licht eine Welle ist, die durch die elektrischen und magnetischen Felder flattert, die den Raum erfüllen, während diese Felder Kräfte zwischen Ladungen und Magneten vermitteln.

Einstein akzeptierte zwar Maxwells Vermutung, aber fügte eine eigene hinzu, nämlich dass die Energie von Lichtwellen in diskreten Paketen erscheint, die er als Photonen bezeichnete. So wurde die Idee geboren, dass das Licht eine Doppelnatur aufweist – es wandert wie eine Welle, aber überträgt Energie in diskreten Einheiten wie ein Teilchen. Einstein verband Wellen und Teilchen durch eine einfache Hypothese, derzufolge die Energie eines Photons proportional zur Frequenz der Lichtwelle ist.

Das sichtbare Licht erstreckt sich über einen Frequenzbereich, innerhalb dessen rotes Licht die niedrigste Frequenz besitzt. Blaues Licht hat nahezu die höchste Frequenz, die wir sehen können, und schwingt etwa zweimal so schnell wie Rot. Daher überträgt blaues Licht etwa zweimal soviel Energie wie ein rotes Photon.

Was führte Einstein zu so einem radikalen Vorschlag? Er wusste von Experimenten, die den Effekt der Erhöhung der Intensität eines Lichtstrahls von den Effekten seiner Farb- oder Frequenzänderung unterscheiden konnten. Das geschah dadurch, dass man Licht auf Metall fallen ließ, was einige der Elektronen in dem Metall dazu veranlasste herauszuspringen und einen elektrischen Strom zu bilden, der durch ein einfaches Instrument festgestellt werden konnte, das von Elektrikern verwendet wird.

Die Experimente maßen, wie viel Energie die herausspringenden Elektronen von dem Licht aufnahmen, das auf das Metall fiel. Die Ergebnisse zeigten, dass, wenn man die Energie erhöhen will, die jedes Elektron aufnimmt, man die Frequenz des Lichts erhöhen muss. Die Erhöhung der Intensität hat wenig oder gar keinen Effekt; dadurch wird lediglich die Anzahl der Photonen erhöht, die auf das Metall fallen, ohne die Energie zu verändern, die das Elektron von einzelnen Photonen erhält. Das stimmt mit Einsteins Hypothese überein, dass die Elektronen Energie vom Licht aufnehmen, indem sie Photonen absorbieren, deren Energie jeweils proportional zur Frequenz des Lichts ist.

Normalerweise sind Elektronen in einem Metall eingesperrt. Die Energie, die ein Photon einem Elektron mitteilt, ist wie eine atomare Kaution: Sie befreit das Elektron und gestattet ihm, sich frei von dem Metall zu bewegen. Aber die Kaution ist auf einen bestimmten Betrag festgesetzt. Photonen, die zu wenig Energie aufweisen, haben keinen Effekt. Wenn das Elektron entkommen soll, muss es seine Energie von einem einzelnen Photon aufnehmen; es kann nicht viele kleine Zuwächse sammeln. Daher reicht rotes Licht nicht aus, um einen elektrischen Strom zustande zu bringen, aber selbst wenige Photonen von blauem Licht setzen einige Elektronen frei, weil jedes Photon genügend Energie beinhaltet, um ein Elektron loszukaufen.

Die Tatsache, dass kein Betrag von rotem Licht, egal wie intensiv es auch sein mag, ausreicht, um ein Elektron freizusetzen, während nur ein winziger Betrag von blauem Licht dazu in der Lage ist, war für Einstein ein starker Hinweis darauf, dass die Lichtenergie in diskreten Paketen vorkommt, wobei jede Einheit proportional zur Frequenz ist. Ein noch direkterer Hinweis ging aus Messungen hervor, die 1902 durchgeführt wurden und zeigten, dass, sobald die Schwelle für die Kaution erreicht war, das befreite Elektron mit einer Energie wegflog, die proportional dazu war, wie weit sich die Frequenz über der Schwelle befand. Das wurde als photoelektrischer Effekt bezeichnet, und Einstein war der Einzige, der ihn richtig als Signal für eine Revolution in der Naturwissenschaft deutete. Dies war einer der Aufsätze, die er in seinem *annus mirabilis* von 1905 schrieb, als er sechsundzwanzig war und in einem Patentamt arbeitete.

Damals war die herrschende Theorie des Lichts die von Maxwell, nämlich dass Licht eine Welle ist, die sich durch elektrische und magnetische Felder bewegt. Einstein kannte Maxwells Theorie in- und auswendig, da er Maxwells Buch ein Jahr lang in seinem Gepäck mit sich trug, als er als jugendlicher Aussteiger in den Bergen wanderte. Niemand als Einstein verstand besser, dass Maxwells Wellentheorie des Lichts, so großartig sie auch war, den photoelektrischen Effekt nicht erklären konnte. Denn, wenn Maxwell recht hätte, würde die Energie, die eine Welle einem Elektron mitteilt, mit der Intensität zunehmen, was die Experimente gerade nicht feststellten.

Der photoelektrische Effekt war nicht der einzige Hinweis. Die Generation von Einsteins Lehrern hatte die Untersuchung von Licht entwickelt, das von heißen Körpern abgegeben wurde, wie beispielsweise das Leuchten von rotglühender Holzkohle. Es gab schöne experimentelle Ergebnisse, die die Theoretiker zu erklären hofften und die zeigten, dass die Farben des emittierten Lichts sich verändern, während die Holzkohle erwärmt wird. Im Jahr 1900 erklärte der theoretische Physiker Max Planck das Ergebnis durch eine Ableitung, die sich durch eines der schöpferischsten Missverständnisse in der Geschichte der Naturwissenschaft auszeichnete. Um einen Einblick in diese Komödie zu erhalten, muss man wissen, dass noch an der Wende zum 20. Jahrhundert der wissenschaftliche Konsens unter den Physikern, den Planck teilte, darin bestand, dass es keine Atome gibt – vielmehr sei die Materie völlig kontinuierlich. Es gab ein paar wenige prominente Theoretiker, die an Atome glaubten, darunter Ludwig Boltzmann aus Wien. Boltzmann entwickelte eine Methode zur Ableitung der Eigenschaften von Gasen, indem er sie als Ansammlungen von Atomen beschrieb.

Obwohl Planck an der Atomhypothese zweifelte, übernahm er die Methoden, die Boltzmann zur Untersuchung von Gasen verwendete, und wandte sie auf die Eigenschaften von Licht an.* Ohne dass er es wollte, beschrieb er im Endeffekt das Licht als Gas, das aus Photonen bestand, anstatt aus Atomen. Während er durch tiefe Gewässer steuerte, mit denen er nicht vertraut war, stellte er fest, dass er eine Antwort erhalten konnte, die mit den Experimenten übereinstimmte, wenn er annahm, dass die Energie jedes Photons proportional zur Frequenz des Lichts war.

Planck glaubte genauso wenig an Lichtatome, wie er an Atome der Materie glaubte. Daher war ihm nicht klar, dass er die revolutionäre Entdeckung gemacht hatte, dass das Licht aus Teilchen besteht. Aber Einstein glaubte an beides und verstand beinahe im Alleingang, dass der Erfolg von Plancks Theorie darauf beruhte, dass man Licht als ein Photonengas auffasste. Als er vom photoelektrischen Effekt erfuhr, dachte er sofort daran, ihn auf die Proportionalität zwischen der Energie eines Photons und der Frequenz des Lichts anzuwenden, die in Plancks Arbeit aufgetaucht war. Und so war er es, und nicht Planck, dem das Glück zuteilwurde, eine der größten Entdeckungen in der Geschichte der Naturwissenschaft zu machen, nämlich dass das Licht eine duale Natur besitzt und zum Teil ein Teilchen und teilweise eine Welle ist.

Zunächst wurde Einsteins Vorschlag mit großem Skeptizismus begrüßt. Schließlich gab es immer noch das Doppelspaltexperiment, mit dem man fertigwerden musste und welches eindeutig zeigte, dass Licht wie eine Welle durch beide Spalten wanderte. Irgendwie ist das Licht sowohl wellenartig als auch teilchenartig. Einstein sollte mit diesem scheinbaren Widerspruch sein ganzes Leben lang ringen. Aber im Jahr 1921 waren

---

* Zu weiteren Einzelheiten darüber, wie Planck Boltzmanns Methoden falsch anwandte, siehe Thomas Kuhns Black-Body Theory and the Quantum Discontinuity, 1894–1912 oder die wunderbare Biografie Paul Ehrenfests, die Martin Klein verfasst hat. Beide Titel sind im Abschnitt über weiterführende Literatur aufgeführt.

einige detaillierte Vorhersagen, die er in seinem Aufsatz von 1905 gemacht hatte, bestätigt worden, und Einstein wurde der Nobelpreis für den photoelektrischen Effekt verliehen.

Als Anmerkung zu dieser Geschichte können wir erwähnen, dass ein anderer der vier Aufsätze, die Einstein in jenem Jahr schrieb, den endgültigen, überzeugenden Beweis dafür lieferte, dass die Materie aus Atomen besteht. Atome waren zu klein, um selbst mit den besten Mikroskopen zu jener Zeit gesehen werden zu können. Daher konzentrierte Einstein seine Aufmerksamkeit auf Objekte, die gerade groß genug waren, dass man sie durch ein Mikroskop sehen konnte: Pollenkörner. Von diesen wusste man, dass sie unaufhörlich tanzten, wenn sie in Wasser schwebten, was damals ein großes Rätsel war. Einstein erklärte, dass der Tanz darauf zurückging, dass die Körner mit den Wassermolekülen zusammenstießen, die selbst ständig in Bewegung sind.*

Die anderen beiden Aufsätze, die Einstein in diesem folgenschweren Jahr schrieb, präsentierten seine Relativitätstheorie und die legendäre Beziehung zwischen Masse und Energie: $E = mc^2$.

Wenn wir ein Analogon zu dem finden wollen, was Einstein in diesem einen Jahr erreicht hat, können wir nur auf Newton blicken. Einstein setzte zwei Revolutionen in Gang – die Relativitäts- und die Quantentheorie. Im Hinblick auf letztere hatte er der Natur zwei kostbare Einsichten abgerungen: die duale Natur des Lichts und die Beziehung zwischen der Energie des Teilchens und der Frequenz der Welle, die die beiden Seiten der Dualität miteinander verknüpft.

---

* Leider kam diese Nachricht für Boltzmann zu spät, der, deprimiert über seine Unfähigkeit, seine Kollegen von der Wirklichkeit von Atomen zu überzeugen, im folgenden Jahr Selbstmord beging. Und als Anmerkung zu einer Anmerkung: Ein junger Wiener Physikstudent namens Ludwig Wittgenstein war von der Nachricht von Boltzmanns Selbstmord so bestürzt, dass er zur Philosophie wechselte.

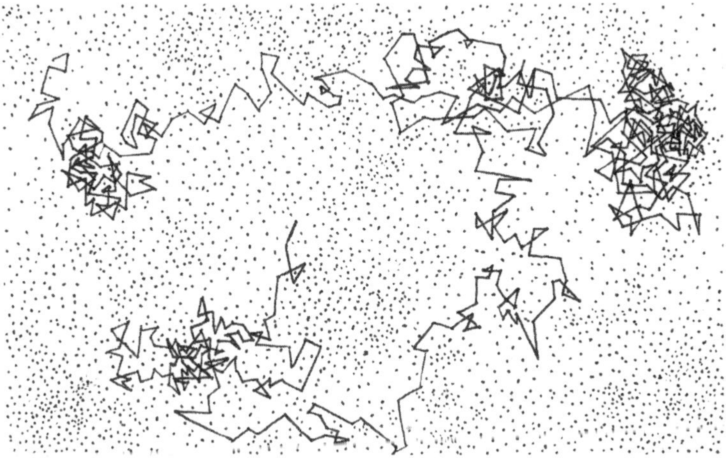

Abbildung 6: Brown'sche Bewegung. Die Brown'sche Bewegung ist die Zufallsbewegung von Molekülen und anderen kleinen Teilchen, die man in der Natur findet. Einstein erklärte, dass die Bewegung aus den häufigen Zusammenstößen von Molekülen herrührt, aus denen die Luft oder das Wasser bestehen, und konnte vorhersagen, inwiefern die Größe der Effekte von der Dichte der Atome abhängt.

Einsteins vierter Aufsatz, der die Existenz von Atomen nachwies, sagte nichts über die Quantennatur des Lichts. Aber er enthielt zwei Rätsel, die die Quantentheorie lösen sollte. Wie konnten Atome stabil sein? Und warum verhalten sich Atome desselben chemischen Elements identisch?

Während die Theoretiker sich darüber gezankt hatten, ob Atome existierten, waren die Experimentatoren eifrig damit beschäftigt, ihre Bestandteile voneinander zu trennen. Als Erstes sollte das Elektron identifiziert werden, dessen negative Ladung und winzige Masse enthüllt wurden, wobei Letztere etwa ein Zweitausendstel der Masse eines Wasserstoffatoms betrug. Die chemischen Elemente wurden übereinstimmend danach klassifiziert, wie viele Elektronen sie enthielten. Kohlenstoff hat beispielsweise 6 Elektronen und Uran 92. Atome sind elektrisch neutral. Wenn ein Atom beispielsweise 6 Elektronen enthält, dann bedeutet das, dass man eine Struktur mit 6 positiven Ladungen erhält, wenn man diese Elektronen wegnimmt. Da Elektronen so leicht sind, hat diese Struktur, die wir als Kern bezeichnen können, die meiste Masse.

Im Jahr 1911 stellte Ernest Rutherford fest, dass der Kern eines Atoms im Vergleich zum ganzen Atom winzig ist. Wenn das Atom eine Kleinstadt ist, dann ist der Kern eine Murmel. Zusammengeschrumpft auf diesen winzigen Rauminhalt sind alle positiven Ladungen und fast die gesamte Masse eines Atoms. Die Elektronen umkreisen den Kern in dem gewaltigen leeren Raum, der den größten Teil des Atoms ausmacht.

Die Analogie zum Sonnensystem ist unausweichlich. Die Elektronen und der Kern haben entgegengesetzte Ladungen, und gegensätzliche Ladungen ziehen sich durch die elektrische Kraft an. Diese hält die Elektronen um den Kern in ihrer Umlaufbahn. So weit reicht die Ähnlichkeit zu Planeten, die durch ihre wechselseitige Gravitationsanziehung auf ihrer Umlaufbahn um einen Stern gehalten werden. Aber die Analogie ist irreführend, weil sie die beiden Rätsel verbirgt, die ich erwähnt habe. Jedes davon stellt einen Grund dar, warum die Newton'sche Physik, die das Sonnensystem erklärt, keine Atome erklären kann.

Elektronen sind geladene Teilchen, und Maxwells großartige Theorie des Elektromagnetismus sagt uns, dass ein geladenes Teilchen, das sich auf einer Kreisbahn bewegt, kontinuierlich Licht abgeben sollte. Maxwells Theorie zufolge, das heißt vor der Quantenphysik, sollte das abgegebene Licht die Frequenz der Umlaufbahn gehabt haben. Aber das Licht trägt Energie weg, sodass das Elektron näher zum Kern fallen sollte, während seine Energie abnimmt. Das Ergebnis sollte eine schnelle Spiralbewegung zum Kern sein, begleitet von einem Lichtblitz. Wenn Maxwells Theorie richtig ist, kann es kein Bild von Elektronen geben, die auf sachten, stabilen Umlaufbahnen den Kern umkreisen. Dies lässt sich als die Stabilitätskrise von Elektronenumlaufbahnen bezeichnen.

Man könnte die Frage stellen, warum dasselbe Problem nicht auch die Planetenbahnen betrifft. Planeten sind elektrisch neutral, weshalb sie nicht auf dieselbe Weise Licht abgeben. Aber der allgemeinen Relativitätstheorie zufolge strahlen Planeten auf Umlaufbahnen Energie in Gravitationswellen ab und bewegen sich in einer Spirale auf die Sonne zu. Es ist nur so, dass die Schwerkraft äußerst schwach ist, sodass dieser Prozess sich außergewöhnlich langsam vollzieht. Der Effekt wurde an Systemen beobachtet, die aus Paaren von Neutronensternen mit engen Umlaufbahnen bestehen. Und auf ganz drastische Weise haben Antennen für Gravitationswellen die Strahlung entdeckt, die von Paaren massiver schwarzer Löcher abgegeben werden, die sich in einer Spiralbewegung aufeinander zubewegen und dann miteinander verschmelzen.

Das zweite Problem besteht darin, warum alle Atome mit einer bestimmten Anzahl von Elektronen identische Eigenschaften zu haben scheinen. Zwei Sonnensysteme mit jeweils sechs Planeten sind darüber hinaus im Allgemeinen nicht sehr ähnlich. Die Planeten werden unterschiedliche Umlaufbahnen, Massen und so weiter haben. Aber die Chemie funktioniert, weil zwei beliebige Kohlenstoffatome mit anderen Atomen auf genau dieselbe Weise interagieren. Das unterscheidet sich davon, wie Sauerstoffatome interagieren, von denen je zwei ebenfalls identisch sind. Das ist das Rätsel der Stabilität chemischer Eigenschaften. Die Analogie zum Sonnensystem bricht zusammen, weil die Newton'sche Physik, die zur Erklärung des Sonnensystems prima funktioniert, nicht erklären kann, warum alle Atome mit sechs Elektronen dieselben chemischen Eigenschaften haben.

Die Antwort auf diese beiden Fragen zu den Atomen erforderte, dass man die radikal neuen Ideen anwandte, die Einstein über das Wesen des Lichts entwickelte. Das war ein kühner Schritt von derjenigen Art, zu der Einstein imstande war, aber selbst ihm missglückte er. Der Physiker, der die Einsicht hatte, war der junge Däne Niels Bohr. Diese Einsicht bedeutete, dass es Bohr war, und nicht Einstein, der die Führung der Revolutionäre übernehmen sollte, die die Quantenmechanik erfanden. Zeit seines Lebens war Bohr ein radikaler Antirealist, und mehr als jeder andere war er es, der dafür verantwortlich war, dass die Quantenrevolution zu einem Triumph des Antirealismus wurde. Im Laufe seiner Karriere entwarf Bohr eine Reihe von Argumenten dafür, dass das Verhalten von Atomen und Licht sich aus einer realistischen Perspektive nicht verstehen ließ.

Bohr wuchs in einer Akademikerfamilie auf, als Sohn eines Physiologieprofessors und Bruder eines Mathematikers. Er war von jener vom Glück begünstigen Sorte, die ihr ganzes Leben in ihrer Geburtsstadt verbringen können, in mehr oder weniger derselben Umgebung wie seine Eltern. Aber in diesem Fall war ein einfaches und konservatives Leben eine Brutstätte für radikales Denken.

In diesem bequemen intellektuellen Milieu zogen er und seine Ehefrau sechs Söhne auf, von denen mehrere ebenfalls Professoren wurden. Einer folgte seinem Vater sogar zum Nobelpreis für Physik. Ein anderer Sohn, der älteste, ertrank, während er mit seinem Vater segelte. Noch ein anderer Sohn vertrat Dänemark bei den Olympischen Spielen, ebenso wie ein Onkel.

Dänemark ist ein kleines Land, das die Naturwissenschaft schätzt, und Bohrs Führerschaft der Quantenrevolution wurde durch die Gründung eines neuen Instituts erleichtert, das seine Tätigkeiten unterstützen sollte und von der dänischen Regierung und der Carlsberg-Brauerei finanzielle Förderung erhielt. Dies verschaffte Bohr die perfekte Umgebung, in der er seinen Einfluss erweitern konnte, indem er sich mit den besten jungen Theoretikern aus der ganzen Welt umgab. Sie wurden von einem ständigen Strom von Besuchern angeregt, die kamen, um mit Bohr zusammenzuarbeiten oder mit ihm über die Quantentheorie zu streiten. Das Institut stellte ihm ein behagliches Haus zur

Verfügung, in dem Bohr und seine Familie viele der Besucher als Gäste aufnahmen.

Niels Bohrs Söhne mussten ihn mit vielen dieser jungen Quantenrevolutionäre teilen, die zu ihm als einem Mentor aufblickten. Seine Frau kümmerte sich um sie und spielte die Heiratsvermittlerin, indem sie mehrere von ihnen mit den Frauen bekanntmachte, die ihre Gattinnen werden sollten. (Es gab nur wenige Frauen, die in Bohrs Kreis Wissenschaftlerinnen waren).

Bohr faszinierte eindeutig diejenigen, die mit ihm arbeiteten. Er betrachtete die Naturwissenschaft als einen Dialog mit der Natur, und seine Arbeitsmethode beruhte ebenfalls auf einem Dialog – obwohl er von einer Art war, die häufig in einen Monolog verfiel. Er setzte Mitarbeiter als Schreibkräfte ein, die die Aufgabe hatten, Bohrs Gedanken festzuhalten, während Bohr seine Kreise im Zimmer zog.

Bohr begann kurz nach seinem Doktorat, über die Quantenphysik zu arbeiten. Er drang direkt zum Kern des Problems vor, indem er ein einfaches, aber radikales Quantenmodell des Atoms vorschlug. Er baute auf Einsteins im Entstehen begriffener Quantentheorie auf, insbesondere auf der Idee, dass die Energie von Photonen übertragen wird. Um das Problem der Stabilität der Umlaufbahnen von Elektronen anzugehen, postulierte Bohr einfach, dass Maxwells Theorie auf der atomaren Größenskala falsch ist. Stattdessen nahm er an, es gäbe eine kleine Anzahl von Umlaufbahnen des Elektrons, die stabil sind. Um diese günstigen Umlaufbahnen voneinander zu unterscheiden, benutzte er Plancks Konstante, die der Umwandlungsfaktor zwischen Frequenz und Energie ist. Dieser Umwandlungsfaktor beinhaltet Einheiten einer Größe, die als Drehimpuls bezeichnet wird. Dieser verhält sich genauso wie der Impuls, außer dass er für die Kreisbewegung gilt. Ein sich drehender Körper weist eine Trägheit im Hinblick auf die Fortsetzung der Drehbewegung auf. Das ist deshalb so, weil sich drehende oder auf einer Umlaufbahn kreisende Körper einen Drehimpuls haben, der wie die Energie und der gewöhnliche Impuls weder erzeugt noch zerstört werden kann. Es ist diese Erhaltung des Drehimpulses, die die Drehung des Rads eines Fahrrads aufrechterhält; sie ist auch dafür verantwortlich, dass sich eine Eiskunstläuferin schneller dreht, wenn sie ihre Arme einzieht.

Stellen wir uns ein Wasserstoffatom vor, das nur ein einzelnes Elektron besitzt. Bohr postulierte, dass die günstigen Umlaufbahnen diejenigen sind, auf denen das Elektron bestimmte besondere Drehimpulswerte aufweist. Diese besonderen Werte sind ganzzahlige Vielfache der Einheit des Drehimpulses, die von Plancks Konstante angegeben wird. Bohr nannte sie *stationäre Zustände*. Es gibt eine Umlaufbahn mit einem Drehimpuls von null, die außerdem den niedrigstmöglichen Wert der Energie eines Elektrons auf der Umlaufbahn um einen Kern herum hat. Dieser Zustand ist stabil; es ist der Grundzustand. Bei höheren Energien oberhalb des Grundzustands gibt es eine diskrete Reihe von Energien, die die angeregten Zustände sind.

Atome können Licht absorbieren und dabei an Energie gewinnen, und sie können auch Energie abstrahlen, indem sie Licht abgeben. Als Nächstes postulierte Bohr, dass diese Prozesse geschehen, wenn das Elektron zwischen den stationären Zuständen hin und her springt. Um diese Sprünge zu beschreiben, machte Bohr von Einsteins Photonenhypothese Gebrauch. Wenn ein Elektron von einem angeregten Zustand in den Grundzustand hinabspringt, gibt es ein Photon ab. Dieses Photon hat eine Energie, die gleich der Energiedifferenz der beiden Zustände ist, sodass die Gesamtenergie unverändert ist. Es hat eine spezifische Frequenz, die durch Plancks und Einsteins Beziehung zwischen Frequenz und Energie angegeben wird.

Wenn man diesen Prozess umkehrt, kann man ein Elektron dazu bringen, dass es aus dem Grundzustand in einen angeregten Zustand hinaufspringt, indem man ihm ein Photon mit einer

Energie verabreicht, die gleich der Differenz der beiden Zustände ist.

Ein gegebenes Atom kann also Licht nur bei den besonderen Frequenzen abgeben oder absorbieren, die diesen Energieunterschieden zwischen den Zuständen seiner Elektronen entsprechen. Diese besonderen Frequenzen werden als das Spektrum des Atoms bezeichnet.

Zu der Zeit, als Bohr sich dies alles überlegt hatte, im Jahr 1912, hatten die Chemiker das Wasserstoffspektrum gemessen. Anhand der Ideen, die ich gerade beschrieben habe, war Bohr in der Lage, das Spektrum zu berechnen, und seine einfache Theorie reproduzierte das, was die Experimentatoren gesehen hatten.

Das war zwar ein gewaltiger Schritt, aber es war nur ein erster Schritt zu einem Verständnis der Quanten. Viele offene Fragen und Probleme blieben übrig. Was ist ein Elektron, wenn es sich frei außerhalb eines Atoms bewegen kann, aber nur in einem der stationären Zustände existieren kann, wenn es sich innerhalb des Atoms befindet? Und, was am drängendsten war, lässt sich die Theorie auf andere Atome als das Wasserstoffatom anwenden?

Das nächste Jahrzehnt wurde von vielen scharfsinnigen Versuchen ausgefüllt, Bohrs Theorie auf andere Atome und Systeme anzuwenden. Wir können wohlwollend sagen, dass die Ergebnisse gemischt waren, auch wenn wir den Einfallsreichtum der Versuche bewundern. Das war die Situation um die Zeit, als ein junger französischer Aristokrat namens Louis de Broglie etwa 1920 mit dem Graduiertenstudium in Paris begann.

Louis Victor Pierre Raymond, Duc de Broglie, wurde in den letzten Jahren des 19. Jahrhunderts in einer adligen Familie geboren und studierte Geschichte, bevor er zur Physik wechselte. Er diente in der Armee während des ersten Weltkriegs in der Abteilung für drahtlose Telegrafie und war am Eiffelturm stationiert.

Die kleine Welt der theoretischen Physik zeichnete sich damals, wie heute, durch intensive Geselligkeit aus. Während der entscheidenden Zeit, als die Quantenmechanik entwickelt wurde, standen ihre Verfechter durch Briefe und Postkarten in dauerndem Kontakt miteinander, und sie machten häufig Zugreisen, um einander zu besuchen und sich miteinander zu beraten. Der Aristokrat de Broglie war aufgrund seiner Persönlichkeit und Stellung, und weil Paris damals ein Nebengewässer der theoretischen Physik war, ein Außenseiter in dieser Welt. Louis de Broglie sprach nur mit einer einzigen Person regelmäßig über seine Arbeit, mit seinem Bruder, Maurice de Broglie, einem experimentellen Physiker, der über Röntgenstrahlen arbeitete.

Für Wissenschaftler ist die Isolation gewöhnlich ein Hindernis, aber manchmal kann sie dazu führen, dass jemand über eine Einsicht stolpert, die jedem Mitglied der Menge entgangen ist. De Broglie war immer noch Doktorand, als er die Physik in ihren Grundfesten erschütterte, indem er eine kühne Vermutung aufstellte, nämlich dass die Welle-Teilchen-Dualität nicht bloß eine Eigenschaft des Lichts, sondern universal ist. Insbesondere sind Elektronen, wie das Licht, sowohl Wellen als auch Teilchen.

Er bemerkte Folgendes: »Als ich im Jahr 1920 meine Studien aufnahm […] wurde ich […] von der theoretischen Physik […] durch das Rätsel angezogen, demzufolge die Struktur von Materie und Strahlung sich immer mehr in dem Maße verhüllte, wie die sonderbare Vorstellung der Quanten, die von Planck im Jahr 1900 bei seinen Forschungen zur Schwarzkörperstrahlung eingeführt wurde, das Ganze der Physik täglich weiter durchdrang.«[8]

Die Kraft eines frischen Geistes, der ein Problem mit unverbrauchten Augen betrachtet, ist eines der Wunder dieser Welt. Der junge de Broglie hatte die naheliegende Idee, die selbst Einstein und Bohr entgangen war. Sie versuchten, die Peinlichkeit der Welle-Teilchen-Dualität zu vermeiden. De Broglie verdoppelte dagegen den Wetteinsatz. Wenn Licht sowohl eine Welle als auch ein Teilchen war, warum könnte dasselbe nicht auch für Elektronen gelten? Warum sollte man nicht annehmen, dass die

Welle-Teilchen-Dualität universell für alle Materie und Strahlung gilt?

Später erzählte de Broglie es folgendermaßen: »Da wir in den Gesprächen mit meinem Bruder immer zu dem Schluss gelangten, dass man es im Fall von Röntgenstrahlen sowohl mit Wellen als auch mit Korpuskeln zu tun hatte, kam ich plötzlich [...] auf den Gedanken, dass man diese Dualität auf Materieteilchen erweitern musste, insbesondere auf Elektronen.«[9]

Was motivierte de Broglie dazu, mit einer Idee aufzuwarten, die vielen erfahreneren Physikern entgangen war? De Broglie war mit dem ehrgeizigen Projekt befasst, die Physik von Grund auf neu zu erfinden, um die Welle-Teilchen-Dualität in ihr unterzubringen. Er begann mit dem Licht, wo es bereits gute Belege für eine Dualität von Wellen und Teilchen gab, und stellte eine einfache Frage, die nur wenige vor ihm gestellt hatten: Wie bewegen sich die Lichtquanten?

Wir erinnern uns, dass Newton eine Teilchentheorie des Lichts favorisiert hatte, weil er glaubte, dass Teilchen sich auf Geraden bewegen. Dieselbe Annahme hatte Thomas Young dazu geführt, das Teilchenbild aufzugeben und die Vorstellung zu akzeptieren, dass Licht eine Welle ist, als er einsah, dass Licht sich krümmen konnte, wenn es durch ein Hindernis gebeugt oder wenn es beim Übergang zwischen zwei Medien gebrochen wird. Es ergibt Sinn, dass das Licht nicht aus Teilchen besteht, wenn es sich nicht auf Geraden bewegt. Wie steht es dann mit Photonen? Mussten sie sich nicht auf Geraden bewegen? De Broglies Idee bestand darin, dass sie das nicht tun, weil sie von den Wellen geführt werden, die sich beugen und brechen.

Das ist erstaunlich revolutionär. Die Idee, dass Teilchen sich auf Geraden bewegen, ist eine Konsequenz des fundamentalsten Prinzips in der ganzen Physik, nämlich von Newtons erstem Bewegungsgesetz. Es wird außerdem als Trägheitsprinzip bezeichnet und besagt, dass ein Teilchen, auf das keine Kräfte einwirken, sich mit konstanter Geschwindigkeit auf einer Geraden bewegt. Eine Folge davon ist, dass der Impuls erhalten bleibt. Es ist auch eng mit dem Relativitätsprinzip verwandt, denn eine andere Folge ist, dass die Geschwindigkeit eine rein relative Größe ist.

De Broglie sah ein, dass Lichtquanten sich um Hindernisse herumkrümmen mussten, wodurch all diese fundamentalen Prinzipien verletzt wurden. Das Ziel seiner Doktorarbeit war die Formulierung einer revolutionären neuen Theorie der Bewegung, die für die Teilchen gelten sollte, welche von der Welle-Teilchen-Dualität erwogen wurden. In diesem Zusammenhang war es ein kleiner und zwangsläufiger Schritt, die Welle-Teilchen-Dualität vom Licht auf alle Formen von Materie und Energie auszudehnen.

Im Jahr 1924 schrieb er dies als seine Doktorarbeit nieder. Die Dissertation war kurz und kompromisslos. Es geht die Legende, dass er einfach durchgefallen wäre, wäre er nicht adliger Abstammung gewesen. Da seine Prüfungskommission nicht wusste, was sie tun sollte, schickte sie die Dissertation zur Begutachtung an Einstein. Einstein erkannte Broglies Pointe und empfahl die Annahme. Gleichzeitig schickte er de Broglies Dissertation einigen wenigen Leuten, von denen er wusste, dass sie ein großes Interesse daran haben würden.

Einer von diesen war sein Freund Max Born, damals ein junger Professor in Deutschland. Ein experimentell arbeitender Kollege Einsteins, Walter Elsasser, hörte davon und schlug vor, de Broglies Vorhersage, dass Elektronen gebeugt werden konnten, zu überprüfen, indem man einen Elektronenstrahl an einem Kristall streute. Max Born leitete den Vorschlag an experimentelle Physiker in England weiter. Niemand hatte Erfolg, aber unterdessen untersuchten zwei amerikanische Experimentalphysiker, die bei den Bell Labs arbeiteten, Clinton Davisson und Lester Germer, aus anderen Gründen, wie Elektronen an den

Oberflächen von Metallen gestreut werden. Sie entdeckten die Beugung von Elektronen zufällig, als sie im Jahr 1925 ein neues Verfahren ausprobierten, das die unbeabsichtigte Folge hatte, dass sich eine Schicht von Atomen entwickelte, die in der regelmäßigen Struktur eines Kristalls auf der Oberfläche ihrer Probe angeordnet war. Als sie maßen, wohin die Elektronen sich bewegten, die von dem Metall mit der Kristalloberfläche gestreut wurden, sahen sie Interferenzmuster. Davisson war die Bedeutung dieser Tatsache nicht bewusst, bis er im Sommer 1926 an einer Tagung in Oxford teilnahm und zufällig einen Vortrag von Max Born anhörte, der eine Abbildung aus einem von Davissons eigenen Aufsätzen als Beleg für de Broglies revolutionäre Vermutung von Materiewellen zeigte. Als Davisson zurückkehrte, gingen er und Germer ins Labor und konnten endgültig bestätigen, dass Elektronen gebeugt werden, genau wie de Broglie vorhergesagt hatte.

Erwin Schrödinger war ein brillanter mathematischer Physiker, der ursprünglich aus Wien stammte und Professor an der Universität Zürich geworden war. Schrödinger näherte sich seinem vierzigsten Lebensjahr und gehörte nicht der jungen Generation von de Broglie und anderen Physikern an, die ihre Disziplin revolutionierten. Am 23. November 1925 nahm er an einem Kolloquium teil, dass von Peter Debye veranstaltet wurde, der eine begeisterte Darstellung von de Broglies Materie-Wellen-Hypothese gab. Debye beendete seinen Vortrag, indem er sagte, dass in Broglies schönem Bild eine Sache fehlte: eine Gleichung, die beschrieb, wie die Elektronenwellen sich im Raum bewegen. Nachdem er seine Ehefrau in Zürich zurückgelassen hatte, nahm Schrödinger de Broglies Aufsätze in den Weihnachtsferien mit sich in die Berge, zusammen mit seiner Freundin. (Seine Frau verbrachte die Weihnachtsferien mit ihrem Liebhaber, dem großen Mathematiker Hermann Weyl, der außerdem Schrödingers bester Freund war.) Am ersten Tag entschuldigte er sich vom Skifahren, blieb im Zimmer ihrer Berghütte und las de Broglies Aufsätze. Er forderte sich selbst heraus, um die Gleichung zu erfinden, die de Broglies Elektronenwelle bestimmen sollte. Am nächsten Tag gelang es ihm, und als er aus den Bergen zurückkehrte, hatte er die Gleichung aufgezeichnet, die seinen Namen trägt, die Grundgleichung der Quantentheorie.

Nicht nur das, sondern kurz nach seiner Rückkehr löste Schrödinger mit Weyls Hilfe seine Gleichung auch für den Fall eines einzigen Elektrons, das um einen Kern kreist, und reproduzierte Bohrs Theorie stationärer Zustände und seine Vorhersage des Wasserstoffspektrums. Die entscheidende Idee besteht darin, dass die Elektronenwellen um eine Umlaufbahn herumpassen müssen, wie wir in Abbildung 7 sehen. Die Gedanken seiner Freundin – und auch ihr Name – sind zwar in Vergessenheit geraten. Aber die Legende berichtet, dass Schrödinger mit seiner Frau und ihrer gemeinsamen Freundin nach Stockholm kam, um seinen Nobelpreis in Empfang zu nehmen.

So wurde die Quantenmechanik geboren. Die Frage, mit der anschließend jedermann konfrontiert war, bestand darin, wie man sich die Elektronenwelle vorstellen sollte, die Broglie erfunden und Schrödinger gezähmt hatte. Schrödinger dachte zuerst, dass das Elektron einfach eine Welle ist. Das ließ sich nicht aufrechterhalten, weil man leicht zeigen konnte, dass die Welle sich zwar während ihrer Bewegung im Raum ausbreitete, man jedoch immer ein lokalisiertes Teilchen finden konnte. Max Born schlug dann seine Regel vor, dass die Welle mit der Wahrscheinlichkeit der Feststellung des Teilchens verknüpft ist.

In den Augen Einsteins war die Welle-Teilchen-Dualität, wenngleich sie eine tiefgreifende Herausforderung darstellte, auf das Nachdenken über die Konstitution des Lichts begrenzt. Auf diesen Bereich beschränkt, richtete sie nur begrenzten Schaden an, vielleicht weil die Teilchen- und Wellentheorien des Lichts

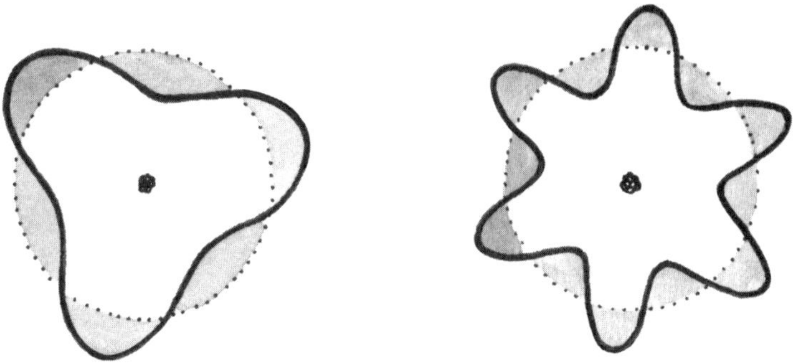

Abbildung 7: Elektronenwellen im Atom. Die Welle auf der linken Seite legt sich in drei Schritten um den Kern, sodass die Wellenlänge der Durchmesser des Atoms geteilt durch drei ist. Die Abbildung rechts hat nur die halbe Wellenlänge und legt sich daher in sechs Schritten um den Kern.

jeweils eine lange Geschichte und anerkannte Verdienste aufwiesen. Aber die Vorstellung von Materiewellen war völlig schockierend. De Broglie und Schrödinger verwandelten die Physik, indem sie die Welle-Teilchen-Dualität ins Zentrum der Physik rückten, wo sie als das zentrale Rätsel der revolutionären neuen Quantenphysik verankert wurde.

Die Frage lautete nicht mehr »Wie kann Licht sowohl Teilchen als auch Welle sein?«, sondern vielmehr »Wie kann *alles* sowohl Teilchen als auch Welle sein?«.

Einstein, der als Erster die Welle-Teilchen-Dualität formuliert hatte, war perplex. Obwohl er seiner eigenen Aussage zufolge weitaus mehr Zeit mit der Quantenphysik verbrachte, als er je auf die Relativitätstheorie verwendete, gelang es ihm nicht, einen überzeugenden Zug zu machen. Seine unvergleichliche Intuition versagte, und es lohnt sich, die Frage zu stellen, warum das der Fall war. Vielleicht wurde er von seinem Realismus zurückgehalten, von einem Verlangen nach vollständiger begrifflicher Klarheit.

Auch Schrödinger war eine Zeit lang ratlos. Ebenso wie die meisten anderen. Von den großen Pionieren wusste nur Bohr, was zu tun war. Es war sein Augenblick, und er ergriff ihn, indem er nicht nur die Geburt einer neuen Physik, sondern auch einer neuen Philosophie verkündete. Der Augenblick des radikalen Antirealismus war gekommen, und Bohr war bereit dafür.

Bohr bezeichnete die neue Philosophie als *Komplementarität*. Er sprach folgendermaßen darüber: Weder Teilchen noch Wellen sind Attribute der Natur. Sie sind nichts weiter als Vorstellungen in unserem Geist, die wir der natürlichen Welt aufzwängen. Sie sind nützlich als intuitive Bilder, die wir anhand der Beobachtung großer Objekte wie Murmeln und Wasserwellen konstruieren. Elektronen sind weder das eine noch das andere. Elektronen sind mikroskopische Entitäten, die wir nicht direkt wahrnehmen können, und deshalb haben wir in Bezug auf sie keine Intuition. Um Elektronen zu untersuchen, müssen wir große experimentelle Vorrichtungen bauen, um mit ihnen zu interagieren. Was wir beobachten, ist nie das Elektron selbst, sondern nur die Reaktionen unserer großen experimentellen Vorrichtungen auf die winzigen, unsichtbaren Elektronen.

Um zu beschreiben, wie die Experimentiergeräte auf Elektronen reagieren, mögen wir es nützlich finden, intuitiv einleuchtende Bilder zu benutzen, wie etwa das Wellenbild oder das Teilchenbild. Aber wir können diese Bilder nicht zu ernst nehmen, weil unterschiedliche Experimente unterschiedliche Bilder erfordern. Die unterschiedlichen Bilder würden einander widersprechen, wenn wir den Kontext vergäßen und sie auf die Elektronen selbst anwendeten. Aber es gibt eigentlich keinen Widerspruch, solange wir uns an zweierlei erinnern. Die Bilder sind nur als Beschreibung eines Elektrons in einem bestimmten Kontext nützlich, das heißt, im Kontext eines bestimmten Experimentiergeräts. Und es gibt kein Experimentiergerät, das uns dazu zwingt, beide widersprüchlichen Bilder gleichzeitig anzuwenden.

Bohrs Position ist extrem antirealistisch, sofern er leugnet, dass es überhaupt möglich ist, über ein Elektron zu sprechen oder es zu beschreiben, wie es an sich ist, außerhalb des Kontexts eines Experiments, das wir uns ausdenken. Dieser Auffassung zufolge bezieht sich die Naturwissenschaft nicht auf Elektronen, sondern darauf, wie wir über unsere Interaktionen mit ihnen reden.

Für Niels Bohr war die Komplementarität mehr als ein Prinzip; sie war ein Vorschlag für eine ganze Wissenschaftsphilosophie. Und was für ein radikaler Vorschlag. Bohr vertrat die Philosophie der Komplementarität sein ganzes Leben hindurch, ebenso wie andere Begründer der Quantenmechanik, einschließlich Heisenberg bis zu einem gewissen Grad.

Bohr zufolge bezieht sich die Naturwissenschaft nicht auf die Natur. Sie gibt uns kein objektives Bild davon, wie die Natur beschaffen ist, und kann uns keines geben. Das wäre unmöglich, weil wir mit der Natur nie direkt interagieren. Wir gewinnen Erkenntnisse über die Welt der Natur nur durch Zwischenglieder, die Experimentiergeräte sind, die wir erfinden und bauen.

Daher müssen wir die Vorstellung aufgeben, dass die Naturwissenschaft uns eine objektive Beschreibung der Natur liefert oder überhaupt irgendetwas darüber zu sagen hat, wie die Natur beschaffen ist, wenn wir von unserer Existenz und unseren Interventionen absehen. Die Naturwissenschaft ist vielmehr eine Erweiterung einer gebräuchlichen Sprache, die wir verwenden, um uns gegenseitig die Ergebnisse unserer Eingriffe in die Natur zu beschreiben.

In Essays und Büchern legte Niels Bohr dar, dass seine Philosophie der Komplementarität weite Anwendung besaß. Es wurde behauptet, dass er seine Idee aus der Kabbala bezog, den jüdischen mystischen Schriften, die von der Komplementarität zwischen Gottes Liebe und Gottes Gerechtigkeit sprechen. Bohr sprach von der Komplementarität zwischen dem Leben und der Physik, zwischen Energie und Verursachung und freilich auch zwischen Wissen und Weisheit. Für Bohr war die Lektion der Quantenmechanik eine Revolution, die über die Physik und über die Naturwissenschaft hinausging.

Ein Grund dafür, warum die Quantenmechanik das Interesse der jüngeren Generation von Physikern fesselte, bestand darin, dass man sich ihr von mehreren Standpunkten aus nähern konnte. Bislang habe ich die Geschichte eines einzigen Zugangs zur Erfindung der Quantentheorie erzählt, der sich auf die Welle-Teilchen-Dualität konzentrierte, aber es gab noch einen anderen Weg, der kurz bevor Schrödinger in seinen Weihnachtsurlaub fuhr entdeckt wurde. Diese Entdeckung wurde von Werner Heisenberg vorbereitet, einem jungen und sehr selbstbewussten deutschen Theoretiker, der seine Ausbildung bei Max Borns Gruppe in Göttingen abschloss und dann im Jahr 1925 anhand eines Forschungsstipendiums in Kopenhagen mit Bohr zusammenarbeitete. Die nächsten paar Jahre verbrachte er damit, zwischen Göttingen und Kopenhagen hin- und herzureisen, was bedeutete, dass er in engem Kontakt mit den beiden dynamischsten naturwissenschaftlichen Persönlichkeiten jener Zeit stand, Born und Bohr. Max Born und mehrere seiner Studenten und Assistenten spielten ebenfalls wichtige Rollen; tatsächlich umfasst die vollständige Geschichte der Erfindung der Quantenmechanik mindestens ein halbes Dutzend Theoretiker, die in häufigem Austausch miteinander standen.

Heisenberg arbeitete auf der Grundlage einer bestimmten Vorstellung von der Physik, einer Vorstellung, die von Anfang an antirealistisch war. Er behauptete, dass die Physik keine Beschreibung dessen gibt, was existiert, wie die Realisten annehmen, sondern dass sie nur eine Methode dafür ist, um das Beobachtbare zu verfolgen. Bei großen Objekten haben wir uns daran gewähnt, beides miteinander zu verwechseln. Aber wenn wir der Atomphysik einen Sinn abgewinnen wollen, müssen wir uns streng an die Maxime halten, dass die Naturwissenschaft sich nur auf das beziehen kann, was beobachtbar ist.

Folglich behauptet Heisenberg, dass es sinnlos ist, davon zu sprechen, wie sich das Elektron innerhalb des Atoms bewegt, wenn diese Bewegung keine Folgen hat, die großmaßstäbliche Messgeräte beeinflussen kann. Bohrs Modell zufolge verbringt das Elektron eines Atoms die meiste Zeit in stationären Zuständen, während welcher Zeit es keine Interaktion mit irgendetwas außerhalb des Atoms aufweist. Daher ist es sinnlos zu fragen, wie sich das Elektron bewegt, während es in einem stationären Zustand ist. Nur wenn es zwischen den stationären Zuständen hin und her springt, kann es mit der äußeren Welt interagieren, weil der Sprung von der Aufnahme oder der Erzeugung eines Photons begleitet wird, und die Energie dieses Photons kann von einem Spektrografen gemessen werden.

Heisenbergs Mahnung, nicht zu versuchen, die Laufbahnen von Elektronen in stationären Zuständen zu modellieren, muss wie ein frischer Wind auf andere seiner Generation gewirkt haben, die einen Großteil ihrer Zeit mit frustrierenden und letztlich fruchtlosen Versuchen verbrachten, genau das zu tun.

Von diesen Gedankengängen wurde Heisenberg zur Erfindung einer neuen Methode für die Darstellung der Energie des Elektrons angeregt. Nicht durch eine einzelne Zahl, weil das bedeuten würde zu behaupten, die Energie sei eine Eigenschaft des Atoms allein. Für die Physik relevant ist nur, welcher Aspekt der Energie ein Messgerät beeinflusst. Das sind die Energien, die mit den Photonen verknüpft sind, die die Atome absorbieren oder abgeben, wenn die Elektronen zwischen den Energieniveaus hin und her springen. Es sind die Unterschiede zwischen den Energien in den verschiedenen stationären Zuständen.

Heisenberg arrangierte diese Energieunterschiede als Zahlentabelle. Anschließend stellte er sich vor, dass solche Tabellen beobachtbare Aspekte anderer Größen wie beispielsweise der

Position und des Impulses des Elektrons repräsentieren könnten. Um eine Theorie zu bilden, musste er mehr tun, nämlich eine Möglichkeit finden, Gleichungen zu schreiben, die sich auf diese Zahlentabellen bezogen. In den Gleichungen der Physik addieren oder multiplizieren wir häufig Zahlen. Dasselbe musste er mit Zahlentabellen tun. Also musste er Regeln dafür erfinden, wie sich das bewerkstelligen ließ.

Als Mitglied von sowohl Bohrs Institut als auch von Max Borns Forschungsgruppe stand Heisenberg unter dem Einfluss von zwei Lehrmeistern mit sehr verschiedenen Arbeitsstilen, und der Kontrast zwischen diesen regte zweifellos sein Denken an. Aber um seine Ideen im Einzelnen zu verwirklichen, brauchte er die Abgeschiedenheit, nicht weniger als Einstein, de Broglie und Schrödinger sie gebraucht hatten. Wie Schrödinger fuhr er in den Urlaub, in seinem Fall auf eine kleine Insel namens Helgoland.

Sobald er dort angekommen war, brauchte er nur ein paar Tage, um sich auf die Reise zu begeben, die ich gerade skizziert habe, und Möglichkeiten zu erfinden, um Gleichungen mit seinen Tabellen beobachtbarer Größen zu schreiben.

Er überprüfte seine Ideen an einem einfachen Spielzeugmodell eines Atoms, bei dem das Elektron durch eine ständig sich vergrößernde Kraft gebunden wird, als ob es sich auf einer Feder befände. Dies war nicht als realistisch beabsichtigt, sondern ein einfacher Test, weil die Antwort bekannt war, und seine Methode bestand. Es gab nur einen Haken: Er entdeckte, dass die Reihenfolge, in der er zwei Tabellen miteinander multiplizierte, eine Rolle spielt. In der Sprache, die ich zuvor vorgeschlagen habe, sind Heisenbergs Zahlentabellen nicht kommutativ. Das gilt natürlich nicht für gewöhnliche Zahlen, und zunächst war Heisenberg über diese Entdeckung bestürzt.

Trotzdem formulierte er seine Befunde in einem Aufsatz, der Ende 1925 veröffentlicht wurde. In der Einleitung dieses Aufsatzes kündigte er sein Programm der Konstruktion von Gesetzen der Physik an, die auf mechanische Modelle verzichten, die die Laufbahnen der Elektronen beschreiben, und nur Beziehungen zwischen beobachtbaren Größen beinhalten, nämlich die Spektren des Lichts, das die Atome abgeben und absorbieren.

Das war zwar ein großer Schritt, aber noch nicht die vollständige Theorie. Danach kehrte er nach Göttingen zurück und arbeitete mit Max Born und einem seiner brillanten Schüler zusammen, Pascual Jordan. Born und Jordan waren bereits auf dem halben Weg zu einer neuen Theorie und erklärten Heisenberg, dass seine Zahlentabellen den Mathematikern als Matrizen bekannt seien; und sie konnten ihm versichern, dass die Nicht-Kommutativität ein echtes Merkmal und kein Fehler war. Heisenberg sah danach ein, dass die Reihenfolge eine Rolle spielt, da die Tabellen/Matrizen einen Messprozess repräsentieren – weil es eine Rolle spielt, in welcher Reihenfolge wir die Messungen vornehmen. Die drei Theoretiker arbeiteten dann gemeinsam die restliche neue Theorie aus, die sie Quantenmechanik nannten. Ein gemeinsamer Aufsatz der drei war die erste vollständige Formulierung der neuen Theorie.

Das österreichische Wunderkind Wolfgang Pauli stieß rasch nach und wendete die neue Theorie an, um das Spektrum des Wasserstoffatoms zu bestimmen, und diese Bestimmung erwies sich als exakt richtig. So wurde die Quantenmechanik auf einem zweiten Weg geboren und auf eine Weise, die unmittelbar von den antirealistischen Prinzipien inspiriert war, die Heisenberg in seinem Aufsatz von 1925 formuliert hatte. Die neue Theorie von Born, Heisenberg und Jordan wird anhand von Größen ausgedrückt, die beschreiben, wie ein Atom auf die Untersuchung durch ein äußeres Messgerät reagiert; es gibt keine Größen, die die genauen Bahnen der Elektronen unabhängig von unseren Interaktionen mit ihnen beschreiben.

Eine Quantentheorie des Atoms ist großartig, aber zwei stellen ein Problem dar, vor allem weil sie beide das korrekte Wasserstoffspektrum reproduzierten. Die beiden Theorien könnten nicht unterschiedlicher gewesen sein, wie die Philosophien ihrer Entdecker widerspiegeln. Einstein, de Broglie und Schrödinger waren Realisten. Auch wenn es bestimmte Rätsel gab, glaubten sie, dass ein Elektron wirklich sei und irgendwie sowohl als Welle als auch als Teilchen existierte. Bohr und Heisenberg waren begeisterte Antirealisten, die glaubten, dass wir keinen Zugang zur Wirklichkeit haben, sondern nur zu Zahlentabellen, die unsere Interaktionen mit dem Atom repräsentieren, aber nicht das Atom direkt.

Die Spannung hielt ein paar Monate an und fand dann eine unerwartete Auflösung, als Schrödinger zeigte, dass die beiden Formen der Quantenmechanik völlig äquivalent sind. Wie in zwei Sprachen konnte man in Begriffen von Wellen oder in der Sprache von Matrizen reden, aber die mathematischen Probleme, die man lösen musste, erwiesen sich nur als unterschiedliche Ausdrucksformen derselben Logik.

Heisenberg und Bohr, die in Kopenhagen zusammen waren, teilten eine antirealistische Perspektive. Sie suchten nach einer Möglichkeit, um konsistent über Eigenschaften zu sprechen, die nicht gleichzeitig realisiert werden konnten, wie beispielsweise Wellen gegenüber Teilchen oder die Position gegenüber dem Impuls. Bohrs Lösung der scheinbaren Paradoxien war sein Komplementaritätsprinzip. Heisenbergs Lösung war sein großartiges Unschärfeprinzip, über das wir in Kapitel 2 sprachen.

Das Unschärfeprinzip ist ein sehr allgemeines Prinzip, da es besagt, dass wir nicht sowohl genau wissen können, wo sich ein Teilchen befindet, als auch, mit welchem Impuls es sich bewegt. Wie Heisenberg und sein Mentor sofort bemerkten, hat es verblüffende Konsequenzen. Eine davon besteht darin, dass der Determinismus der Newton'schen Physik in der Quantenwelt nicht überleben kann, weil man sowohl die gegenwärtige Position eines Teilchens kennen als auch wissen muss, wie schnell und in welche Richtung es sich bewegt, das heißt, man muss seinen Impuls kennen, um die zukünftige Bewegung eines Teilchens vorherzusagen. Wenn man beide nicht genau erkennen kann, kann man nicht vorhersagen, wo das Teilchen zu späteren Zeitpunkten sein wird. Infolgedessen kann die Quantentheorie bestenfalls probabilistische Vorhersagen über die Zukunft machen.

Die Konsistenz der Komplementarität hängt davon ab, dass es nie einen Fall gibt, bei dem wir gezwungen sind, sowohl das Teilchenbild als auch das Wellenbild bei der Beschreibung ein und desselben Experiments zu verwenden. Die Unmöglichkeit einer solchen Situation wird durch Heisenbergs Unschärfeprinzip sichergestellt, das er 1927 vorschlug, nachdem er wieder nach Kopenhagen umgezogen und in engem Kontakt mit Bohr war.

Die Historiker erzählen uns, dass das Glück in der Naturwissenschaft eine große Rolle spielt. Heisenberg hatte doppeltes Glück, denn als Schützling von Max Born und Niels Bohr war er nicht nur am richtigen Ort zur richtigen Zeit, sondern er war es in zweifacher Hinsicht! Von seinem Mentor Bohr wurde er dazu angeregt, den Realismus aufzugeben und das Atom nur anhand der Energien zu modellieren, die es mit unseren Messgeräten austauscht, und von seinem Mentor Born erhielt er die mathematischen Werkzeuge, die nötig waren, um diesen Ideen einen präzisen Ausdruck zu verleihen.

Natürlich wusste Heisenberg um sein Glück und war derjenige, der darauf drängte, die neue Theorie präzise zu formulieren. Es gab vielleicht ein halbes Dutzend junge Theoretiker, die ebenfalls im Umkreis von Bohr und Born waren und die, wie Pauli, Teilstücke beisteuerten oder, wie Jordan, den halben Weg zurückgelegt hatten oder um ein paar Monate zu spät kamen und sich daher daranmachten, die neue Theorie auf elegante Weise zu formulieren, wie der englische Theoretiker Paul Dirac. Die vollständige Geschichte der Erfindung der Matrizenform der Quantenmechanik ist weitaus komplexer, als ich hier darlegen kann, da sie eine sehr dynamische, kollektive Bemühung einer vielgestaltigen Gemeinschaft von Theoretikern offenbart, die in enger Zusammenarbeit standen.

So vielgestaltig sie auch waren, formulierten die Matrizenmechaniker um 1927 dennoch alle die neue Theorie im Sinne der radikal antirealistischen Philosophie, die Bohr predigte. Die einzigen Verweigerer waren diejenigen, die über die Welle-Teilchen-Dualität zur Quantenmechanik gelangt waren, Einstein, de Broglie und Schrödinger, die starrsinnig Realisten blieben. Aber sobald es bewiesen war, dass Schrödingers Wellenmechanik zu Heisenbergs Matrizenmechanik äquivalent war, konnte man die Realisten als Leute abweisen, die stur an alten metaphysischen Fantasien festhielten, und sie ignorieren.

Die Essenz von Bohrs Philosophie ist die Notwendigkeit, die Naturwissenschaft auf miteinander unverträgliche Bilder und Sprachen zu gründen. Heisenberg predigte eine Auffassung, die sich in der Betonung von der Sichtweise Bohrs unterschied, während sie ungefähr kompatibel mit ihr war. Heisenberg betonte, dass die Naturwissenschaft sich nur mit messbaren Größen befasst und kein intuitiv einleuchtendes Bild dessen geben kann, was auf der Größenskala von Atomen geschieht. Die beobachtbaren Größen, die für die Interaktion mit einem Atom relevant sind, umfassen die Energien und Lebensdauern der stationären Zustände, schließen aber die Positionen oder Bewegungen von Elektronen auf ihren Umlaufbahnen um den Kern nicht ein. Daher muss die Quantenmechanik nur eine Antwort auf die Frage geben, wo sich ein Elektron befindet, wenn man es in einen Kontext zwingt, in dem diese Position gemessen wird. Heisenberg zufolge kommen beobachtbare Größen erst durch den Akt ihrer Messung zustande. Wenn ein Atom frei von einem Messapparat ist, wird es durch keine Größe beschrieben.

Das könnte als *operationalistische Perspektive* bezeichnet werden. Sie ist sicherlich antirealistisch, insofern Heisenberg betonte, dass diese Sichtweise obligatorisch ist. Seiner Ansicht nach gab es keine Möglichkeit, tiefer in das Atom hineinzublicken, um zu sehen, wie die Elektronen sich auf ihren Umlaufbahnen bewegen. Sein Unschärfeprinzip schloss das aus.

Heisenberg erklärte, dass Unschärfe und Komplementarität eng miteinander verknüpft seien:

> [...] man kann gar nicht mehr vom Verhalten des Teilchens losgelöst vom Beobachtungsvorgang sprechen. Dies hat schließlich zur Folge, daß die Naturgesetze, die wir in der Quantentheorie mathematisch formulieren, nicht mehr von den Elementarteilchen handeln, sondern von unserer Kenntnis der Elementarteilchen. Die Frage, ob diese Teilchen »an sich« in Raum und Zeit existieren, kann in dieser Form also nicht mehr gestellt werden. [...]
>
> Wenn von einem Naturbild der exakten Naturwissenschaften in unserer Zeit gesprochen werden kann, so handelt es sich eigentlich nicht mehr um ein Bild der Natur, sondern um *ein Bild unserer Beziehungen zur Natur* [...] Die Naturwissenschaft steht nicht mehr als Beschauer vor der Natur, sondern erkennt sich selbst als Teil dieses Wechselspiels zwischen Mensch und Natur. Die wissenschaftliche Methode des Aussonderns, Erklärens und Ordnens wird sich der Grenzen bewußt, die ihr dadurch gesetzt sind, daß der Zugriff der Methode ihren Gegenstand verändert und umgestaltet, daß sich die Methode also nicht mehr vom Gegenstand distanzieren kann. [...]
>
> [V]erschiedene anschauliche Bilder, mit denen wir atomare Systeme beschreiben, [sind] zwar für bestimmte Experimente durchaus angemessen [...], aber [schließen] sich doch gegenseitig aus [...]. So kann man z. B. das Bohrsche Atom als ein Planetensystem im Kleinen beschreiben: in der Mitte ein Atomkern und außen Elektronen, die diesen Kern umkreisen. Für andere Experimente mag es zweckmäßig sein, sich vorzustellen, daß

> der Atomkern von einem System stehender Wellen umgeben ist, wobei die Frequenz maßgebend ist für die vom Atom ausgesandte Strahlung. Schließlich kann man das Atom auch ansehen als einen Gegenstand der Chemie. […] Diese verschiedenen Bilder sind also richtig, wenn man sie an der richtigen Stelle verwendet, aber sie widersprechen einander, und man bezeichnet sie daher als komplementär zueinander.[10]

Bohrs Standpunkt war noch radikaler. Ihm zufolge

> kann eine unabhängige Wirklichkeit im gewöhnlichen physikalischen Sinne […] weder den Phänomenen noch den Beobachtungsmitteln zugeschrieben werden. […]
>
> Eine vollständige Erhellung ein und desselben Gegenstands erfordert wohl unterschiedliche Gesichtspunkte, die eine einzige Beschreibung infrage stellen. Tatsächlich steht die bewusste Analyse jedes Begriffs in einem Ausschließungsverhältnis zu seiner unmittelbaren Anwendung.[11]

Andere Quantenkoryphäen, wie beispielsweise Wolfgang Pauli, ein Wunderkind, das mit einundzwanzig ein Lehrbuch über die allgemeine Relativitätstheorie verfasste, und John von Neumann, ein ungarischer Mathematiker, der für seine Erfindungen auf einem breiten Spektrum von Gebieten berühmt ist, von der Computerarchitektur bis zur Mathematik der Quantentheorie, lehrten Variationen dieser antirealistischen Philosophien. Ihre Ansichten unterschieden sich zwar dem Akzent nach, aber alles, was sie schrieben, wurde als Teil der »Kopenhagener Interpretation« der Quantenmechanik klassifiziert. Diese Bezeichnung erkannte Bohrs Dominanz als Ältester der Gruppe und Mentor für die meisten sowie als Urheber von nichts weniger als einer neuen Art und Weise des Sprechens über die Naturwissenschaft an. Die Bezeichnung würdigte außerdem Bohrs Institut als den zentralen Knoten im Netzwerk von Quantenphysikern, wo sie alle studierten, arbeiteten oder zu Besuch kamen.

Eine der schwersten Lektionen, die man im akademischen Leben zu lernen hat – und die für mich eine der verstörendsten ist –, ist die Geschwindigkeit, mit der eine radikale Rebellion zur Orthodoxie werden kann. In nur wenigen Jahren wird eine Generation von Schülern, die eine gefährliche neue Idee verfechten, durch einen anfänglichen Erfolg auf Lehrstühle erhoben. Von diesen Einflusspositionen aus bilden sie ein mächtiges Netzwerk einflussreicher akademischer Lobbyisten, das sie nutzen, um die Fortsetzung der Revolution sicherzustellen. Das war der Fall bei der Generation der Quantenrevolutionäre. Im Jahr 1920 war Heisenberg ebenso Student wie Dirac, Pauli und Jordan; 1925 waren sie als junge Forscher voll an der Erfindung der Quantentheorie beteiligt; um 1930 waren sie Lehrstuhlinhaber, und die Revolution war vorüber. Die Tatsache, dass eine Handvoll Abtrünniger übrig blieb – Einstein und Schrödinger aus der älteren Generation und de Broglie unter den Gleichaltrigen –, schmälerte ihren Triumph keineswegs, denn die Studenten wussten, woher der Wind weht, und folgten der aufstrebenden Orthodoxie. Die nächsten fünfzig Jahre sollte der Antirealismus der Kopenhagener die einzige Lehrversion der Quantentheorie sein.

Teil 2

Die Wiedergeburt des Realismus

Sieben

Die Herausforderung des Realismus: de Broglie und Einstein

Es gab nie nur eine einzige Kopenhagener Interpretation. Bohr, Heisenberg und von Neumann erzählten jeweils eine etwas andere Geschichte. Aber sie kamen alle darin überein, dass die Naturwissenschaft eine Schwelle überschritten hatte. Es konnte keinen Rückzug auf eine realistische Version der Physik geben. Gegen diese Möglichkeit führten sie vielfältige Argumente an, die alle zu dem Schluss führten, dass die Quantenphysik mit dem Realismus unvereinbar ist. Es konnte keine Version der Atomphysik geben, wenn sie Elektronen mit ganz bestimmten Positionen und Umlaufbahnen beinhaltete.

Eine Möglichkeit, wie alle diese Argumente hätten widerlegt werden können – so könnte man meinen –, wäre gewesen, dass jemand mit einer alternativen Quantentheorie aufgewartet hätte, die auf realistischen Ideen beruht.

Wirklich sonderbar im Rückblick ist die Tatsache, dass es von 1927 an eine realistische Version der Quantenmechanik gab. Sie beruht auf einer verblüffend einfachen Idee. Vielleicht haben Sie schon daran gedacht. Man postuliert einfach, dass es *sowohl* Wellen *als auch* Teilchen gibt. Was entsteht und festgestellt wird, was gezählt wird, ist ein Teilchen. Unterdessen fließt eine Welle durch das Experiment. Die Welle *führt* das Teilchen. Das Ergebnis dieser Führung besteht darin, dass das Teilchen sich dorthin bewegt, wo die Welle hoch ist.

Vor die Wahl gestellt, auf welchem Weg sie um ein Hindernis herumgehen soll, wie beispielsweise im Doppelspaltexperiment, geht die Welle auf beiden Seiten um das Hindernis. Das Teilchen geht durch nur einen Spalt um nur eine Seite herum, aber die Richtung, in die es sich bewegt, sobald es durch den Spalt durch ist, wird von der Welle geführt und zeigt den Einfluss beider Pfade.

Diese naheliegende Lösung der Herausforderung durch die Welle-Teilchen-Dualität wurde von Louis de Broglie erdacht. Er arbeitete sie im Einzelnen aus und nannte sie die *Führungswellentheorie*. De Broglie präsentierte seine Theorie auf einer berühmten Tagung, die 1927 in Brüssel veranstaltet wurde. Sie wurde als Fünfte Solvay-Konferenz nach ihrem Förderer genannt und bot Vorträge von den meisten der Revolutionäre der neuen Quantenphysik dar.

Der Kern der Führungswellentheorie war de Broglies Idee, dass das Elektron in Wirklichkeit zwei Entitäten ist, von denen die eine teilchenartig und die andere wellenartig sein sollte. Das Teilchen ist immer an einem bestimmten Ort lokalisiert und folgt immer einem bestimmten Pfad. Unterdessen fließt die Welle durch den Raum und nimmt gleichzeitig alle möglichen Pfade oder Wege durch das Experiment. Die Welle lenkt dann das Teilchen in eine bestimmte Richtung und diese Führung beruht auf Bedingungen entlang aller Pfade. Auch wenn das Teilchen den einen oder anderen Weg nehmen muss, wird der Weg, den es tatsächlich nimmt, von der Welle beeinflusst, die durch alle Wege hindurchfließt.

Dieser Einfluss einer Welle auf ein Teilchen ist das Neue, das für einen Großteil dessen verantwortlich ist, was in der Quantenwelt als sonderbar erscheint. Es gibt zwei Gesetze, eines für die

Welle und eines für das Teilchen. Das Wellengesetz ist relativ vertraut; es unterscheidet sich nicht so sehr von den Gesetzen, die die Physiker verwenden, um Schall- oder Lichtwellen zu beschreiben. Die Wellen breiten sich aus, und während sie wandern, werden sie gebeugt und interferieren miteinander. Wie Wasser und der Schall fließen diese Quantenwellen durch jeden Kanal hindurch, der ihnen offensteht. Und wenn Wellen, die verschiedene Kanäle durchfließen, sich treffen, interferieren sie miteinander.

Die fragliche Welle wird als Wellenfunktion bezeichnet. Sie breitet sich in Übereinstimmung mit der einfachen Gleichung aus, die Schrödinger während seines romantischen Skiwochenendes erfand. Das ist Regel 1, und sie ist die Schlüsselgleichung in jedem Ansatz der Quantenphysik.

In diesem Begriffsrahmen gibt es keine Regel 2. Aber es gibt ein neues Gesetz, das das Teilchen lenkt, um der Welle zu folgen, das als Führungsgleichung bezeichnet wird. Das System, das durch die Wellenfunktion zusammen mit dem Teilchen definiert wird, entwickelt sich deterministisch, was nahelegt, dass es vollständig ist.

In anderen Ansätzen zur Quantenmechanik wird einfach postuliert, dass das Teilchen dort festgestellt werden wird, wo die Welle hoch ist. Genauer gesagt, ist die Wahrscheinlichkeit, das Teilchen an einem bestimmten Ort zu finden, proportional zum Quadrat der Wellenfunktion an diesem Ort. Dies haben wir vorhin als Born'sche Regel bezeichnet.

In der Führungswellentheorie ist es ebenfalls so, dass das Teilchen wahrscheinlicher dort zu finden ist, wo die Welle hoch ist. Aber das wird nicht postuliert. Vielmehr stellt es sich als eine Folge des Gesetzes heraus, dass das Teilchen dazu treibt, der Welle zu folgen.

Setzen Sie einen Ball auf einen Berghang und beobachten Sie, wie er von dort hinabrollt. Sie können beobachten, dass der Ball dazu neigt, den steilsten Pfad nach unten zu verfolgen. Das wird als das Gesetz des steilsten Abstiegs bezeichnet. Grob gesagt, leistet de Broglies Führungsgleichung das Gegenteil und führt das Teilchen auf dem steilsten Pfad, um die Wellenfunktion hochzuklettern.* Wir können es das Gesetz des steilsten Aufstiegs nennen. Eine Bergsteigerin, die dieses Gesetz befolgt, würde in jedem Augenblick ihres Aufstiegs in der Richtung der steilsten Neigung des Bergs gehen.

De Broglie konnte beweisen, dass das Wahrscheinlichkeitsgesetz, das von Max Born postuliert wurde, eine Folge davon ist, dass das Teilchen dem steilsten Aufstieg folgt. Um diesen wichtigen Punkt zu veranschaulichen, stellen Sie sich vor, dass sie einen Haufen Teilchen an einem Berghang hinabwerfen, der die Wellenfunktion repräsentiert. Wohin auch immer Sie sie werfen, werden die Teilchen sich schnell so anordnen, dass sie mit größerer Wahrscheinlichkeit dort zu finden sind, wo das Quadrat der Wellenfunktion am größten ist, wodurch das Born'sche Gesetz reproduziert wird.

Die Theorie der Führungswelle sagt alles voraus, was die Quantenmechanik voraussagt, aber sie erklärt noch viel mehr. Die rätselhafte Art und Weise, wie das Ensemble das Individuum zu beeinflussen scheint, wird aufgeklärt und unmittelbar erklärt als Einfluss der Welle auf das Teilchen. Beide sind wirklich, und beide existieren für jedes einzelne Atom. Alles, was an der Quantenmechanik rätselhaft und verwirrend war, erweist sich als eine Folge davon, dass diese Theorie die Hälfte von jeder Geschichte ausgelassen hat.

Dem zum Trotz, was Bohr und Heisenberg sagen, hat das Elektron immer eine bestimmte Position und folgt einer bestimmten Bahn, die vollkommen vorhersagbar ist, wenn man das richtige Gesetz kennt. Man braucht keinen Operationalismus, und es hat

---

* Ich vereinfache hier etwas allzu sehr. Das Teilchen folgt einem Teil der Wellenfunktion, der als ihre Phase bezeichnet wird.

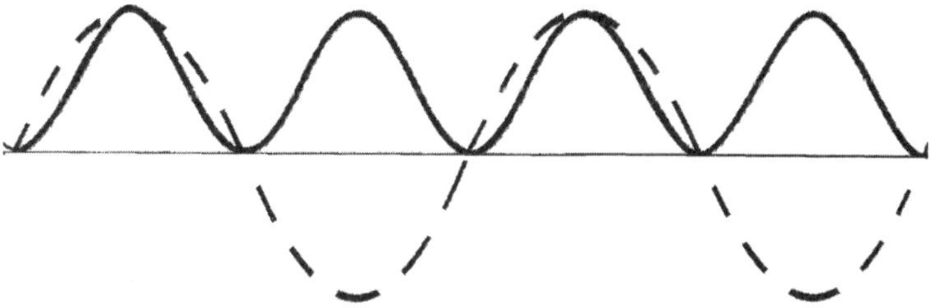

Abbildung 8: Die Quadrierung der Wellenfunktion. Die gestrichelte Linie bezeichnet eine Welle, die entlang der waagrechten Linie nach rechts wandert. Man beachte, dass sie ebensoviel Zeit bei negativen Werten wie bei positiven Werten verbringt. Die durchgezogene Linie ist das Quadrat der Welle, das immer über Null liegt.

keinen Sinn, Zeit mit dem Versuch zu vergeuden, Bohrs dunklen Äußerungen über Komplementarität einen Sinn abzugewinnen. Wellen und Teilchen widersprechen einander nicht; stattdessen sind beide immer vorhanden und erklären die Atomphysik gemeinsam. Was existiert, existiert einfach.

Es gibt eine alternative Geschichte, derzufolge alle intelligenten, ehrgeizigen Studenten in den 1930er-Jahren nach Paris strömten, um de Broglie zu folgen, und Lehrbücher zur Führungswellentheorie schrieben, während Bohr zu einer Fußnote wurde, herabgesetzt aufgrund der Dunkelheit seiner unnötigen Philosophie. Leider sollte es nicht so kommen. Aber warum die verwickelte Philosophie der Komplementarität triumphierte, während Broglies Führungswellentheorie zur vergessenen Fußnote wurde, das ist eine Frage, die erwogen werden sollte.

Die Führungswellentheorie überschneidet sich mit der Quantenmechanik, aber sie unterscheidet sich an mehreren Stellen auch von ihr. Regel 1 ist der Quantenmechanik und der Führungswellentheorie gemeinsam. Aber die Führungswellentheorie unterscheidet sich von der Quantenmechanik darin, dass sie keine Regel 2 aufweist. Stattdessen gib es ein Gesetz zur Lenkung des Teilchens. Die Gesetze der Führungswellentheorie sind deterministisch.

Ohne Regel 2 kollabiert der Quantenzustand nach der Führungswellentheorie nie. Das führt zu einigen sonderbaren Konsequenzen, für deren Anerkennung ihre Anhänger eine Zeit lang brauchten und zu denen wir im nächsten Kapitel zurückkehren werden.

Auf der Solvay-Konferenz folgten den Vorträgen Diskussionen, und diese wurden transkribiert und gemeinsam mit den Vorträgen in einem Buch veröffentlicht. Es gibt nicht viele Anhaltspunkte dafür, dass de Broglies Präsentation die Meinungen änderte, obgleich sie diskutiert wurde. Eine Person, die sie verstanden hatte und kommentierte, war Einstein. Obwohl er es in der transkribierten Diskussion nicht sagt, hatte Einstein selbst an die Idee der Führungswelle gedacht. Im Mai 1927 hielt Einstein einen Vortrag an der Preußischen Akademie der Wissenschaften, in dem er eine ziemlich komplizierte Version der Führungswellenidee vorstellte. Er erörterte die Idee in Korrespondenz mit Heisenberg und anderen und reichte einen Aufsatz, der auf dem Vortrag basierte, zur Veröffentlichung ein. Aber kurz bevor er erscheinen sollte, zog Einstein seinen Aufsatz zurück.* Anscheinend war ihm klar geworden, dass seine Version der Führungswellentheorie mehrere Schwierigkeiten aufwies, von denen einige die Theorie daran hinderten, alle Vorhersagen der Quantenmechanik zu reproduzieren. Soweit man weiß, erwähnte er sie nie wieder.

Einstein sollte einen Vortrag auf der Solvay-Konferenz halten, wahrscheinlich über diesen Aufsatz. In letzter Minute trat er von diesem Vortrag zurück und schrieb an den Veranstalter der Konferenz: »Ich habe die ganze Zeit gehofft, in der Lage zu sein, in Brüssel etwas beizutragen, das einen Wert hat; diese Hoffnung

* Antony Valentini hat mir bei einer Rede auf meiner Hochzeit eine Kopie von diesem Aufsatz Einsteins gegeben, die ich prompt verloren habe.

habe ich jetzt aufgegeben. […] Ich habe dies nicht leicht genommen, sondern mich mit all meiner Kraft bemüht.«[12]

Dennoch nahm Einstein an der Konferenz teil und natürlich trug er zu den Diskussionen bei, die über die neue Quantentheorie stattfanden. Darunter waren die ersten Gespräche zwischen ihm und Bohr, in denen Einstein versuchte, Unstimmigkeiten in der neuen Quantenmechanik zu finden. Diese intensiven Gespräche waren informell und wurden leider nicht transkribiert. Aber viel später veröffentlichte Bohr seine Erinnerungen an diese Gespräche in einem Aufsatz, der sowohl einer der fesselndsten Texte in der Geschichte der Physik als auch ein Meisterwerk wissenschaftlicher Propaganda ist.

Während der Mahlzeiten und Pausen der Konferenz legte Einstein Bohr mehrere Argumente dafür vor, weshalb die Quantenmechanik inkonsistent ist. Er postulierte, dass man zusätzliche Variablen bräuchte, die in der quantenmechanischen Beschreibung verborgen sind, um zu einer vollständigen Beschreibung zu kommen. Bohr erwähnt nicht, dass Broglie genau das mit seiner Führungswellentheorie erreicht hatte. Im Gegenteil, Bohrs Erzählung zufolge konnte er nach einer schlaflosen Nacht Einsteins Einwand widerlegen, wodurch seine Ansicht über die Konsistenz und sogar die Unvermeidlichkeit der Komplementarität unverändert blieb.

Während der Diskussion über de Broglies Vortrag reagierte Einstein positiv. Nachdem er einen Einwand gegen die Kopenhagener Deutung beschrieben hatte, sagte er: »Meiner Meinung nach lässt sich dieser Einwand nur folgendermaßen beheben, nämlich dass man diesen Prozess nicht nur durch die Schrödinger'sche Welle beschreibt, sondern dass man das Teilchen gleichzeitig während der Ausbreitung lokalisiert. Ich meine, dass Herr de Broglie Recht hat, in dieser Richtung zu forschen.«[13]

Nur wenige Quantenphysiker erwähnten de Broglies Theorie in den Jahren nach ihrer Präsentation im Jahr 1927. Obwohl de Broglie zu Recht für seine Einsicht bewundert wurde, die Welle-Teilchen-Dualität auf die Materie auszudehnen, und obwohl er die Führungswellentheorie auf der wichtigsten Konferenz über Quantenphysik präsentiert hatte, mit einer Zuhörerschaft, die nahezu jeden einschloss, der in der Atomphysik eine Rolle spielte, war es so, als ob de Broglie seine Theorie nie veröffentlicht oder präsentiert hätte. Soweit ich weiß, wurde sie jahrzehntelang in keinen Lehrbüchern erwähnt. Es ist nicht so, dass es Kopenhagener Lehrbücher und Führungswellen-Lehrbücher gab. Es gab nur Kopenhagener Lehrbücher. Diese ignorierten entweder die Grundlagenprobleme der Theorie oder präsentierten die zuversichtliche Behauptung, dass alle sinnvollen Fragen bereits von Bohr und Heisenberg beantwortet worden waren.

Ein wichtiger Grund für den Triumph des Antirealismus bestand darin, dass der Mathematiker John von Neumann einen Beweis veröffentlichte, der seiner Behauptung nach zeigte, dass es keine konsistente Alternative zur Quantenmechanik geben konnte. Der Beweis wurde einige Jahre nach der Solvay-Konferenz in einem Buch über die mathematische Struktur der Quantenmechanik veröffentlicht. Diese Behauptung musste falsch sein, da sie implizierte, dass de Broglies Führungswellentheorie inkonsistent sein musste, was nicht der Fall war. Man hätte denken können, dass jemand diesen Umstand erwähnen würde.

Von Neumanns fehlerhafter Beweis scheint einer jener Fälle gewesen zu sein, die in der Wissenschaftsgeschichte viel zu oft geschehen, nämlich dass ein Ergebnis ebenso einflussreich wie falsch ist. Von Neumann hatte einen Respekt einflößenden Ruf, und angesichts seines Theorems brach der Widerstand gegen die Ansicht zusammen, dass die Quantenmechanik die vollständigste Theorie sei, die überhaupt möglich ist. Insbesondere kapitulierte de Broglie selbst gegenüber der vereinten Kritik von von Neumann und anderen Theoretikern, einschließlich Wolfgang Pauli.

Es stimmt nicht ganz, dass niemand bemerkte, dass von Neumanns Theorem einen Fehler enthielt. Eine junge Mathematikerin namens Grete Hermann interessierte sich für die Quantenmechanik und wurde natürlich davon angelockt, von Neumanns Buch zu studieren. Als eigenständige gute Mathematikerin war Hermann Doktorandin von Emmy Noether*, und unter ihren Leistungen gibt es mehrere Ergebnisse, die die moderne Erforschung von Algorithmen in der Informatik vorwegnahmen. Sie hatte auch ein lebhaftes Interesse an der Philosophie und sorgte sich um die Implikationen der Quantenmechanik für die neukantianische Philosophie, die damals in der deutschsprachigen akademischen Welt populär war.

Grete Hermann bemerkte rasch einen Fehler im Beweis des Theorems über die Unmöglichkeit verborgener Variablen in von Neumanns Buch. Eine der Annahmen des Theorems war bereits äquivalent zur Grundstruktur der Quantenmechanik. Daher bewies das Theorem nur, dass jede Theorie, die äquivalent zur Quantenmechanik ist, sich als äquivalent zur Quantenmechanik erweisen würde.

Sehr bedauerlicherweise hatte der Aufsatz, den sie schrieb und der den Fehler in von Neumanns Beweis aufdeckte, keinerlei Wirkung.[14] Ein Teilgrund dafür war wahrscheinlich, dass sie ihn in einer obskuren Zeitschrift veröffentlichte, aber der Gedanke lässt sich kaum vermeiden, dass sie aufgrund ihres Geschlechts nicht so ernst genommen wurde, wie es möglich gewesen wäre, sowie aufgrund der Tatsache, dass ihr Aufsatz eines der Hauptargumente durchbohrte, die zum Nachweis der Unausweichlichkeit der Quantenmechanik verwendet wurden.

Zwei lange Jahrzehnte dauerte es, bis jemand anderer bemerkte,

* Noether gehört zu den größten Mathematikern des 20. Jahrhunderts; unter ihren vielen Entdeckungen gab es ein bahnbrechendes Theorem über die Symmetrie in der Physik, zu dem wir noch kommen werden.

dass von Neumanns Beweis falsch sein musste, weil er nicht mit der offenbaren Existenz der Führungswellentheorie übereinstimmte. Das war David Bohm, der die Hauptfigur des nächsten Kapitels sein wird. Zehn Jahre später kreiste John Bell den Fehler als eine fälschliche Annahme ein. Er formulierte es folgendermaßen:

> Wenn man wirklich mit ihm zurechtkommt, fällt von Neumanns Beweis in den eigenen Händen auseinander! Es ist *nichts* an ihm dran. Er ist nicht nur fehlerhaft, sondern *albern*. [...] Wenn man [seine Annahmen] in Begriffe einer physikalischen Anordnung übersetzt, sind sie Unsinn. Man kann mich hierbei zitieren: Von Neumans Beweis ist nicht nur falsch, sondern *töricht*![15]

In einer luziden Übersicht über verschiedene Unmöglichkeitstheoreme bedauerte David Mermin die »vielen Generationen von Graduiertenstudenten, die vielleicht versucht waren, Theorien mit verborgenen Variablen zu konstruieren, und [die] durch die Behauptung zur Unterwürfigkeit geprügelt wurden, dass von Neumann [...] bewiesen hatte, dass das nicht möglich war«.[16]

Wenn wir von unserem gegenwärtigen Blickwinkel aus, wo mehrere konkurrierende Ansichten zur Interpretation der Quantenmechanik florieren, zurückblicken, fällt es schwer, den Geisteszustand der ersten Generationen von Quantenphysikern einzuschätzen. Trotz der anhaltenden und starken Einwände von Einstein, de Broglie und Schrödinger, die mindestens das erste Vierteljahrhundert nach der Erfindung der Quantenmechanik im Jahr 1925 andauerten, dominierte die antirealistische Philosophie, die von Bohr angestoßen wurde, alle Erörterungen der Quantentheorie.

Wenn jemand die Möglichkeit einer realistischen Version der Quantenmechanik zur Sprache brachte, war die Antwort in all diesen Jahren, wie man mir sagte, eine gute Portion Kopenhagener Jargon, dem, wenn man beharrte, noch hinzugesetzt wurde »von Neumann hat bewiesen, dass es keine Alternative gibt«. Man kann sich vorstellen, dass die Sache zumindest ein wenig anders verlaufen wäre, wenn Grete Hermanns Aufsatz, der gezeigt hatte, dass von Neumanns Beweis nichts erreicht hatte, bekannt gewesen wäre. Aber er war es einfach nicht.

Acht

Bohm: Der Realismus macht noch einen Versuch

Im Jahr 1952 löste David Bohm das größte aller Probleme der Quantenmechanik, das darin besteht, eine Erklärung der Quantenmechanik zu liefern. […] Leider wird diese Erklärung weithin unterschätzt. Sie erreicht etwas, das häufig (vor und auch nach 1952) als unmöglich behauptet wurde: die Regeln der Quantenmechanik durch ein kohärentes Bild der mikroskopischen Wirklichkeit zu erklären.

– *Roderich Tumulka*

Bis 1930 hatte de Broglie aufgegeben. Von da an dominierte die antirealistische Kopenhagener Deutung die Lehre und Anwendung der Quantenmechanik sowie die meisten Diskussionen der Implikationen der neuen Theorie. Die einzigen bedeutenden Ausnahmen waren Einstein und Schrödinger, die die Kopenhagener Schule weiterhin herausforderten und auf der Notwendigkeit einer realistischen Formulierung der Quantentheorie beharrten. Aber ihre Einwände zeigten wenig Wirkung.

Das war die Situation in den frühen 1950er-Jahren, als der junge amerikanische Theoretiker David Bohm sich daranmachte, ein Lehrbuch über die Quantenmechanik zu schreiben. Bohm war ein interessanter Charakter, der für ein interessantes Leben ausersehen war. Zu jenem Zeitpunkt war er Assistenzprofessor für Physik an der Princeton University, spezialisiert auf Plasmaphysik. Er war von Berkeley nach Princeton gekommen. In Berkeley war er Schüler von J. Robert Oppenheimer. Wie viele Leute im Umkreis um Oppenheimer sympathisierte er mit dem Kommunismus und war kurzzeitig vor dem Krieg Mitglied der kommunistischen Partei. Infolgedessen hatte die US-Armee Oppenheimers Gesuch abgelehnt, Bohm an der Arbeit an der Atombombe in Los Alamos zu beteiligen.

Es gibt keinerlei Belege dafür, dass Bohm je ein Spion oder sowjetischer Agent war, aber wie andere integere Leute machte er seine Rechte nach dem fünften Verfassungszusatz geltend und vermied es auf diese Weise, andere zu denunzieren, als er 1950 vorgeladen wurde, vor dem House Un-American Activities Committee (Komitee für unamerikanische Umtriebe) als Zeuge auszusagen. Er wurde verhaftet und der Verachtung des Kongresses beschuldigt, aber freigesprochen. Zur Schande Princetons suspendierte die Universität seine Anstellung an der Fakultät und lehnte dann die Erneuerung der Stelle ab.

Einstein schlug vor, ihn an das Institute for Advanced Study zu berufen, war jedoch außerstande, den Widerstand von dessen Verwaltung zu überwinden. Genau zu diesem Zeitpunkt, als Bohm arbeitslos war und in den Vereinigten Staaten wahrscheinlich keine Anstellung finden konnte, wurde sein Lehrbuch mit großem Lob veröffentlicht.

An Lehrbüchern, die über die Quantenmechanik veröffentlicht wurden, gab es seit dem ersten von Paul Dirac, einem der Erfinder der Theorie, das in den 1930er-Jahren erschien, keinen Mangel. Bohms Lehrbuch ist eines der besten. Und trotz anhaltender Zweifel, die sich über viele Jahre hinzogen, hielt er sich eng an die Kopenhagener Orthodoxie, wenn er Fragen der Interpretation erörterte. Ein Abschnitt seines Buchs trug den Titel

»Beweis, dass die Quantentheorie mit verborgenen Variablen inkonsistent ist«. Ein anderer bezog sich auf die »Unwahrscheinlichkeit völlig deterministischer Gesetze auf einer tieferen Ebene«.

Einstein ließ ihn kommen. Er brachte seine Bewunderung für die Klarsichtigkeit von Bohms Verteidigung der Kopenhagener Auffassung zum Ausdruck, aber bat um eine Gelegenheit, um seinen Standpunkt zu erklären und vielleicht Bohms Ansicht zu ändern.

Es scheint, dass Einstein Erfolg hatte. Nach dem Gespräch mit Einstein begann Bohm, darüber nachzudenken, ob es eine tiefere Theorie geben könnte, die realistisch und deterministisch ist. Vielleicht war es der Reiz des Realismus für einen marxistischen Materialisten; vielleicht war es die Klarheit von Einsteins Denken. Doch es dauerte nicht lange, bis Bohm eine realistische Vervollständigung der Quantenmechanik erfand. Im Grunde erfand er de Broglies vergessene Führungswellentheorie neu.

Man sollte erwähnen, dass es einen Unterschied zwischen de Broglies und Bohms Theorie gibt, insofern Bohm ein anderes Gesetz für die Führungsgleichung wählte, dem zufolge die Welle das Teilchen lenkt. Wie ich weiter oben erklärt habe, lässt de Broglies Führungsgleichung das Teilchen den Pfad des steilsten Aufstiegs bei der Wellenfunktion nehmen. Dadurch wird die Geschwindigkeit und Bewegungsrichtung des Teilchens festgelegt.

Nach Bohms Theorie ist das Gesetz, das das Teilchen lenkt, eine Variante von Newtons Bewegungsgesetz: Es beschreibt, wie ein Teilchen als Reaktion auf eine Kraft beschleunigt. Neu ist, dass es eine Kraft gibt, die das Teilchen lenkt, sich dorthin zu bewegen, wo die Wellenfunktion am größten ist. Zusätzlich muss Bohm noch eine weitere Bedingung annehmen, nämlich dass zum Anfangszeitpunkt die Geschwindigkeitsvektoren der Teilchen diejenigen sind, die von de Broglies Führungsgleichung angegeben werden.

Abgesehen von diesem Unterschied sind de Broglies und Bohms Theorien verschiedene Varianten derselben Idee, nämlich dass sowohl die Wellenfunktion als auch die Teilchen wirklich sind, wobei die Wellen die Teilchen führen. So, wie sie ursprünglich präsentiert wurden, sind sie insofern äquivalent, als sie dieselben Bahnen für die Teilchen vorhersagen. Infolgedessen sagen beide Theorien voraus, dass, wenn ein Teilchenensemble nach der Born'schen Regel verteilt beginnt, diese Regel auch weiterhin erfüllt sein wird, wenn die Wellenfunktion sich ändert und sich die Teilchen bewegen.

Es dauerte nicht lange, bis Bohm zwei Aufsätze schrieb, die seine neue Theorie darstellten.[17] Er reichte sie bei der angesehensten Zeitschrift zu jener Zeit ein, beim *Physical Review*. Außerdem schickte er Entwürfe an mehrere Personen, unter anderem an de Broglie, der schnell einen kurzen Aufsatz veröffentlichte, in dem er erklärte, warum Bohms Theorie, ebenso wie sein eigener früherer Vorschlag, falsch war.

Bohm fügte seinem Manuskript einen sehr interessanten Satz hinzu: »Nachdem dieser Aufsatz fertiggestellt war, wurde die Aufmerksamkeit des Autors auf ähnliche Vorschläge zu einer alternativen Interpretation der Quantentheorie gelenkt, die von de Broglie im Jahr 1926 gemacht, aber später von ihm aufgegeben wurden.«

Dieser Satz behauptet sicherlich, dass er de Broglies Führungswellentheorie nicht kannte, als er seine eigene Version entwickelte. Das ist an sich etwas schockierend vor dem Hintergrund, dass de Broglie ein weltberühmter Nobelpreisträger war, der allgemein für den Vorschlag anerkannt wurde, dass Elektronen und andere Teilchen wellenförmig sind. Aber so ist es.

Außerdem widmete Bohm einen Abschnitt seines zweiten Aufsatzes der Erklärung, warum von Neumanns Theorem nicht auf die Theorie anwendbar ist, die er vorschlägt.

Bohms erster Aufsatz über die Führungswellentheorie erschien im Januar 1952. Zu diesem Zeitpunkt hatte er bereits eine Professur in São Paulo, Brasilien, angenommen. In dieser weiten Ferne, einsam und krank vom ungewohnten Essen, wartete er, während die Reaktionen auf seine revolutionären Aufsätze mit der Post eintrafen.

Eine Person, von der Bohm sich möglicherweise Unterstützung erhofft hatte, war Einstein. Der große Gelehrte hatte schließlich die Führungswellentheorie gelobt, als sie erstmals von de Broglie präsentiert wurde. Aber anscheinend hatte Einstein bis zu der Zeit, als Bohm seine Aufsätze veröffentlichte, nämlich fünfundzwanzig Jahre später, seine Meinung geändert.

Einstein beschrieb seine Reaktion in einem Brief an Max Born: »Hast Du gesehen, daß der Bohm (wie übrigens vor 25 Jahren schon de Broglie) glaubt, daß er die Quantentheorie deterministisch umdeuten kann?«[18] Er setzte hinzu: »Der Weg scheint mir zu billig.« Es ist ein »physikalisches Märchen für Kinder, das Bohm und de Broglie irregeführt hat«.[19]

Einstein führte seinen Gedanken in einem Aufsatz zu Ehren von Born weiter aus und erhob einen Einwand. Bohms Theorie sagt die Bewegung des Teilchens voraus, und eine Folge davon ist, dass das Elektron in einem stationären Zustand des Atoms dieser Vorhersage zufolge einfach stillsteht. Einstein erläuterte: »Das Verschwinden der Geschwindigkeit widerspricht nämlich der wohlbegründeten Forderung, daß im Falle eines Makro-Systems die Bewegung mit der aus der klassischen Mechanik folgenden Bewegung angenähert übereinstimmen sollte.«[20] Aber das ist nicht der Fall, weil das Elektron nach der klassischen Mechanik den Kern umkreisen und nicht einfach stillstehen sollte.

Es hätte sofort offenkundig gewesen sein sollen, dass Einsteins Einwand falsch ist, weil Atome keine »Makrosysteme« sind. Aber dennoch deutet Einsteins Einwand darauf hin, wie anders die Teilchen der Führungswellentheorie gegenüber denen der Newton'schen Physik sind. Wie ich schon betont habe, hatte de Broglie von Anfang an verstanden, dass seine Teilchen sich so bewegen würden, dass sie dabei Grundprinzipien der Newton'schen Physik verletzten, wie beispielsweise das Trägheitsprinzip und die Impulserhaltung. Das war notwendig, wenn Lichtquanten ihre Bahnen krümmen konnten, um um Hindernisse herumgebeugt zu werden. De Broglies und Bohms Führungsgleichungen hatten Bahnen zum Ergebnis, die sich zwar beugten und brachen, aber dafür gab es einen Preis, nämlich die augenscheinliche Verletzung von Grundprinzipien. Teilchen, die in einem Atom einfach stillstanden und nicht zu kreisen brauchten, um nicht in den Kern zu stürzen, widersprachen diesen Prinzipien ebenfalls. Es hatte den Anschein, dass der Preis für Einstein zu hoch war.

Einsteins Abneigung gegen die Führungswellentheorie hinderte ihn nicht daran, mitfühlend zu schreiben, als er über einen gemeinsamen Freund davon hörte, dass es Bohm »großen Kummer bereitete, zugleich ausgeschlossen und eingesperrt zu sein. Was mich am stärksten beeindruckte, war die Instabilität Ihres Bauches, etwas, im Hinblick worauf ich selbst einschlägige Erfahrungen habe.«[21]

Tatsächlich waren die anderen Reaktionen, die Bohm erhielt oder von denen er hörte, nicht dazu angetan, seine Verdauung zu befördern.

Heisenberg antwortete, dass aus seiner operationalen Perspektive die Teilchenbahnen in Bohms Theorie einen »irrelevanten Überbau« darstellten. Für jede vorgeschlagene Alternative zur Quantenmechanik gab es zwei mögliche Schicksale. Entweder die neue Theorie machte Vorhersagen, die mit denen der Quantenmechanik nicht übereinstimmten, dann war sie höchstwahrscheinlich falsch, oder sie sagte dieselben Phänomene voraus, dann hatte sie der Physik nichts Neues zu bieten. Er schrieb, dass »Bohms Interpretation sich nicht experimentell widerlegen lässt. [...] Vom grundlegend ›positivistischen‹ (vielleicht wäre es besser zu sagen, ›rein physikalischen‹) Standpunkt aus haben wir es daher nicht mit Gegenvorschlägen gegen die Kopenhagener

Deutung zu tun, sondern mit ihrer genauen Wiederholung in einer anderen Sprache.«[22]

Pauli äußerte eine ähnliche Kritik, räumte jedoch nach weiterer Untersuchung ein: »Ich sehe keine Möglichkeit mehr für irgendeinen logischen Widerspruch, solange Ihre Ergebnisse mit denen der üblichen Wellenmechanik übereinstimmen und solange kein Mittel vorliegt, um die Werte Ihrer verborgenen Parameter zu messen.«[23]

Tatsächlich gibt es Umstände, in denen die Vorhersagen der Führungswellentheorie von denen der Quantenmechanik abweichen, aber es dauerte eine Weile, bis das klar wurde. Auf diesen Punkt werden wir gleich zurückkommen.

Nicht jeder war so freundlich. Nachdem er nach Princeton zurückgekehrt war, lehnte Robert Oppenheimer es ab, Bohms Aufsätze zu lesen, und bezeichnete sie als Zeitverschwendung. Aber das hielt ihn nicht davon ab zu verkünden, dass Bohms Arbeit »jugendliches Abweichlertum« sei.[24] Klingt das nicht genau wie die Sprache, die ein Marxist zur Verteufelung eines anderen verwenden würde? Oppenheimers letztes Wort zu dem Thema war: »Wenn wir Bohm nicht widerlegen können, dann müssen wir ihn gemeinsam ignorieren.«[25]

Der Mathematiker John Nash, der jetzt für sein Gleichgewichtstheorem in der Ökonomie berühmt ist, schrieb an Oppenheimer, um sich über die dogmatischen Einstellungen zu beklagen, die er unter den Physikern von Princeton feststellte, die jeden, der »irgendeine Art von kritischer Einstellung oder einen Glauben an ›verborgene Parameter‹ zum Ausdruck bringt […] als eine dumme oder bestenfalls ganz unwissende Person« behandelten. Trotzdem stellte er sich auf die Seite der anderen Verlierer, weil er eingestand: »Ich möchte ein anderes und befriedigenderes zugrundeliegendes Bild einer nicht beobachtbaren Wirklichkeit finden.«[26]

Die vollständige Ablehnung seiner bahnbrechenden Arbeit durch Oppenheimer, der für Bohm sowohl ein Mentor als auch eine Vaterfigur gewesen war, musste tiefen Schmerz hinterlassen haben. Bohm war zweifach aus Princeton verbannt, das damals das Zentrum der amerikanischen Physik war, einmal wegen seines Aufbegehrens gegen die Kopenhagener Philosophie und zum anderen wegen seiner gleichzeitigen Weigerung, vor der McCarthy'schen Hexenjagd zu kapitulieren. Bohm war isoliert und fühlte sich wahrscheinlich wie am Ende der Welt.

Bohms Freunde und sein Biograf geben zu verstehen, dass Oppenheimer Gründe hatte, sich von einem vermeintlich »Roten« zu distanzieren, da er selbst in Gefahr war und im Begriff stand, in dieselbe Hexenjagd verstrickt zu werden. Aber selbst abgesehen davon, wäre es naiv zu glauben, dass Bohm – hätten sich seine politische Katastrophe und sein Exil nicht ereignet und wäre er in Princeton geblieben – mehr Erfolg damit gehabt hätte, Interesse an seinem Umsturz der Kopenhagener Ideologie zu wecken.

Jedenfalls schien die Reaktion aus Kopenhagen ebenfalls ablehnend zu sein. Es gibt einen Bericht von dem Philosophen Paul Feyerabend, der damals in Kopenhagen zu Besuch war, dass Bohr zumindest einen Moment lang von Bohms Aufsätzen »verblüfft« war. Aber wenn er verblüfft war, dann reichte das doch nicht aus, es in seinen eigenen Schriften zu erwähnen, geschweige denn, die Feder zur Hand zu nehmen und Bohm direkt zu antworten. Stattdessen erhielt Bohm einen Brief von einem Schützling Bohrs namens Léon Rosenfeld.

Folgendes ist eine Probe des Kopenhagener Jargons aus diesem Brief:

> Ich werde gewiss nicht mit Ihnen oder irgendjemand anderem in irgendeine Kontroverse zum Thema der Komplementarität eintreten, und zwar aus dem einfachen Grund, dass es nicht den geringsten kontroversen Punkt in Bezug darauf gibt. […] Ihre Vermutung, dass wir uns in die Komplementarität durch eine Art von magischer Beschwörung hineinreden, ist gänzlich unwahr.

> Ich neige zu der Erwiderung, dass ich nur unter Ihren Pariser Bewunderern manche beunruhigende Anzeichen für eine primitive Denkart wahrnehme.
>
> Die Schwierigkeit des Zugangs zur Komplementarität, von der Sie sprechen, ist das Ergebnis der wesentlich metaphysischen Geisteshaltung, die den meisten Menschen von ihrer Kindheit an durch den herrschenden Einfluss der Religion oder einer idealistischen Philosophie auf die Bildung eingeimpft wurde. Die Abhilfe für diese Lage besteht gewiss nicht darin, das Thema zu vermeiden, sondern diese Metaphysik abzustreifen und zu lernen, die Dinge dialektisch zu betrachten.[27]

Als er dies in seiner Wohnung in São Paulo las, muss sich David Bohm weit weg von zu Hause, von Pennsylvania, gefühlt haben.

Trotz seiner Enttäuschungen war Bohm während seines Aufenthalts in Brasilien produktiv. Er leistete weiterhin Beiträge zur Plasmaphysik, während er sich auf seine neue Quantentheorie konzentrierte, und er begann, mit Jean-Pierre Vigier zusammenzuarbeiten, einem Schüler und Kollegen von de Broglie. Aber in Brasilien war er nicht glücklich, und 1955 zog er ans Technion in Israel um, dann einige Jahre später nach England. Nach einem Aufenthalt in Bristol beendete er seine Odyssee am Birkbeck College der University of London, wo er für die restliche Zeit seines Lebens bleiben sollte.

In London mäßigte Bohm seine Sympathien für den Kommunismus: Wie viele, die der Sowjetunion einen Vertrauensvorschuss gegeben hatten, war er schockiert, als das Auftauen der Sowjetmacht unter Nikita Chruschtschow zu der Bestätigung führte, dass der stalinistische Gulag tatsächlich ganz genauso mörderisch war, wie darüber berichtet worden war. Bohms Sehnsucht nach einem Weg zur Vervollkommnung der Menschen richtete sich dann auf den Mystizismus, und nach einem kurzen Eintauchen in die Lehren des Mystikers Gurdjieff geriet er unter den Einfluss des indischen Gurus Krishnamurti.

Unterdessen setzte Bohm seine unablässige Suche nach einer tieferen Sichtweise auf die Natur fort, die ihn über die Quantentheorie hinaustragen sollte. Dies führte ihn zur Entwicklung eines höchst originellen Gedankengangs, der offen spekulativ und philosophisch war und sich sowohl mit seiner Physik verknüpfte als auch darüber hinausging. Er schrieb mehrere Bücher, durch die er ein neues Publikum aus Künstlern, Philosophen und Suchenden erreichte, während seine Dialoge mit Krishnamurti in der weiteren Welt sehr populär wurden.

Obwohl seine späteren Arbeiten keine Bedeutung für die Beurteilung der Wichtigkeit seiner Arbeit zur Führungswellentheorie haben, habe ich den Eindruck, dass es unverantwortlich und feige wäre, keinen Versuch einer Zusammenfassung der Lebensarbeit dieses komplexen und widersprüchlichen Weisen zu machen. Für seine Suche nach Transzendenz – zuerst durch die marxistische Vision einer neuen Psychologie des Menschen, die aus dem Traum einer gerechten und gleichen Gesellschaft hervorgeht, und dann, als diese Fantasievorstellung sich als grausame Illusion erwies, durch seine Arbeit mit Mystikern – fühle ich echte Anteilnahme.* Von Oppenheimer bis Krishnamurti

---

* Wenn man mir eine rein persönliche Bemerkung gestattet: Ich bin der Enkel eines Marxisten, der sein Leben lang Mitglied der amerikanischen Kommunistischen Partei blieb, und ich bin auch der Sohn von Suchenden, die viele Jahre mit den Arbeiten Gurdjieffs verbrachten. Die Irrtümer meiner Eltern und Großeltern impften mich in weitem Umfang dagegen, mich in organisierte Suchende zu verlieben und Visionen der Transzendenz hinterherzulaufen. Für mich ist es leicht, Bohm und andere seiner Generation für die verblüffende Naivität zu kritisieren, die sie angesichts der merkwürdigen Kombination aus echtem Mitgefühl für menschliches Leiden und der außergewöhnlichen Unehrlichkeit und des Narzissmus zeigten, die Gurus wie Gurdjieff und Krishnamurti mit den »revolutionären« Anführern der linken Avantgarde teilten. Aber zugleich gibt es, glaube ich, auch den Schatten von etwas Realem hinter diesen Lehren, die den Abendländern Destillate östlicher spiritueller Praktiken brachten.

ließ eine gewisse Schwäche Bohms ihn für diese Art von dominierender, äußerst selbstbewusster Figur empfänglich sein.

Aber so sehr man Bohm auch dafür kritisieren kann, was im Rückblick wie die naive und ignorante Aussetzung seines besseren Wissens erscheint, retten doch die Jahre harter und entschlossener Bemühungen auf der Suche nach der Naturwissenschaft jenseits der Quanten seine Lebensarbeit und geben ihr Integrität, Ernsthaftigkeit und Verheißung zurück. Er war auf der Suche nach einer neuen transzendenten Form der Naturwissenschaft, die gleichzeitig von den tiefsten Strängen dessen geprägt war, was man am besten als religiöses Denken bezeichnet, und von den verzwicktesten Rätseln der theoretischen Physik. Das ist ein Gebiet, das nur wenige gute Physiker erkundet haben; vielleicht lässt sich hier nur David Finkelstein anführen. Es sagt sich leicht, dass Bohm scheiterte und dass seine bei weitem größten Leistungen seine frühen Beiträge zur Quantenphysik waren. Gleichzeitig erforschte er einen Weg, zu dem hin nur wenige von uns den Mut oder die Vision hatten, auch nur einen Schritt zu gehen trotz der offensichtlichen Tatsache, dass die größten Gefahren, denen wir als Gattung gegenüberstehen, mit der völligen Zusammenhanglosigkeit menschlicher Kultur verknüpft werden können, mit einem Bruch, der seine Wurzeln in der Inkommensurabiltät naturwissenschaftlicher und spiritueller Auffassungen der Welt hat.

Fassen wir zusammen, was wir im Gefolge Bohms gelernt haben. Die Führungswellentheorie erklärt alles, was die gewöhnliche Quantenmechanik erklärt, aber ohne die Unannehmlichkeit von Regel 2. Die Wellenfunktion entwickelt sich immer nach Regel 1 und springt daher weder, noch kollabiert sie. Neu ist, dass es ein Teilchen gibt, das sich seinem eigenen Gesetz gemäß bewegt und von der Wellenfunktion geführt wird. Zusammen ergeben die beiden Gesetze eine völlig realistische Beschreibung der Quantenphänomene.

Außerdem erklärt die Führungswellentheorie, was die Quantentheorie nicht erklärt. Sie gibt eine vollständige Beschreibung dessen, was bei jedem individuellen Prozess vor sich geht. Sie erklärt, wie und warum sich die Elektronen bewegen. Sie erklärt, woher die Unbestimmtheiten und Wahrscheinlichkeiten kommen, nämlich von unserer Unwissenheit über die Ausgangspositionen der Teilchen. Und sie löst das Messproblem, weil keine Notwendigkeit besteht, Experimente von anderen Prozessen zu unterscheiden.

In dem zweiten Aufsatz, den Bohm 1952 über die neue Theorie schrieb, untersuchte er den Messprozess im Einzelnen und zeigte, dass in dem Fall, in dem ein Atom mit einem Detektor interagiert, der so eingestellt ist, dass er eine bestimmte Eigenschaft des Atoms misst, der Detektor am Ende mit dem Atom korreliert ist, und zwar sowohl im Hinblick darauf, wo sich die Teilchen befinden, als auch im Hinblick auf die Wellenfunktionen. Somit funktionieren Messungen korrekt auf beiden Seiten der doppelten Ontologie.

Vom realistischen Standpunkt ist die Führungswellentheorie der Kopenhagener Deutung weit überlegen. Durch ihre bloße Existenz straft sie Bohrs und Heisenbergs Argument Lügen, dass eine realistische Beschreibung der Quantenphysik unmöglich ist. Man könnte meinen, die Gemeinschaft der Physiker würde die Führungswellentheorie mit Begeisterung angenommen haben, entweder als de Broglie sie erstmals 1927 auf der Solvay-Konferenz vorschlug oder 1952, als Bohm sie erneut vorschlug. Genau das erhoffte sich Bohm, und seine Enttäuschung, als er in São Paulo wartete, könnte auch unsere eigene sein.

Manche Historiker haben nahegelegt, dass die Annahme des Antirealismus durch die Gemeinschaft der europäischen Physiker in den 1920er-Jahren Teil einer größeren kulturellen Bewegung war, die die Irrationalität guthieß als Reaktion auf das Abschlachten in den Schützengräben, das ihre Generation kurz zuvor erfahren hatte. Aber das erklärt nicht die ähnliche Ablehnung der Führungswellentheorie durch die Physikergemeinschaft der 1950er-Jahre, die seit Kurzem vom triumphierenden, optimistischen und pragmatischen amerikanischen Geist beherrscht wurde.

Manche mögen es durch die Macht der Forschungsschulen erklären, die von charismatischen Lehrern angeführt wurden, insbesondere Niels Bohr, der viele der Quantenrevolutionäre inspirierte und betreute, die aus ganz Europa und Amerika kamen, um mit ihm zu arbeiten. Im Gegensatz dazu hatte de Broglie während seines ganzen langen Lebens nur wenige Schüler, und sie waren meines Wissens alle Franzosen. Seine kleine Gruppe von Gefolgsleuten war selbst innerhalb der Gemeinschaft französischer Physiker isoliert.

Bohm regte die Entwicklung einer Gemeinschaft von Theoretikern in Brasilien an, wofür er außerhalb dieses Landes zu wenig geschätzt wird. Nach Brasilien, in Israel und London, hatte er ein paar gute Schüler, von denen einer, Yakir Aharonov, ein führender Theoretiker mit eigenen Ideen und eigenem Programm wurde, die sich stark von den Ideen und dem Programm Bohms unterscheiden. Eine Handvoll von Bohms Schülern wurden Spezialisten für die Grundlagen der Quantentheorie, aber sie verfolgten vielfältige Ideen und bildeten sich nicht zu einer kohärenten Bohm'schen Schule des Denkens aus. Es war auch nicht von Vorteil, dass ein Großteil von Bohms Aufmerksamkeit vom Mystizismus in Beschlag genommen wurde, als er nach London umgezogen war und sich wieder an einem Ort befand, wo er Einfluss ausüben konnte.

Trotzdem wuchs das Interesse an der Führungswellentheorie langsam, aber stetig über die Jahre hinweg, da sie von einer kleinen Zahl guter Naturwissenschaftler auf der ganzen Welt aufgegriffen und weiterentwickelt wurde. Bis in die 1990er-Jahre stellte das, was manchmal als Bohm'sche Mechanik bezeichnet wurde, eine kleine, aber ausgeprägte und sichtbare Subkultur der Gemeinschaft der Naturwissenschaftler, Mathematiker und Philosophen dar, die sich den Rätseln der Grundlagen der Quantentheorie widmeten.

Aufgrund der Arbeit dieser »Bohmianer« wurden manche raffinierte Fragen zur Führungswellentheorie aufgeworfen und beantwortet. Eine der verwickeltsten Fragen hat damit zu tun, wie Wahrscheinlichkeiten in der Führungswellentheorie entstehen. Die Theorie ist deterministisch. Anhand einer Wellenfunktion zu einem bestimmten Zeitpunkt können wir Regel 1 verwenden, um die Wellenfunktion zu jedem beliebigen zukünftigen Zeitpunkt zu bestimmen. Die Gleichung, die beschreibt, wie die Wellenfunktion das Teilchen lenkt, ist ebenfalls deterministisch, und wenn wir angeben, wo sich das Teilchen zum Ausgangszeitpunkt befindet, wird sie uns genau sagen, wie sich das Teilchen von da an bewegt. Jedes Teilchen hat eine bestimmte Bahn.

Wo kommen also die Wahrscheinlichkeiten her? Wahrscheinlichkeiten kommen aus demselben Grund ins Spiel, aus dem sie in die Newton'sche Physik hineinkommen können, nämlich aufgrund unserer Unwissenheit über die genauen Positionen der Teilchen. Da wir nicht wissen können, wo der Ausgangspunkt der Bewegung des Teilchens ist, sind wir unsicher, wo es in der Zukunft sein wird. Wahrscheinlichkeiten in der Führungswellentheorie drücken unsere Unwissenheit darüber aus, wo die Teilchen am Anfang waren.

Um den Wahrscheinlichkeiten in der Führungswellentheorie einen Sinn abzugewinnen, müssen wir uns eine Menge von Systemen mit derselben Wellenfunktion vorstellen, aber mit anderen Ausgangspositionen der Teilchen. Die Teilchen sind anfänglich gemäß einer Wahrscheinlichkeitsverteilungsfunktion verteilt, die uns sagt, wie häufig die verschiedenen Ausgangspositionen in der Menge vorkommen.

Wir können die Ausgangspositionen der Teilchen frei wählen, um die Wahrscheinlichkeitsverteilungsfunktion so zu gestalten, wie wir es wünschen. Wir entwickeln das System in der Zeit vorwärts, indem wir Regel 1 zur Entwicklung der Wellenfunktion und das Führungsgesetz zur Bewegung der Teilchen verwenden. Wenn wir das tun, ändert sich die Wahrscheinlichkeitsverteilungsfunktion ebenfalls in der Zeit und spiegelt die Teilchen wider, die sich umherbewegen.

Wie ich weiter oben sagte, werden die Wahrscheinlichkeiten dafür, die Teilchen an verschiedenen Orten zu finden, in der Quantenmechanik durch die Born'sche Regel als Quadrat der Wellenfunktion angegeben. Nach der Führungswellentheorie haben die Teilchen ihre eigene Wirklichkeit, und wir können die anfängliche Wahrscheinlichkeitsverteilungsfunktion frei wählen. Eine Wahl besteht darin, dass sie wie in der Quantenmechanik durch die Born'sche Regel angegeben wird. Zu diesem Zweck verteilen wir die Teilchen so, dass, je größer das Quadrat der Wellenfunktion ist, umso mehr Teilchen aus der Menge dort platziert werden.

Wenn wir diese Wahl treffen, bleibt sie durch die Zeit hindurch erhalten. Die Teilchen bewegen sich umher, und die Wellenfunktion ändert sich mit der Zeit, aber es bleibt wahr, dass das Quadrat der Wellenfunktion die Wahrscheinlichkeit dessen angibt, ein Teilchen festzustellen.

Aber in de Broglies Formulierung steckt noch mehr. Angenommen, man startet die Menge mit einer anderen Wahrscheinlichkeitsverteilung für die Teilchen, mit einer solchen, die nicht durch das Quadrat der Wellenfunktion angegeben wird. Dann wird das System sich auf eine solche Weise entwickeln, dass die tatsächliche Wahrscheinlichkeitsfunktion in Übereinstimmung mit der Funktion gebracht wird, die durch das Quadrat der Wellenfunktion angegeben wird. Das wurde durch ein wichtiges Ergebnis von Antony Valentini gezeigt.[28] Es wurde seitdem durch numerische Simulationen bestätigt.[29]

Das ist analog dazu, wie die Thermodynamik funktioniert. Wenn ein System von vielen Teilchen im Gleichgewicht mit seiner Umgebung ist, ist die Entropie maximal. Das kommt daher, dass die Entropie ein Maß für Unordnung ist, die typischerweise mit der Zeit zunimmt. Wenn man das System in einer anderen Konstellation startet, in einer solchen, die geordneter ist als das Gleichgewicht, ist es am wahrscheinlichsten, dass die Unordnung zunehmen wird, bis das System sich im Gleichgewichtszustand befindet.

Der Fall von Broglies Führungswellentheorie ist sehr ähnlich. Wir können sagen, dass ein Quantensystem sich außerhalb des Quantengleichgewichts befindet, wenn die Wahrscheinlichkeitsverteilung dafür, wo ein Teilchen festgestellt werden könnte, sich von jener Verteilung unterscheidet, die durch das Quadrat seiner Wellenfunktion angegeben wird. Wenn sie übereinstimmen, befindet sich das System im Quantengleichgewicht. Valentinis Theorem sagt uns, dass ein Quantensystem, das sich außerhalb des Quantengleichgewichts befindet, sich höchstwahrscheinlich weiterentwickelt, bis es den Zustand des Quantengleichgewichts erreicht.

Sobald ein System sich im Gleichgewichtszustand befindet, stimmen die Vorhersagen der Führungswellentheorie mit denen der konventionellen Quantenmechanik überein. Daher muss man ein System irgendwie aus dem Quantengleichgewicht heraustreiben, um eine Situation herzustellen, in der ein Experiment die Führungswellentheorie von der Quantenmechanik unterscheiden könnte.

Die Physik außerhalb des Quantengleichgewichts enthält mehrere Überraschungen. Eine besteht darin, dass es möglich wird, Informationen schneller als mit Lichtgeschwindigkeit zu verschicken. Das ist eine Folge eines anderen von Valentinis Ergebnissen, das besagt, dass Informationen und Energie augenblicklich übertragen werden können, während das System sich außerhalb des

Gleichgewichtszustands befindet, und zwar im Widerspruch zur speziellen Relativitätstheorie.[30] Es braucht nicht eigens erwähnt zu werden, dass dies von größter Bedeutung für unser Verständnis der Natur und möglicherweise sogar für Technologien wäre, von denen Science-Fiction-Schriftsteller träumen, wenn es sich experimentell bestätigen ließe. Das ist eine Möglichkeit, wie ein Experiment auf ganz drastische Weise die Führungswellentheorie von der konventionellen Quantenmechanik unterscheiden könnte. Es hat zwar einige Versuche gegeben, Quantensysteme aus dem Quantengleichgewicht herauszudrängen und diese Vorhersagen zu überprüfen, aber bisher gelang es ihnen entweder nicht, ein Quantenungleichgewicht zu entdecken oder die Führungswellentheorie auszuschließen.

Eine Stelle, an der man nach einer Physik außerhalb des Quantengleichgewichts suchen kann, ist das ganz frühe Universum. Valentini und seine Mitarbeiter vermuten, dass das Universum im Urknall außerhalb des Gleichgewichtszustands begann und bei seiner Expansion in einen ausgeglichenen Zustand überging. Das könnte Spuren in der kosmischen Hintergrundstrahlung oder CMB (Cosmic Microwave Background) hinterlassen haben, nach denen zwar gesucht wird, für die es aber noch keine eindeutigen Belege gibt.[31]

Kehren wir zu Schrödingers Experiment mit der Katze zurück und sehen wir zu, wie die Führungswellentheorie es löst.

Die Führungswellentheorie behauptet, dass die Quantenmechanik universell gilt. Es gibt nur die Regel 1, und sie gilt für alle Fälle. Das bedeutet, dass Messungen sich nicht von anderen Prozessen unterscheiden.

Alles – Atome, Photonen, Geigerzähler, Katzen und Menschen – hat eine duale Existenz als Welle und Teilchen. Beide Seiten dieser Doppelexistenz sind bei großen komplizierten Objekten wie Geigerzählern oder Katzen, die aus vielen zusammenwirkenden Teilchen bestehen, komplex. Wir brauchen ein Wort, um über all die verschiedenen Möglichkeiten zu sprechen, wie die Teilchen, aus denen eine Katze besteht, im Raum angeordnet sein können, und wir haben auch eines: die *Konfiguration* der Atome. Wenn man davon spricht, wo alle Atome, aus denen die Katze besteht, relativ zueinander lokalisiert sind, beschreibt man die Konfiguration der Katze. Da es sich um viele Atome handelt, ist eine gewaltige Menge an Informationen nötig, um die Konfiguration der Katze zu beschreiben.

All diese Informationen müssen in einer Zahlenliste kodiert werden. Wie viele Zahlen braucht man, um eine Katze zu beschreiben? Für ein einziges Atom braucht man drei Zahlen. Diese lokalisieren das Atom im dreidimensionalen Raum. Für zwei Atome braucht man sechs Zahlen, drei für jedes Atom. Um also die Atome in einer Katze zu lokalisieren, braucht man drei Zahlen pro Atom. In einer Katze gibt es etwa 10^{25} Atome, also braucht man 10^{25} mal drei Zahlen, um die Konfigurationen der Katze zu beschreiben.

Das Wichtige an der Führungswellentheorie ist, dass die Atome alle wirklich sind und dass sie jeweils an einem bestimmten Ort im Raum lokalisiert sind. Jedes Atom hat einen Ort, der ein Punkt im Raum ist. Jede Katze besitzt eine Konfiguration, was darauf hinausläuft, dass jedes ihrer Atome an einem bestimmten Ort im Raum lokalisiert ist.

Ein Atom besitzt auch eine Welle, die im dreidimensionalen Raum lokalisiert ist. Jede Katze besitzt ebenfalls eine Welle, die mit ihr verknüpft ist. Das Sonderbare besteht darin, wo sich diese Welle befindet. Sie ist keine Welle im dreidimensionalen Raum. Stattdessen ist sie eine Welle in einem sehr hochdimensionalen Raum, der als Konfigurationsraum bezeichnet wird (siehe Abbildung 9). Jeder Punkt dieses Raums entspricht einer Konfiguration der Katze.

Es ist schwierig, wenn nicht gar unmöglich, einen Raum mit

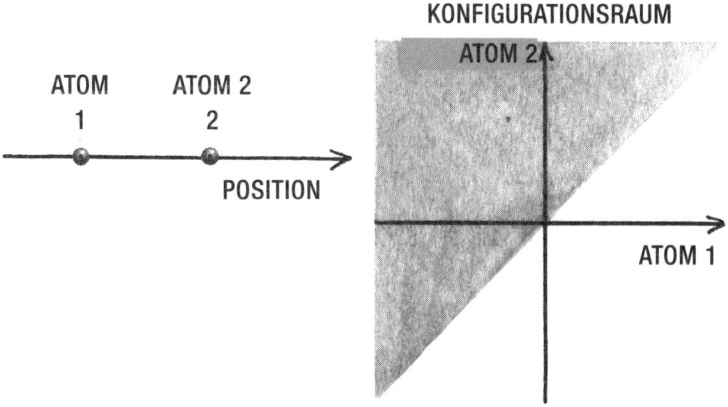

Abbildung 9: Konfigurationsraum. Zwei Atome befinden sich auf einer Linie in einer Dimension. Ihre Konfiguration wird durch zwei Zahlen gemessen, sodass ihre kombinierte Konfiguration ein Punkt auf einer Ebene in zwei Dimensionen ist. Wir betrachten die beiden Atome als identisch, daher ist Atom 2 immer das Atom, das sich am weitesten rechts befindet.

vielen Dimensionen zu visualisieren. Einst habe ich mit Ehrfurcht zugesehen, als Roger Penrose eine Berechnung auf der Tafel ausführte, die von ihm verlangte, dass er eine zweidimensionale Oberfläche um ein sechsdimensionales Hindernis in einem achtdimensionalen Raum herumschob, und ich hatte dabei das prickelnde Erlebnis, Schritt für Schritt zu folgen, aber das ist die Grenze meiner Erfahrung. Die meisten Mathematiker sind zwar nicht ebenso visuell begabt, aber wir können uns in einem hochdimensionalen Raum durch Denken orientieren.

Wenn ich ein dreidimensionales Objekt zeichne, zeichne ich in Wirklichkeit eine zweidimensionale Projektion von ihm. Ebenso ist das, was ich vor meinem geistigen Auge sehe, wenn ich mir einen Konfigurationsraum wie den einer Katze mit etwa 3×10^{25} Dimensionen vorstelle, eine dreidimensionale Projektion zusammen mit einer stillschweigenden Ermahnung, vorsichtig zu sein und keine falschen Schlüsse aus dieser völlig inadäquaten Visualisierung zu ziehen.

Eine Welle auf dem Konfigurationsraum beinhaltet eine riesige Menge an Informationen. Erinnern wir uns zum Beispiel an den Zustand GEGENTEIL, der Korrelationen zwischen den Antworten auf Fragen beschreibt, die gleichzeitig an zwei Teilchen gestellt werden, während er überhaupt nichts über jedes Teilchen getrennt besagt. Um Quantenzustände wie diesen in völliger Allgemeinheit zu kodieren, brauchen wir mehr als eine dreidimensionale Welle für jedes Atom in der Katze. Wir brauchen eine Welle, die auf dem Raum aller möglichen Konfigurationen der Katze fließt.

Sobald man die Existenz einer Welle auf dem Raum aller Konfigurationen der Katze akzeptiert, folgen die Lösungen der Quantenrätsel unmittelbar.

Es gibt nur eine Katze, die sich zu jedem Zeitpunkt in einer bestimmten Konfiguration befindet. Die Konfiguration der Katze könnte eine solche sein, in der die Katze lebendig ist, oder sie könnte eine sein, in der sie tot ist. Sie muss das eine oder das andere sein, aber unmöglich beides. Daher ist die Katze zu jedem Zeitpunkt entweder lebendig oder tot.

Die Wellenfunktion der Katze kann die Summe von zwei Wellen sein, weil man Wellen immer addieren kann. Sie tun Folgendes: Wellen überlagern sich, was bedeutet, dass sie sich addieren. Die Welle lenkt die Konfiguration genauso, wie sie es bei einem einzelnen Elektron tut. Die Wellenfunktion kann gleichzeitig durch Konfigurationen einer lebendigen Katze und durch Konfigurationen einer toten Katze fließen. Ebenso wie ein Fluss sich verzweigen und in beide Abzweigungen fließen kann, kann sich eine Wellenfunktion verzweigen und sowohl die Abzweigung über die lebenden Konfigurationen als auch die Abzweigungen über die toten Konfigurationen nehmen.

Die Wellenfunktion ist am Ende mit der Wahrscheinlichkeit verknüpft, verschiedene Konfigurationen festzustellen. Wenn die Wellenfunktion über einer bestimmten Konfiguration groß ist, dann auch die Wahrscheinlichkeit. Die Wahrscheinlichkeit, dass man die Katze in einer lebendigen oder in einer toten Konfiguration antrifft, kann jeweils etwa einhalb sein. Aber es gibt nur eine Katze, und ebenso wie ein Elektron zu einem bestimmten Zeitpunkt nur an einem Ort sein kann, ist die eine Katze entweder tot oder lebendig.

Ist es sonderbar, dass die Wellenfunktion Zweige hervorbringt, die dahin fließen, wo die Teilchen oder ihre Konfigurationen nicht sind? Ein wenig schon, aber das muss so sein, weil das Teilchen nur einer Abzweigung folgen kann. Aber ein leerer Zweig kann Konsequenzen in der Zukunft haben. Die verschiedenen Zweige können in der Zukunft wieder zusammenfließen und Interferenzmuster herstellen, die einen Einfluss darauf haben, wohin sich die Teilchen bewegen.

Vor achtzehn Jahren hatte ich eine schwierige Entscheidung zu treffen. Zwei Zukunftsszenarien winkten mir zu, und jedes von beiden schien anhand all der Informationen, die ich sammeln konnte, attraktiv zu sein. Natürlich hat man nie genügend Informationen, um eine solche Entscheidung zu treffen, denn meine gesamte Zukunft stand auf dem Spiel. Die Frage war, welches Land und welche Stadt ich meine Heimat nennen würde. Wen ich heiraten könnte, wer meine Kinder sein würden, welche Sprachen sie sprechen könnten und wie lange ich leben würde, all das würde von dieser Entscheidung beeinflusst werden.

Da ich nicht in der Lage war, eine Entscheidung zu treffen, suchte ich Freunde auf, die ein Quantenlabor hatten, und ließ ein radioaktives Atom für mich entscheiden. Wenn das Atom innerhalb seiner Halbwertszeit zerfiel, würde ich die neue Chance in einer neuen Stadt und einem neuen Land ergreifen; wenn es nicht in dieser Zeit zerfallen würde, würde ich beim Vertrauten bleiben. Nun, es zerfiel, und jetzt bin ich in Toronto mit meiner Familie, Freunden und Nachbarn, von denen ich niemanden je getroffen haben würde, wenn jenes Atom ein wenig später zerfallen wäre.

An mir ist nichts Besonderes. Wir alle bestehen aus Teilchen, die bis zur Gegenwart von einer Wellenfunktion auf unserem riesigen Raum möglicher Konfigurationen geleitet wurden.

Die Wellenfunktion umgibt meinen gegenwärtigen Aufenthaltsort, aber sie enthält auch andere Zweige, wo ich sein könnte, aber nicht bin. Einige davon zweigen von jenem Experiment ab und entwickeln die leere Geschichte, die ich nicht erlebte, aber erlebt hätte, wenn das Atom nicht zerfallen wäre. Die leere Wellenfunktion des Teilchens fließt von da an weiter bis zum heutigen Tag. Dieser leere Zweig meiner Wellenfunktion bewohnt weiterhin London.

Haben wir nicht alle wehmütig über Leben nachgedacht, die wir gehabt haben könnten, wenn eine Entscheidung nur ein wenig anders ausgefallen wäre? Wenn die Führungswellentheorie richtig ist, dann werden diese nicht gelebten Leben von einer leeren Wellenfunktion verfolgt, die bereit ist, meine Atome zu lenken, die jedoch anderswo sind.

Einige Jahre vor dieser Zeit war meine Wellenfunktion mit einer weiteren Verzweigung konfrontiert, aus der zwei ganz verschiedene Abzweigungen hervorflossen. Ich nahm die eine Abzweigung, aber wenn ich die andere genommen hätte, wäre mein Schicksal ein anderes gewesen.

Ich hatte einen Swissair-Flug von New York zu einer Konferenz in Wien gebucht. In der Nacht vor meiner Reise hörte ich von den Veranstaltern, dass mein Vortrag erst am Ende des Treffens stattfinden sollte, und daher rief ich aus einer völligen Laune heraus, aus einem Grund, an den ich mich nicht mehr erinnere, den Reisevermittler an und machte eine Umbuchung für einen Tag später. Bevor ich am nächsten Abend schlafen ging, schaltete ich das Radio ein und hörte, dass das Flugzeug, das ich genommen hätte, vor Halifax abgestürzt war. Wenn also die Führungswellentheorie richtig ist, dann stimmt es wirklich, dass ein Zweig der Wellenfunktion der Atome, aus denen ich damals bestand, bis zum heutigen Tag am Grund der St. Margarets Bay vor dem Dorf Peggy's Cove in Neuschottland zusammengekauert ist.

Dieser Zweig ist leer, ebenso wie unzählige andere. Aber wenn die Führungswellentheorie richtig ist, sind sie wirklich. Der einzige Unterschied zwischen ihnen und dem einen Zweig, der mich jetzt lenkt, besteht darin, dass nur ein einziger Zweig mit den Atomen, aus denen ich bestehe, zusammenfällt und sie leitet. Die unzähligen anderen Zweige fließen leer weiter.

Liegt mir etwas an diesen anderen Zweigen? Sollte mir etwas an ihnen liegen? Es besteht immer die Chance, dass ein leerer Zweig zu einem Zeitpunkt in der Zukunft sich mit meinem Zweig wieder vereinigt, was zu einer Interferenz führt, die mein Leben plötzlich verändert.

Die Chancen dafür sind außergewöhnlich gering. Sie befinden sich in einer Kategorie möglicher Ereignisse, die zwar nach den Gesetzen der Physik erlaubt wären, aber die im Wesentlichen nie geschehen. Alle Atome der Luft in dem Zimmer, in dem ich dies tippe, könnten sich durch Zufall zusammen ausrichten, aus dem Fenster hinausfliegen und mich ersticken. Aber das wäre äußerst unwahrscheinlich angesichts der Tatsache, dass die Atome ihren Tag damit verbringen, unsystematisch umherzuspringen.

Es gibt daher im Grunde keine Chance, dass die leeren Zweige, die die Leben repräsentieren, die wir nicht gelebt haben, und die Entscheidungen, die wir nicht getroffen haben, irgendeine Auswirkung auf unsere Zukunft haben werden. Aber wenn wir bloße Atome wären, gäbe es ständig Interferenzen zwischen vollen und leeren Zweigen der Wellenfunktion.

Praktisch und moralisch gesehen, können wir also die leeren Zweige ignorieren, wenn die Führungswellentheorie richtig ist. Wir sind nur einmal wirklich und leben dieses Leben auf jenem besetzten Zweig aus. Wir müssen uns nur um das kümmern und für das verantwortlich sein, was die eine wirkliche Variante von jedem von uns tut.

Neun

Der physikalische Kollaps des Quantenzustands

Experimente und der gesunde Menschenverstand legen nahe, dass es keine Superpositionen makroskopischer Objekte gibt, weil jeder große Körper immer an einem bestimmten Ort ist. Regel 2 wurde erfunden, um dem Rechnung zu tragen, zumindest was das Verhalten von Messinstrumenten und der Systeme betrifft, die mit ihnen in Kontakt treten. Um Superpositionen der Zustände eines Messinstruments zu vermeiden, diktiert Regel 2, dass unmittelbar nach der Messung der Position eines Teilchens seine Wellenfunktion zu einem Zustand kollabiert, die der Position entspricht, die gemessen wurde.

Unmittelbar vor der Messung könnte die Wellenfunktion eines bestimmten Atoms über die ganze Erde ausgebreitet gewesen sein, was ihm die gleiche Wahrscheinlichkeit verleiht, irgendwo auf dem Globus festgestellt zu werden. Aber wenn eine Messung seiner Position vorgenommen wird und wenn diese Messung feststellt, dass der Ort des Atoms irgendwo in New York City ist, dann kollabiert die Wellenfunktion des Atoms in dem Moment, in dem die Messung vorgenommen wird, auf die Erstreckung der fünf Bezirke.

In der standardmäßigen Quantenmechanik geschieht dieser Kollaps der Wellenfunktion erst als Ergebnis einer Messung. Das wirft ein Problem für den Realismus auf, weil es nur unsere Verwendung und Interpretation des Ergebnisses ist, die bestimmt, ob eine Interaktion mit einem großen Körper eine Messung ist oder nicht.

Einer realistischen Perspektive zufolge ist ein Messinstrument ein physikalisches System, das zufällig groß ist und eine besondere Fähigkeit besitzt, winzige Unterschiede im Verhalten eines Atoms so zu verstärken, dass man eine Aufzeichnung von dem erhält, was festgestellt wurde, welche in eine makroskopische Veränderung eingeätzt werden kann. Aber weil es ein physikalisches System ist, sollte es auch dieselben Gesetze wie die Atome befolgen, aus denen es besteht. Wenn die Atome sich in Überlagerungszuständen befinden können, dann sollte dasselbe auch für die riesigen Ansammlungen von Atomen gelten, aus denen das Messinstrument besteht. Im letzten Kapitel haben wir gesehen, dass der Führungswellentheorie zufolge ein Teil des Preises, den wir für den Realismus bezahlen, in einer Welt voller leerer Verzweigungen von Wellenfunktionen besteht, die sich schon lange von den Objekten abgelöst haben, die sie führen könnten.

Aber was wäre, wenn der Kollaps ein wirklicher physikalischer Prozess wäre, der immer dann geschieht, wenn ein großer Körper an einer Interaktion beteiligt ist? Der Kollaps würde von der Größe des Objekts ausgelöst werden, gemessen anhand seiner Masse oder der Anzahl von Atomen, aus denen er besteht, ungeachtet seiner Verwendung als Messinstrument. Die Wellenfunktionen aller großen Körper würden kollabieren und damit ihre Superpositionen auslöschen. Die Messsysteme, die aus unzähligen Atomen bestehen, würden auch kollabieren. Das deutet auf eine Strategie für eine realistische Variante der Quantenmechanik hin.

Die Idee wäre, die Quantenmechanik durch die Verknüpfung von Regel 1 und Regel 2 zu einer einzigen Regel zu modifizieren, die angibt, wie Wellenfunktionen sich in der Zeit entwickeln. Wenn das System, auf das sie angewandt wird, mikroskopisch ist, dann ist Regel 1 eine gute Näherung. Es mag zwar auch einen Kollaps der Wellenfunktionen von Atomen geben, doch nur selten. Aber wenn das System groß ist, kommt es häufig zu einem Kollaps, sodass es so scheint, dass der Körper immer an einem ganz bestimmten Ort ist.

Theorien dieser Art wurden seit den 1960er-Jahren konstruiert; sie werden als *Modelle des physikalischen Kollapses* bezeichnet.

Das erste solche Modell wurde 1966 von Jeffrey Bub erfunden, einem Schüler von David Bohm, und von den beiden weiterentwickelt.[32] Im selben Jahr veröffentlichte Frigyes Károlyházy einen Aufsatz, der darlegte, dass Rauschfluktuationen in der Geometrie der Raumzeit die Ursache für den Kollaps der Wellenfunktion sein könnten. Wie bei der Führungswellentheorie und Bells Arbeiten aus derselben Periode war die Reaktion auf diese bahnbrechenden Aufsätze langsam. Die erste Person, die eine völlig präzise Variante einer Theorie dieser Art entwickeln sollte, war Philip Pearle, ein amerikanischer Theoretiker, der sehr bedeutende Arbeiten geleistet hat, obwohl er seine Laufbahn an einem kleinen Undergraduate-College verbrachte. Er bemühte sich fast zehn Jahre lang, um eine konsistente Theorie des physikalischen Kollapses der Wellenfunktion zu erfinden, und seine erste Theorie, die einen physikalischen Kollaps der Wellenfunktion beinhaltete, wurde 1976 veröffentlicht.[33]

Pearles Variante eines Kollapsmodells fügt ein zufälliges Element hinzu, sodass es so etwas wie einen Würfelwurf gibt, der darüber entscheidet, wann und wo eine Wellenfunktion kollabiert. Für die Wellenfunktionen von Atomen sind die Würfe selten, und daher kollabieren kleine Systeme, die nur aus wenigen Atomen bestehen, auch nur selten. Aber ein Kollaps tritt häufig bei makroskopischen Systemen auf, die aus vielen Atomen bestehen. Pearle nannte seine Theorie *kontinuierliche spontane Lokalisierung* oder CSL (continuous spontaneous localization).

Mehrere Jahre lang war Pearle nahezu der Einzige, der an diesem realistischen Ansatz arbeitete. Dann schlugen 1986 drei Italiener, die in Triest arbeiteten, eine ziemlich elegante Version der Idee vor, die seither als GRW-Theorie nach ihren Namen Ghirardi, Rimini und Weber bekannt wurde.[34] Andere Leute schlossen sich an, um diese dynamischen Kollapsmodelle zu entwickeln, darunter Lajos Diósi, Lane Hughston und Nicolas Gisin.

Diese Theorien unterscheiden sich voneinander zwar anhand bestimmter Einzelheiten, aber sie teilen das Schlüsselmerkmal, dass das Verhalten eines beliebigen Quantensystems eine Mischung aus Regel 1 und Regel 2 ist. Die meiste Zeit ändert sich die Wellenfunktion eines atomaren Systems langsam und stetig und gehorcht Regel 1. Aber von Zeit zu Zeit springt es plötzlich in einen bestimmten Zustand und gehorcht einer Form von Regel 2.

Ein Mangel dieser Modelle des spontanen Kollapses besteht darin, dass die Häufigkeit der spontanen Kollapse sorgfältig bestimmt werden muss, sodass Kollapsereignisse selten genug sind, um das Interferenzmuster nicht zu beeinträchtigen, das durch empfindliche Superpositionen in atomaren Systemen aufgebaut wurde. Dies garantiert den Erfolg der Quantenmechanik, indem die Kohärenz der Superpositionen mikroskopischer Systeme dort erhalten wird, wo sie gebraucht wird. Aber die Wellenfunktion eines großen Körpers wird von einem Kollaps weitaus häufiger betroffen sein, weil er aus vielen Atomen besteht. Ereignisse, die bei einem Atom selten stattfinden, werden häufig bei dem einen oder anderen Atom in einer großen Ansammlung von Atomen auftreten. Doch wenn ein Atom kollabiert, müssen die anderen, die denselben Körper bilden, ebenfalls kollabieren. Infolgedessen kann das Modell so abgestimmt werden, dass die Wellenfunktionen, die makroskopische Systeme beschreiben, viel öfter kollabieren, was erklärt, warum großmaßstäbliche Objekte sich immer irgendwo befinden. Dadurch wird das Messproblem gelöst.

Diese Theorien brauchen keine Teilchen im Sinne der Führungswellentheorie. Es gibt zwar nur Wellen, aber das Ergebnis eines spontanen Kollapses ist eine Welle, die sich stark um einen Ort herum konzentriert. Eine solche konzentrierte Welle ist schwer von einem Teilchen zu unterscheiden.

Da es keine Teilchen gibt, lösen sich die Rätsel der Welle-Teilchen-Dualität in Luft auf. Man muss nur verstehen, warum Wellen sich in Form von zwei ganz unterschiedlichen Prozessen entwickeln.

Diese Kollapstheorien sind völlig realistisch. Die Wellenfunktion *ist* das System, und es gibt keine Rätsel im Hinblick darauf, wie man es interpretieren soll. Indem sie die Wellenfunktion auf nur das, was physikalisch relevant ist, kollabieren lässt, vermeidet die Kollapstheorie die extravagante Wucherung von Verzweigungen, die die Führungswellentheorie befrachten. Es gibt kein Messproblem, weil große Objekte, unter anderem Messgeräte, sich immer in kollabierten Zuständen befinden. Es gibt keine besondere Rolle für Bewusstsein, Information oder Messungen. Man bekommt das, was man sieht.

Um eine dieser Theorien zu definieren, muss man entscheiden, welche der miteinander unverträglichen Fragen die kollabierte Wellenfunktion beantworten soll. Die übliche Antwort lautet: die Position im Raum. Die kollabierten Wellenfunktionen gipfeln irgendwo im Raum, was sie wie Teilchen erscheinen lässt.

Eine Konsequenz davon ist, dass die Energie nicht mehr genau erhalten wird. Ein Metallstück sollte sich langsam erwärmen infolge all der Kollapsereignisse, die die Wellenfunktionen seiner Atome durchlaufen. In meinen Augen ist das das am wenigsten anziehende Merkmal der spontanen Kollapsmodelle. Auf der Habenseite werden Experimente geplant, die nach dieser Erwärmung suchen sollen.

Wie es bei neuen Theorien oft geschieht, gibt es einen großen Spielraum. Man hat die freie Wahl, um abzustimmen, wie häufig die Kollapsereignisse stattfinden. Man kann diese Häufigkeit von der Masse oder der Energie der Atome abhängig machen. Wenn die Hypothese des spontanen Kollapses tragfähig sein soll, muss es eine Möglichkeit geben, die Häufigkeiten so einzustellen, dass Wellenfunktionen von Atomen und Elementarteilchen nur selten kollabieren, wohingegen große Dinge häufig genug kollabieren, dass sie immer an einem bestimmten Ort sind. Und man muss sicherstellen, dass alle unbeabsichtigten Folgen, wie beispielsweise die Erwärmung von Materie, nicht feststellbar sind. Bemerkenswerterweise können diese Bedingungen alle erfüllt werden, sodass diese Theorien tragfähig sind.

In einigen dieser Modelle sind die spontanen Kollapsereignisse Zufallsprozesse. Die Theorie gibt nur eine Wahrscheinlichkeit dafür an, dass es zu einem Kollaps kommt. Das führt zu Unbestimmtheiten und Wahrscheinlichkeiten, die von Anfang an eingebaut sind. Die Wahrscheinlichkeiten werden in die Grundgesetze kodiert, anstatt eine Folge der Unwissenheit oder des Glaubens zu sein. Der intrinsische Zufallscharakter des Kollapsprozesses erklärt dann die Unbestimmtheiten in der Quantenphysik, und zwar so, dass Messungen dabei keinen Sonderstatus erhalten. Somit werden die Wahrscheinlichkeiten auf eine Weise erklärt, die mit dem Realismus vollkommen kompatibel ist. Das ist ein großer Vorteil. (Natürlich ist es ein Nachteil, wenn man eine deterministische Theorie haben will.) Damit verknüpft ist die Tatsache, dass die Grundgesetze irreversibel sind, sodass der Pfeil oder die Richtung der Zeit auf der untersten Ebene einkodiert ist. Manche mögen dies als Mängel ansehen, aber meine Ansicht ist, dass es sich dabei um sehr positive Merkmale der Kollapsmodelle handelt.

Ein beunruhigender Aspekt von Modellen des spontanen Kollapses besteht darin, dass der Kollaps der Wellenfunktion vollständig in einem Zeitpunkt stattfindet. Da die Wellenfunktion über den Raum verteilt sein kann, bestimmt ihr Kollaps einen

Moment der Gleichzeitigkeit über eine ganze Region hinweg. Das scheint der Relativitätstheorie zu widersprechen, die behauptet, dass es keinen physikalisch sinnvollen Begriff der Gleichzeitigkeit über Raumregionen hinweg gibt. Obwohl dies ein Problem für die ursprünglichen dynamischen Kollapsmodelle zu sein scheint, hat es Vorschläge zur Konstruktion von Kollapsmodellen gegeben, die mit der speziellen Relativitätstheorie verträglich sind.[35]

Aber das attraktivste Merkmal aller Kollapsmodelle besteht darin, dass sie neue Phänomene vorhersagen, die experimentell geprüft werden können. Die zufälligen Kollapsereignisse führen ein Rauschen in das System ein. Für einige Werte der Parameter wäre der Effekt groß genug, um sichtbar zu sein. In mehreren vor Kurzem durchgeführten Experimenten wurde keine Notwendigkeit einer solchen Quelle des Rauschens erkannt, was bestimmte Werte der Parameter ausschließt, wenn nicht gar die Theorie selbst. Das ist echte Naturwissenschaft, und die Experimente gehen weiter. Nichts wäre herrlicher als die Entdeckung eines Effekts, der der Quantenmechanik widerspricht und eine Vorhersage einer ihrer realistischen Alternativen bestätigt.

Eine Schwäche einiger dieser Kollapsmodelle besteht darin, dass sie keinen Bezug zu oder keine Verwendung für andere Schlüsselfragen der Physik haben. Es wäre überzeugender, wenn die Modifikationen, die wir mit der Quantenmechanik vornehmen, von einem Problem motiviert würden, das über das Messproblem hinausgeht, wie zum Beispiel durch das Problem der Quantengravitation. Das bringt uns zur Arbeit von Roger Penrose.

Wenn es einen heute lebenden Theoretiker gibt, dessen Leistung, Erkenntnistiefe und Einfluss mit denen der Weisen des frühen 20. Jahrhunderts vergleichbar ist, dann ist es Roger Penrose. Einfach ausgedrückt, er ist das Original.

Penrose folgt seinem eigenen Kompass und hat infolgedessen Neues und Überraschendes zu den meisten Fragen in der Grundlagenphysik zu sagen, unter anderem über die Quantengravitation und die Grundlagen der Quantentheorie. Da alles, was er ins Auge fasst, durch eine häufig verborgene Konsistenz miteinander verknüpft ist, besteht die beste Methode, sich seinem Vorschlag zur Quantentheorie zu nähern, darin, seine Arbeit bis zu seiner Zeit als junger Mathematiker in den frühen 1960er-Jahren zurückzuverfolgen, als er von den Grundlagen unseres Verständnisses von Raum, Zeit und der Quantenwelt fasziniert war.

Es ist leicht, aber unangemessen, Penrose als die Person zu beschreiben, die die wichtigsten Beiträge zur allgemeinen Relativitätstheorie seit Einstein geleistet hat. In den frühen 1960er-Jahren erfand er revolutionäre neue mathematische Werkzeuge, um die Geometrie der Raumzeit auf der Grundlage der Kausalität zu beschreiben. Anstatt darüber zu sprechen, wie weit zwei Ereignisse voneinander entfernt sind oder wie viel Zeit auf einer Uhr verstreicht, beschrieb er die Raumzeit im Hinblick darauf, welche Ereignisse die Ursachen welcher anderer Ereignisse sind. Das führte ihn zum Postulat und Beweis von Theoremen, die zeigten, dass, wenn die allgemeine Relativitätstheorie richtig ist, das Gravitationsfeld im Kern von schwarzen Löchern unendlich stark wird.[36] Sobald das geschieht, bricht die Theorie zusammen, weil ihre Gleichungen nicht mehr funktionieren, um die Zukunft vorherzusagen. Solche Stellen, wo die Zeit anfangen oder zum Stillstand kommen kann, werden als Singularitäten bezeichnet. Danach weitete er seine Methode in Zusammenarbeit mit Stephen Hawking auf das expandierende Universum aus und bewies, dass die allgemeine Relativitätstheorie vorhersagt, dass die Zeit vor endlicher Zeit in unserer Vergangenheit anfing, als das gesamte Universum seine Ausdehnung in einem Zustand unendlicher Dichte begann.[37]

Aber seine Erfindungen gehen selbst über diese bahnbrechenden Beiträge zur allgemeinen Relativitätstheorie hinaus. Ebenso wie Einstein hat Penrose ein tieferes Interesse als die meisten an der Kohärenz unseres Weltverständnisses. Und ebenso wie bei David Bohm und David Finkelstein hat diese Leidenschaft Penrose angetrieben, um eine einzigartige Sichtweise der Grundlagenphysik zu entwickeln, die unverkennbar seine eigene ist. Darüber hinaus hat Penroses Vision im Laufe der vielen Jahre seiner kreativen Laufbahn zur Erfindung mathematischer Strukturen geführt, von denen andere später Gebrauch machten.

Nachdem er die Praxis der allgemeinen Relativitätstheorie umgestaltet hatte, wandte Penrose seine Aufmerksamkeit der Grundlagenphysik zu. Er war frappiert von einer Übereinstimmung zwischen der Quantenverschränkung und dem Mach'schen Prinzip – der Idee, die Einsteins Erfindung der allgemeinen Relativitätstheorie angeregt hatte, dass das, was in der allgemeinen Relativitätstheorie wirklich ist, Beziehungen sind. Beide Ideen deuten auf eine globale Harmonie hin, die die Welt zusammenhält.

Penrose stellte als Erster die Frage, ob die Beziehungen, die Raum und Zeit bestimmen, aus der Quantenverschränkung hervorgehen könnten. Während er nach Erkenntnissen zu dieser Frage suchte, wurde er angeregt, ein einfaches Spiel zu erfinden, das auf der Zeichnung von Diagrammen beruht, wobei die Spielregeln gleichzeitig Quantenverschränkung und Aspekte der physikalischen Geometrie repräsentierten. Dieses Spiel, seine erste Vision einer endlichen und diskreten Quantengeometrie, nannte Penrose *Spin-Netzwerke*.

Die meisten theoretischen Physiker entwickeln ihre Ideen, indem sie Berechnungen innerhalb existierender Theorien vornehmen. Penrose arbeitet stattdessen manchmal so, dass er Spiele erfindet. Ihre Einfachheit erfasst tiefgründige Fragen, die man dadurch erforscht, dass man das Spiel spielt. Es ist typisch für Penrose, dass sein wichtigster Aufsatz über Spin-Netzwerke nicht nur unveröffentlicht war – sondern nicht einmal abgetippt wurde. Vervielfältigungen (jetzt würde man sie als Fotokopien bezeichnen) seiner handgeschriebenen Notizen zirkulierten unter seinen Schülern und von einem Freund zum nächsten. Diese Notizen waren eine spannende Lektüre, obwohl sie in der Mitte des Hauptbeweises endeten.*

Jahrzehntelang blieben Spin-Netzwerke eine Art von philosophischem Zaubertrick und wurden durch Skizzen auf Servietten beim Dessert von Konferenzabendessen weitergereicht. Aber Jahre später erwiesen sie sich als die zentrale Struktur in einem Ansatz zur Quantengravitation namens *Loop-Quantengravitation.* In diesem Zusammenhang verkörpern Spin-Netzwerke eine Möglichkeit, wie die Prinzipien der Quantentheorie und der allgemeinen Relativitätstheorie koexistieren können.

Bei der Erweiterung von Spin-Netzwerken entdeckte Penrose die *Twistor*-Theorie, die eine außergewöhnlich elegante Formulierung der Geometrie ist, die der Ausbreitung von Elektronen, Photonen und Neutrinos zugrunde liegt. Wesentlich für Twistoren ist eine schöne Asymmetrie der Physik von Neutrinos namens *Parität.* Wir sagen, dass ein System paritätssysmmetrisch ist, wenn sein Spiegelbild in der Natur existiert. Wir haben zwei Hände, die jeweils Spiegelbilder voneinander sind. Daher sind unsere Hände paritätssymmetrisch. Aber im Allgemeinen sind Menschen nicht paritätssymmetrisch, weil unser Herz und andere innere Organe asymmetrisch angeordnet sind und wir alle dazu neigen, eine Hand zu bevorzugen. Neutrinos existieren in Zuständen, deren Spiegelbilder nicht existieren, und sind folglich paritätsasymmetrisch. Penroses Twistor-Theorie drückt dieses Merkmal von Neutrinos aus, weil sie mathematische Struktu-

* Der in einer Doktorarbeit eines Schülers von Penrose namens John Moussouris vervollständigt wurde, die ebenfalls unveröffentlicht blieb und gleichfalls von Hand zu Hand weitergereicht wurde.

ren verwendet, die nicht gleich aussehen, wenn man sie in einem Spiegel betrachtet.

Viele Jahre lang entwickelten Penrose und ein paar Schüler die Twistor-Theorie für sich in Oxford. In den späten 1970er-Jahren weckte dies die Aufmerksamkeit von Edward Witten, der viele Jahre später Twistoren zum Grundpfeiler einer leistungsfähigen Reformulierung der Quantenfeldtheorie machte, die er gemeinsam mit einigen jüngeren Theoretikern erfand und die immer noch entwickelt wird.

Was ich an Penrose so bemerkenswert finde, ist, dass er eine verborgene Erzählung hat, die alles, was er tut, zu einer kohärenten Geschichte verknüpft. Deshalb überrascht es nicht, dass seine ausgedehnte Vision einer neuen Physik ihn zu einer Neuerfindung der Quantenmechanik führte. Dies war Teil einer umfassenderen Strategie, die Quantentheorie mit der allgemeinen Relativitätstheorie zu verknüpfen und eine Quantentheorie der Gravitation zu konstruieren.

Typischerweise begann Penrose seinen Angriff auf die Quantengravitation dadurch, dass er den offensichtlichen Weg ignorierte, den nahezu alle anderen wählten. Der Standardweg besteht darin, eine Quantenbeschreibung eines Systems zu konstruieren, ein Prozess, der als *Quantisierung* bezeichnet wird. Man beginnt mit einer Beschreibung des Systems in der Sprache der Newton'schen Physik. Dann »quantisieren« wir diese, indem wir einen bestimmten Algorithmus anwenden. Die Einzelheiten kümmern uns hier nicht, jedoch möge der Hinweis genügen, dass das Ergebnis eine Quantentheorie ist, die absolut konventionell und standardmäßig ist.

Diese Technik funktioniert in vielen Fällen und liefert uns erfolgreiche Quantentheorien von Atomen, Elementarteilchen und Strahlung. Sie lässt sich auch auf die Gravitation anwenden; tatsächlich wurde die Loop-Quantengravitation durch die »Quantisierung« der allgemeinen Relativitätstheorie konstruiert.

Penrose nahm einen anderen Weg. Die Quantentheorie und die allgemeine Relativitätstheorie stehen in einigen wichtigen Punkten in Konflikt miteinander. Der wichtigste ist, dass sie zutiefst unterschiedliche Beschreibungen der Zeit aufweisen. Die Quantenmechanik hat eine einzige universale Zeit. Die allgemeine Relativitätstheorie hat viele Zeiten – wenn wir mit Zeit die durch Uhren gemessene Dauer meinen. Der Beginn von Einsteins Relativitätstheorien ist eine Erörterung der Synchronisation zweier Uhren. Man beginnt zwar mit ihrer Synchronisation, aber sie bleiben im Allgemeinen nicht synchronisiert. Sie entschlüpfen der Synchronizität in einem Grad, der von ihren relativen Bewegungen und relativen Positionen im Gravitationsfeld abhängt.

Ein anderer Punkt, an dem die beiden Theorien in Konflikt stehen, ist das Superpositionsprinzip. Wie wir besprochen haben, können wir auf der Grundlage zweier Zustände eines Quantensystems neue Zustände bilden, indem wir sie addieren. Etwas, das wir bisher noch nicht erwähnt haben, ist, dass wir eine Menge unterschiedlicher Zustände durch die Superposition derselben zwei Zustände herstellen können. Das erreichen wir dadurch, dass wir den Beitrag jedes Zustands zur Superposition variieren. So können wir beispielsweise KATZE und HUND (aus unserem früheren Beispiel) mit gleichen Anteilen superponieren, wie in

ZUSTAND = KATZE + HUND

Oder wir können uns stattdessen entscheiden für

ZUSTAND = 3 KATZE + HUND

oder

ZUSTAND = KATZE + 3 HUND

Die Zahl, mit der wir jeden Zustand multiplizieren, wird als *Amplitude* bezeichnet. Ihr Quadrat ist mit der Wahrscheinlichkeit verknüpft. Im Zustand KATZE + HUND ist die Wahrscheinlichkeit gleich groß dafür, einen Katzenliebhaber oder einen Hundeliebhaber zu finden, während jemand im Zustand 3 KATZE + HUND eine neunmal größere Wahrscheinlichkeit aufweist, Katzen als Hunde zu lieben.

Die allgemeine Relativitätstheorie hat kein Superpositionsprinzip. Man kann nicht zwei Lösungen der Gleichungen der Theorie addieren und eine neue Lösung erhalten. Der mathematische Jargon dafür ist, dass die Quantenmechanik linear ist, während die allgemeine Relativitätstheorie nichtlinear ist.

Diese beiden Unterscheide sind miteinander verknüpft. Das Superpositionsprinzip ist in der Quantenmechanik deshalb möglich, weil es eine einzige universale Zeit gibt, die wir benutzen können, um zu messen, wie sich ihre Zustände in der Zeit entwickeln. Andererseits gibt es keine einfache Methode, zwei Raumzeiten zu addieren oder miteinander zu verknüpfen, um eine neue Raumzeit herzustellen, weil voneinander entfernte Uhren nicht synchron gehen.

Penrose akzeptiert die vielfingrige Natur der Zeit in der allgemeinen Relativitätstheorie und das Fehlen von Superpositionen als bittere Wahrheiten. Er vermutet, dass das Superpositionsprinzip verletzt werden muss, sobald Quantenphänomene in der Sprache der allgemeinen Relativitätstheorie beschrieben werden. Die Einfachheit und Linearität des Superpositionsprinzips sind seiner Vermutung nach nur angenähert wahr und gelten nur insoweit, als die Rolle der Gravitation ignoriert werden kann.

Penrose widerspricht also der Quantisierung der Gravitation. Stattdessen schlägt er vor, dass wir versuchen sollten, »die Quantenwelt zu relativieren«. Damit meint er die Einführung der vielfingrigen Vorstellung der Zeit in die Quantentheorie durch die

Verletzung des Superpositionsprinzips und dadurch, dass man die Quantenzustände nichtlinear macht.

Penrose ist zwar Realist, aber er macht einen ungewöhnlichen Zug für einen Realisten bezüglich der Quantentheorie. Anstatt sowohl Wellen als auch Teilchen Wirklichkeit zuzuschreiben oder neue »verborgene Variablen« zu erfinden, nimmt Penrose an, dass die Wirklichkeit allein aus der Wellenfunktion besteht. Das führt ihn dazu, den Vorschlag von Pearle und anderen aufzugreifen, dass der Kollaps der Wellenfunktion während einer Messung ein wirklicher physikalischer Prozess ist. Die plötzliche Veränderung der Wellenfunktion ist nicht, wie manche behaupten, die Folge einer Aktualisierung unseres Wissens darüber, wo sich das Teilchen befindet; sie ist ein echter physikalischer Prozess.

Im Gefolge der früheren Arbeiten von Pearle und GRW schlug Penrose vor, dass der Kollaps der Wellenfunktion ein physikalischer Prozess ist, der von Zeit zu Zeit auftritt[38] und die stetigen Veränderungen, die von Regel 1 angeordnet werden, unterbricht. Außerdem griff er einen Vorschlag von Diósi und Károlyházy auf: dass der Kollapsprozess etwas mit der Gravitation zu tun hat.[39] Wenn eine Wellenfunktion kollabiert, werden Superpositionen ausgelöscht. Der Grad, mit dem die Wellenfunktion kollabiert, hängt von der Größe und Masse des Systems ab. Wie wir zuvor besprochen haben, lässt sich dieser Grad so angeben, dass atomare Systeme fast nie kollabieren, während makroskopische Systeme häufig kollabieren, sodass Superpositionen großer Objekte unmöglich sind.

Das wirklich Aufregende an den Arbeiten von Diósi, Károlyházy und Penrose besteht darin, das sie ein Kriterium dafür vorschlugen, wann ein Kollapsereignis stattfinden würde, das den Kollaps zu einem Effekt der Gravitation macht. Grob gesagt, wird die Superposition eines Atoms, hier oder dort zu sein, zu einem einzigen Ort kollabiert, wenn der Ort des Atoms durch den Effekt seiner Gravitationsanziehung messbar werden würde.

Das ist mit der vielfingrigen Zeit der allgemeinen Relativitätstheorie verbunden. Stellen wir uns vor, dass die Wellenfunktion eine Superposition davon ist, dass das Atom sich im Wohnzimmer befindet und dass es sich in der Küche befindet. Wo auch immer das Teilchen ist, hat seine Masse ein Gravitationsfeld, das Uhren beeinflusst. Eine der frappierendsten Vorhersagen der allgemeinen Relativitätstheorie ist, dass Uhren, die tiefer in einem Gravitationsfeld sind, anscheinend langsamer gehen. Diese Vorhersage ist gut überprüft. Es wurde beobachtet, dass Atome auf der Oberfläche der Sonne langsamer vibrieren als dieselben Atome auf der Erde. Der Effekt lässt sich sogar feststellen, indem man die Taktraten von Atomuhren im Kellergeschoss eines Gebäudes mit denen von Uhren auf dem Dach vergleicht.

Das Ergebnis ist, dass Uhren in dem Zimmer, in dem sich das Teilchen befindet, langsamer gehen als Uhren im anderen Zimmer. Aber wie steht es mit einem Zustand, der eine Superposition daraus ist, dass das Atom sich im Wohnzimmer und in der Küche befindet? Das scheint zu implizieren, dass das Gravitationsfeld in einer Superposition von Zuständen sein muss, sodass jede Uhr langsamer geht.

Aber es gibt keinen solchen Zustand, weil man Raumzeitgeometrien nicht addieren kann, um neue Raumzeitgeometrien zu erhalten. Folglich muss die Wellenfunktion kollabieren.

Penrose macht eine Vorhersage dafür, wann die Wellenfunktion kollabiert, und es sind Arbeiten im Gange, ein Experiment zu konstruieren, um Penroses Vorhersage zu testen. In jüngster Zeit haben zwei Experimentierteams[40] behauptet, dass sie eventuell in der Lage wären, Superpositionen von unterschiedlichen Gravitationsfeldern herzustellen, im Gegensatz zu Penroses Hypothese. Das ist zwar fabelhaft, aber beunruhigend ist die Tatsache, dass Penrose keine detaillierte Theorie vorgeschlagen hat, die die Gravitation und die Quantentheorie vereinheitlicht, aus der sein heuristisches Modell abgeleitet werden könnte.

Penrose hat zumindest ein Modell dafür vorgeschlagen, wie dies alles funktionieren könnte. Dieses Modell verknüpft die gewöhnliche Entwicklung des Quantenzustands, die durch Regel 1 angegeben wird, mit dem Kollaps der Wellenfunktion, der durch Regel 2 angegeben wird. Beide fließen in einer einzigen Entwicklungsregel zusammen.

Penroses Theorie ist keine Quantenmechanik; sie ist eine neue Theorie, die die Quantenmechanik innerhalb eines realistischen Rahmens beinhaltet und auf einem neuen Entwicklungsgesetz beruht, das als Schrödinger-Newton-Gesetz bezeichnet wird. Dadurch werden Regel 1 und Regel 2 zu einem einzigen dynamischen Gesetz vereinheitlicht.

Wenn wir uns auf das Verhalten von Atomen und Strahlung konzentrieren, ahmt dieses einzige Entwicklungsgesetz die standardmäßige Quantenmechanik nach. Das Superpositionsprinzip ist in guter Annäherung erfüllt. Die Wellenfunktion verhält sich wie eine Welle, und Regel 1 ist erfüllt. Schrödingers Gleichung für die Wellenfunktion wird dann für atomare Systeme erhalten.

Aber wenn wir einen Schritt zurücktreten, um die makroskopische Welt zu beschreiben, dann beschreibt Penroses Modell eine Wellenfunktion, die zu einzelnen Konfigurationen kollabiert und konzentriert ist. Diese konzentrierten Wellenfunktionen verhalten sich wie Teilchen. Daher erhält man auf der makroskopischen Ebene Newtons Gesetze für die Bewegung von Teilchen.

Für mikroskopische Systeme reproduziert diese Theorie also die Quantenmechanik, während sie in der entgegengesetzten Situation vorhersagt, dass makroskopische Objekte sich wie Teilchen verhalten und Newtons Gesetzen gehorchen.

Modelle des physikalischen Kollapses werden auch weiterhin entwickelt. Vor Kurzem hat Pearle Fortschritte erzielt, indem er ein Kollapsmodell konstruierte, das mit der speziellen Relativitätstheorie kompatibel ist.[41] Die Idee, dass die Gravitation dafür verantwortlich ist, dass der Quantenzustand seine Kohärenz verliert und somit kollabiert, wurde auch von Rodolfo Gambini und Jorge Pullin entwickelt, die ihren Vorschlag als Montevideo-Interpretation der Quantenmechanik bezeichnen.[42] Und Steve Adler hat eine Rolle für den spontanen Kollaps in einem Modell verborgener Variablen gefunden, das er entwickelt hat.[43]

Die Führungswellentheorie und die Kollapsmodelle haben uns Wahlmöglichkeiten für Quantenphysiker gegeben, die Realisten sein wollen. Die Unterschiede sind zwar frappierend, aber die Ähnlichkeiten sind es ebenfalls.

Eine Möglichkeit besteht darin zu glauben, dass es sowohl Wellen als auch Teilchen gibt; das führt zur Führungswellentheorie. Diese löst zwar mit Leichtigkeit das Messproblem, aber zu einem Preis. Die Führungswellentheorie ist auf zweifache Weise extravagant. Sie hat eine doppelte Ontologie, aber eine asymmetrische Dynamik, durch die die Wellenfunktion die Teilchen führt, ohne dass es irgendeine reziproke Wirkung gibt, durch die die Teilchen die Welle beeinflussen. Und wir müssen mit einer unermesslichen Welt leben, in der die Wellenfunktion viele leere, gespensterhafte Abzweigungen besitzt.

Die Kollapsmodelle vermeiden all diese Einwände. Es gibt nur Wellen, daher gibt es keine Doppelontologie und kein Problem mit reziproken Wirkungen, und es gibt keine leeren Abzweigungen, weil diese durch die Kollapsereignisse eliminiert werden. Dadurch wird das Messproblem ebenfalls gelöst, aber auch hier gibt es einen Preis, nämlich dass die Theorie neue einstellbare Parameter aufweist, die abgestimmt werden müssen, um die Theorie vor Schwierigkeiten zu schützen.

Beide Ansätze stimmen in zwei entscheidenden Lehren überein: Die Wellenfunktion ist ein Aspekt der Wirklichkeit, und es gibt eine Spannung zur Relativitätstheorie. Das sind wichtige Hinweise für die Zukunft der Physik.

Zehn

Magischer Realismus

Jeder Quantenübergang, der auf jedem Stern,
in jeder Galaxie, in jeder weit entfernten Ecke
des Universums stattfindet, spaltet unsere lokale Welt auf
der Erde in unzählige Kopien ihrer selbst auf.

– *Bryce DeWitt*

In den letzten Kapiteln haben wir gesehen, dass es zwar Wahlmöglichkeiten für Realisten gibt, aber man sollte beachten, dass sie alle eine Änderung der Theorie erfordern. Die Modelle des spontanen Kollapses machen den plötzlichen Kollaps der Wellenfunktion zu einem Teil der Dynamik der Theorie. Der Kollaps findet statt, ob Messungen vorgenommen werden oder nicht und ohne Rücksicht auf unser Wissen. Die resultierenden Theorien stimmen zwar im Allgemeinen mit der Quantenmechanik nicht überein, bewahren aber einen Bereich der Übereinstimmung, der ausreichend ist, damit sie nicht den Ergebnissen von Experimenten widersprechen, die bisher durchgeführt wurden.

Die Führungswellentheorie ist eine weitere Wahlmöglichkeit für Realisten. Regel 2 wird außer Kraft gesetzt, sodass die Wellenfunktion sich immer nach Regel 1 entwickelt. Aber ein neues Element kommt hinzu: Teilchen, deren Bewegung von der Wellenfunktion gelenkt wird. Diese Theorie unterscheidet sich also ebenfalls von der Quantenmechanik. Wenn die Teilchen sich im

Quantengleichgewicht befinden, überschneiden sich die beiden Theorien, aber außerhalb des Quantengleichgewichts unterscheiden sich die Vorhersagen der Führungswellentheorie von denen der Quantenmechanik.

Es wäre wunderbar, wenn eines Tages Experimente bestätigten, dass die Natur eine der realistischen Theorien gegenüber der Quantenmechanik bevorzugt. Aber angenommen, es stellt sich heraus, dass wir nach vielen Jahren oder gar Jahrhunderten keine experimentellen Ergebnisse haben, die eine Modifikation oder Vervollständigung der Quantenmechanik erfordern. Was ist insbesondere dann, wenn man keine Grenze dafür findet, wie groß oder komplex ein System sein und dennoch in einen Zustand der Superposition versetzt werden kann? Mit anderen Worten, nehmen wir an, dass die Quantenmechanik in ihrer ursprünglichen Form völlig richtig zu sein scheint. Gäbe es dann noch irgendwelche Wahlmöglichkeiten für Realisten?

Der Grund dafür, dass es schwer ist, Realist zu sein und an die Quantenmechanik zu glauben, ist Regel 2, die Messungen eine Sonderrolle zuweist. Die Plötzlichkeit des Kollapses der Wellenfunktion bei einer Messung, die von Regel 2 diktiert wird, bedeutet, dass Quantenzustände sich auf eine Weise in der Zeit verändern, die keine Rücksicht auf Lokalität oder Energie nimmt und stattdessen von dem abzuhängen scheint, was wir wissen oder glauben. Da der Quantenzustand dadurch von unserem Wissen abhängig gemacht wird, kann dies kein Bestandteil einer realistischen Theorie sein.

Eine solche Theorie könnte Regel 2 nicht zu ihren Postulaten zählen, da das dem Realismus widersprechen würde. Daher würden wir unsere Theorie auf Regel 1 allein gründen müssen. Das ist zwar auch eine Modifikation der Theorie, aber eine solche, die sie mit der Führungswellentheorie teilt, und daher handelt es sich vielleicht um eine Änderung, die sich zu untersuchen lohnt. Eine solche Theorie hat keinen offensichtlichen Bezug zu Experimenten und enthält auch keine offenkundige Vorstellung von Unbestimmtheit oder Wahrscheinlichkeit. Können wir möglicherweise einer solchen Theorie zum Erfolg verhelfen und sicherstellen, dass sie zugleich mit dem Realismus kompatibel ist?

Eine Möglichkeit dafür wäre die Ableitung von Regel 2 aus einer Theorie, die sie nicht postuliert. Der Kollaps der Wellenfunktion würde nur unter bestimmten besonderen Umständen geschehen, zum Beispiel wenn ein Atom mit einem großen Messinstrument interagiert, das in etwa die Größe eines Menschen hat. Zu diesem Zweck müssen wir Rollen für Unbestimmtheiten und Wahrscheinlichkeiten finden, die in einer Welt entstehen, welche von einer Theorie beschrieben wird, in der sie nicht vorkommen.

Das Projekt, der Quantenmechanik einen Sinn ausschließlich auf der Grundlage von Regel 1 und im Einklang mit dem Realismus abzugewinnen, hat eine lange Geschichte. Es wurde 1957 von einem Doktoranden John Wheelers namens Hugh Everett III. begonnen und lässt sich daher als Everett'sche Quantenmechanik bezeichnen. Aber meistens wird sie die Viele-Welten-Interpretation der Quantenmechanik genannt, da manche, nicht ohne Widerspruch zu ernten, behauptet haben, sie impliziere, dass die Welt, die wir erfahren, nur eine einer unermesslichen Anzahl paralleler Universen ist.

Everetts Vorschlag wurde in seiner Doktorarbeit von 1957 präsentiert und im selben Jahr veröffentlicht.[44] Sie war ungewöhnlich kurz für eine Doktorarbeit, sollte jedoch nach einer gewissen Zeit einen großen Einfluss haben.

Wie viele verließ Everett die akademische Naturwissenschaft unmittelbar nach seiner Promotion, um eine Laufbahn in der Rüstungsindustrie zu beginnen. Daher war seine Dissertation sein einziger Beitrag zur Physik. Und es dauerte viele Jahre, bevor sie weithin gelesen wurde. Aber abgesehen von de Broglies Doktorarbeit fällt mir keine andere Dissertation ein, die langfristig eine solche destabilisierende oder revolutionäre (Sie haben die Wahl) Wirkung auf die Grundlagen der Physik haben sollte.

Eine von Everetts Ideen ist sicherlich richtig und nützlich. Wenn es keine Regel 2 gibt, dann kollabieren Wellenfunktionen nicht, weshalb wir nur anhand von Regel 1 beschreiben müssen, was bei einer Messung geschieht. Wie wir bei unserer Erörterung von Schrödingers Katze am Ende von Kapitel 4 sahen, führen Interaktionen, einschließlich Messungen, zu korrelierten Zuständen. Das Beispiel, das wir erörterten, war

ZWISCHENZUSTAND = (ANGEREGT **UND** NEIN **UND** LEBENDIG) **ODER** (GRUND **UND** JA **UND** TOT)

Das ***ODER*** bedeutet eine Superposition verschiedener möglicher Situationen, wobei in jeder davon das Atom, der Geigerzähler und die Katze alle miteinander korreliert sind. Angesichts dessen, dass sie alle sich in einer Superposition von Zuständen befinden, haben Observablen wie beispielsweise die Lebendigkeit der Katze keinen bestimmten Wert. Aber Everett bemerkte, dass wir trotzdem diesen superponierten Zustand so deuten können, dass er uns zwei bedingte Aussagen über den Zustand des kombinierten Systems nach der Messung liefert. Diese bedingten Aussagen sind

Wenn das Atom im angeregten Zustand ist, zeigt der Zähler NEIN an, und die Katze ist lebendig.

Und

Wenn das Atom im Grundzustand ist, zeigt der Zähler JA an, und die Katze ist tot.

Diese Aussagen sagen uns, dass das Atom, der Geigerzähler und die Katze durch das mögliche Hindurchtreten des Photons durch den Detektor miteinander korreliert worden sind.*

Der superponierte Zustand sagt uns nicht, welches Ergebnis beobachtet werden wird, aber er sagt uns, dass das Ergebnis eine Korrelation zwischen dem Zustand des Atoms und den Zuständen des Zählers und der Katze ausdrückt.

So viel ist an Everetts Dissertation unanfechtbar. Es ist allgemein wahr, dass Interaktionen zwischen zwei Quantensystemen Korrelationen zwischen den Zuständen der beiden Systeme herstellen, und diese Korrelationen können als Mengen bedingter Aussagen interpretiert werden. Das ist eine Folge von Regel 1, angewandt auf Interaktionen.

Man beachte jedoch, was dadurch nicht geleistet wird. Der superponierte Zustand sagt uns nicht, welches Ergebnis beobachtet werden wird. Bedingte Aussagen können nützlich sein, da sie uns ganz bestimmte Informationen über das System geben. Aber sie geben uns keine vollständige Information. Eine Theorie, die uns nur bedingte Aussagen gäbe, könnte für einen Realisten nicht ausreichen.

Daher ging Everett weiter. Um die Theorie, die nur Regel 1 enthält, realistisch zu machen, schlug er vor, unsere Auffassung der Wirklichkeit zu ändern. Everett behauptete, dass ein Zustand, der aus einer Superposition von Detektorzuständen besteht, eine Wirklichkeit beschreibt, in der beide Ergebnisse vorkommen. In dieser erweiterten Wirklichkeit sind beide bedingte Aussagen

---

* Man beachte, dass die beiden bedingten Aussagen, die zusammen den Inhalt des korrelierten Zustands ZWISCHENZUSTAND ausdrücken, nicht verlangen oder implizieren, dass das Atom zerfallen ist und ein Photon freigesetzt hat, das durch den Detektor hindurchgeht und eine Anzeige auslöst. Zu jedem Zeitpunkt könnte es schon zerfallen sein oder erst noch zerfallen. Deshalb spreche ich vom »möglichen Hindurchtreten des Photons durch den Detektor«.

wahr. Das heißt, Everett behauptete, dass *eine vollständige Beschreibung der Wirklichkeit die Superposition der beiden Zustände ist.* Ein Teil (aber nur ein Teil) von dem, was dadurch impliziert wird, ist die Wahrheit folgender Aussage:

> *Das Atom ist im angeregten Zustand, der Zähler zeigt NEIN an, und die Katze ist lebendig,* ***und*** *das Atom ist im Grundzustand, der Zähler zeigt JA an, und die Katze ist tot.*

Das scheint offensichtlich falsch zu sein. In der Welt, in der wir leben, erfährt die Katze nur ein Ergebnis. Daher haben wir in Kapitel 3 die Superposition so beschrieben, dass sie ein »oder« kennzeichnet. Entweder die Katze erlebt, dass sie lebendig ist, oder sie ist tot und erlebt nichts. In unserer Welt ist sie entweder das eine oder das andere.

Everett schlug vor, dass die Welt unserer Erfahrung nur ein Teil der vollständigen Wirklichkeit ist. In der erweiterten Welt, die seinem Vorschlag zufolge diese vollständige Wirklichkeit ausmacht, existieren Varianten von uns, die jedes mögliche Ergebnis jedes Quantenexperiments erleben.

Mit anderen Worten, das »oder« der gewöhnlichen Erfahrung wird in der Quantenmechanik zu einem »und«. Wir sagen »die Katze ist lebendig *oder* die Katze ist tot«, weil die beiden Zustände sich wechselseitig ausschließen. Aber nach dieser Formulierung kann es trotzdem wahr sein, dass »die Katze lebendig *und* tot ist«.

Die Idee ist, dass jedes Mal, wenn ein Experiment durchgeführt wird, das unterschiedliche Ergebnisse haben könnte, das Universum sich in verschiedene parallele Welten aufspaltet, jeweils eine für jedes der möglichen Ergebnisse. Wir spalten uns ebenso auf, gemeinsam mit der Welt. Das Experiment erzeugt eine zusätzliche Variante von uns selbst für jedes der möglichen Ergebnisse. Jede Variante von uns lebt von da an in einer Welt, die konsistent durch eine der bedingten Aussagen beschrieben wird, die wir aus dem kombinierten Zustand ablesen können.

Im Gegensatz zur Führungswellentheorie beinhaltet die Everett'sche Quantenmechanik keine Teilchen, weshalb nichts die verschiedenen Abzweigungen voneinander unterscheidet.* Anschließend werden wir aufgefordert, alle Verzweigungen als gleichermaßen wirklich zu betrachten und uns die Konsequenzen auszudenken. Wenn also Everett recht hat, bin ich in diesem Augenblick in Toronto, und ich bin in London und tatsächlich gleichzeitig an unzähligen Orten, an die mich mein Leben geführt haben könnte, einschließlich des Meeresbodens vor Peggy's Cove.

Diese Zweige werden manchmal Welten genannt. Man versteht, weshalb Everetts Vorschlag als Viele-Welten-Interpretation der Quantenmechanik bezeichnet wurde.

Damit das funktioniert, darf keine Variante eines Beobachters die Möglichkeit haben, mit den anderen zu kommunizieren; die Zweige müssen autonom sein.

Was ich bisher beschrieben habe, war Everetts ursprüngliche Version der Viele-Welten-Interpretation. Bei näherer Betrachtung erwies sie sich als etwas naiv, da sie auf mehrere große Probleme stieß.

Das erste Problem mit Everetts Formulierung besteht darin, dass seinem Vorschlag zufolge die Verzweigung stattfindet, wenn eine Messung vorgenommen wird. Aber dadurch erscheinen

---

* Wir können uns die Everett'sche Quantenmechanik als Führungswellentheorie ohne Teilchen vorstellen. In beiden Fällen gibt es keine Regel 2; beide machen Regel 1 universal. In beiden Fällen verzweigt sich daher die Wellenfunktion kontinuierlich und erzeugt alternative Geschichten, wie jene, wo ich in London blieb oder vor Peggy's Cove auf dem Swissair-Flug abstürzte. Der Unterschied ist, dass die Führungswellentheorie Teilchen annimmt, die nur eine der alternativen Abzweigungen nehmen.

Messungen als etwas Besonderes, wohingegen es ein Grundsatz des Realismus ist, dass Messungen gewöhnliche Interaktionen sind, die wie alle anderen behandelt werden sollten.

Tatsächlich zeichnet Regel 1 keine Experimente aus. Wenn man also Realist ist,* muss man darauf bestehen, dass das, was bei einer Messung geschieht, auch im Allgemeinen geschehen muss. Das Entscheidende, das eine Spaltung verursacht, ist eine Interaktion, die Korrelationen zwischen den interagierenden Systemen hervorbringt. Diese Korrelationen können, wie wir gesehen haben, als bedingte Aussagen ausgedrückt werden, die verschiedene mögliche Ergebnisse dieser Interaktion beschreiben.

Um zu vermeiden, dass Experimente einen Sonderstatus erhalten, muss das Universum sich jedes Mal aufspalten, wenn es eine Interaktion gibt, die mehr als ein mögliches Ergebnis hat. Aber das geschieht buchstäblich jederzeit – alles, was verlangt wird, ist der Zusammenstoß zweier Atome, und das geschieht unzählige Male pro Sekunde nur in der Luft in diesem Zimmer.

Außerdem kann die Interaktion, die die Spaltung verursacht, irgendwo im Universum stattfinden. Während Sie also diesen Satz lesen, spalten Sie sich unermesslich oft auf in eine unermessliche Anzahl von Varianten Ihrer selbst.**

---

* Es gibt eine operationale Lesart von Everett, die die Theorie rein als Methode zur Produktion von Mengen bedingter Aussagen betrachtet, wie ich sie oben beschrieben habe, aber keine Behauptungen darüber macht, was darüber hinaus wirklich ist. Das scheint mir eine konsistente Möglichkeit der Interpretation von Everetts These zu sein (Lee Smolin, »On Quantum Gravity and the Many Worlds Interpretation of Quantum Mechanics«, in: Steven Christensen und Bryce S. DeWitt (Hg.), Quantum Theory of Gravity: Essays in Honor of the Sixtieth Birthday of Bryce S. DeWitt, Bristol: Adam Hilger, 1984.)

** Im nächsten Kapitel werden wir sehen, dass manche Experten behaupten, das Aufspalten erfordere einen makroskopischen Prozess, der als Dekohärenz bezeichnet wird. Das geschieht weitaus seltener und hat den Effekt, die »unermessliche« Anzahl in diesem Satz auf eine bloß »sehr große« zu reduzieren.

Das ist viel verlangt vom Glauben einer Person, alles im Namen des Realismus. Kein Wunder, dass es einige Zeit dauerte, bis Everetts Ideen Anklang fanden.

Ein zweites Problem besteht darin, dass, wenn die Verzweigung Regel 2 ersetzen soll, sie irreversibel sein muss, um die elementare Tatsache zu reproduzieren, dass wir Beobachter jedes Experiment so erfahren, dass es ein bestimmtes Ergebnis hat. Tatsächlich ist die Wirkung von Regel 2, die durch die Verzweigung ersetzt werden soll, irreversibel. Aber die Verzweigung wird von Everett als Konsequenz nur von Regel 1 angenommen, welche reversibel ist.

Ein drittes großes Problem mit der Aufgabe von Regel 2 hat mit Wahrscheinlichkeiten – oder vielmehr mit deren Fehlen – zu tun.

Experimente messen Wahrscheinlichkeiten dafür, dass unterschiedliche Ergebnisse auftreten, und der Vergleich dieser Wahrscheinlichkeiten mit den Vorhersagen der Theorie ist ein wichtiger Bestandteil der Überprüfung der Quantenmechanik. Man sollte jedoch etwas Wichtiges beachten: Regel 1 spricht nicht von Wahrscheinlichkeiten. Jeglicher Bezug auf Wahrscheinlichkeiten geht in der Quantenmechanik von Regel 2 aus, die uns eine Formel dafür liefert, wie wahrscheinlich jedes mögliche Ergebnis ist. Diese Formel wird, wie wir schon bemerkt haben, als Born'sche Regel bezeichnet, und sie verknüpft Wahrscheinlichkeiten mit dem Quadrat der Wellenfunktion. Das ist der einzige Teil der Quantentheorie, der sich auf Wahrscheinlichkeiten bezieht, und er ist Teil von Regel 2. Wenn wir Regel 2 aus der Quantentheorie beseitigen, bleibt in der Theorie nichts übrig, das von Wahrscheinlichkeiten spricht.

Infolgedessen sagt uns Everetts Version der Quantenmechanik nur, dass jedes mögliche Ergebnis auftritt. Nicht mit einer bestimmten Wahrscheinlichkeit, sondern mit Sicherheit.

Das heißt, für jedes mögliche Ergebnis eines Experiments

behauptet die Viele-Welten-Interpretation, dass es einen Zweig gibt, auf dem es geschieht. Es gibt keinen Sinn, dem zufolge manche Zweige wahrscheinlicher als andere Zweige sind. Alles, was Regel 1 behaupten kann, ist, dass alle Zweige mit Sicherheit existieren. Folglich haben wir einen wichtigen Teil der Quantenmechanik verloren – jenen Teil, der die Wahrscheinlichkeiten vorhersagt, mit denen unterschiedliche Ergebnisse auftreten.

Everett war nicht dumm; er war sich dieses Problems bewusst, und er versuchte, es anzugehen. In seiner Dissertation bot er eine Möglichkeit an. Zu diesem Zweck schlug er eine Methode vor, die Beziehung zwischen Wahrscheinlichkeiten und den Quadraten der Wellenfunktion – eine Beziehung, die Regel 2 postuliert – unmittelbar und allein von Regel 1 abzuleiten.

Zuerst waren viele von diesem Ergebnis beeindruckt. Ich weiß, dass das gewiss für mich galt, als ich Everetts Aufsatz erstmals las. Aber es stellt sich heraus, dass in seiner Ableitung etwas verborgen war. Wie viele fehlerhafte Beweise setzte die Argumentation voraus, was bewiesen werden sollte. Die Beziehung zwischen dem Quadrat der Wellenfunktion und der Wahrscheinlichkeit wurde in einem anscheinend unbedenklichen Schritt eingeschmuggelt, der annahm, dass Zweige mit kleinen Wellenfunktionen* kleine Wahrscheinlichkeiten** aufweisen. Aber das lief darauf hinaus, eine Beziehung zwischen der Größe der Wellenfunktion und Wahrscheinlichkeiten anzunehmen, und deshalb bewies der Beweis weniger, als zunächst zu seinen Gunsten behauptet wurde.

Everetts Beweis wies jedoch etwas Wichtiges nach: Wenn man Größen namens Wahrscheinlichkeiten einführen wollte, wäre es

---

* Das heißt, Wellenfunktionen mit kleinen Amplituden.

** Genauer gesagt, während das Maß all dieser Zweige anhand von Statistiken, die die Born'sche Regel nicht erfüllen, gegen null geht, gilt das nicht für die Anzahl dieser Zweige im Grenzbereich einer unendlichen Anzahl von Versuchen.

konsistent anzunehmen, dass sie der Born'schen Regel folgen. Aber er zeigte nicht, dass die Einführung von Wahrscheinlichkeiten *notwendig* war, und er zeigte nicht, dass diese Wahrscheinlichkeiten mit der Größe der Wellenfunktion verknüpft sein müssen.

Noch ein anderes Problem mit Everetts ursprünglicher Formulierung der Viele-Welten-Interpretation bestand darin, dass die Aufspaltung des Quantenzustands in Verzweigungen mehrdeutig ist. Wie ich erklärt habe, wird jeder Zweig dadurch definiert, dass eine bestimmte Größe einen bestimmten Wert hat. Es gibt einen Zweig, auf dem das Atom angeregt und die Katze lebendig ist, und einen anderen Zweig, auf dem das Atom im Grundzustand und die Katze tot ist. Aber warum diese und nicht irgendwelche anderen Größen? Der Grundzustand und der angeregte Zustand sind Zustände unterschiedlicher Energie. Aber es gibt andere miteinander inkompatible Größen, die wir verwenden könnten, um eine Spaltung zu definieren. Es wird eine Superposition von Grund- und angeregten Zuständen geben, die dem entspricht, dass sich das Elektron auf der linken Seite des Atoms befindet, und eine andere Superposition, die dem entspricht, dass es sich auf der rechten Seite befindet.

Nennen wir diese Zustände links und rechts. Warum sollte die Spaltung nicht im Hinblick auf diese stattfinden? Das würde zu Zuständen der Katze führen, die Superpositionen aus lebendig und tot wären. Sie würde keine Welt mehr erfahren, in der es bestimmte Ergebnisse von Experimenten gibt. Aber Regel 1 ist es gleichgültig, ob sie bestimmte Ergebnisse erfährt oder nicht. Wir bezeichnen das als das Problem der bevorzugten Spaltung.

Auf den ersten Blick scheint es eine offensichtliche Antwort auf das Problem der bevorzugten Spaltung zu geben: Wir müssen die Wellenfunktion so aufspalten, dass die verschiedenen Zweige Situationen beschreiben, in denen makroskopische Beobachter wie die Katze bestimmte Ergebnisse sehen.

Aber das läuft darauf hinaus, Regel 2 wieder einzuführen, weil es dem, was makroskopische Beobachter sehen, eine besondere Rolle zuweist. Man hat das Rätsel, warum makroskopische Beobachter bestimmte Ergebnisse sehen, nicht gelöst. Und indem man Beobachtern eine besondere Rolle zuweist, gibt man den Versuch auf, eine realistische Interpretation zu erreichen, die auf Hypothesen darüber gegründet sein muss, was wirklich ist, auch wenn Beobachter fehlen.

Elf

Kritischer Realismus

Es gibt einen annähernden Konsens unter den Leuten, die die ursprüngliche Fassung der Viele-Welten-Interpretation – diejenige, die von Everett vorgeschlagen und von Wheeler und DeWitt verfochten wurde – untersucht haben, dass sie als realistischer Ansatz der Quantentheorie scheitert. Entweder man macht die Messungen zu etwas Besonderem und gibt den Realismus auf, oder man ist mit den großen Problemen konfrontiert, die ich genannt habe. Das wichtigste von diesen ist das Problem der bevorzugten Spaltung und die Frage, an welcher Stelle die Theorie die Wahrscheinlichkeiten und die damit verknüpften Unschärfen enthält, die die experimentellen Physiker messen.

Lässt sich also das Projekt einer realistischen Fassung der Quantentheorie retten, das heißt einer solchen, die sich nur auf die Wellenfunktion gründet, welche sich streng nach Regel 1 entwickelt?

In den letzten Jahren wurden einige ziemlich radikale Lösungen für die beiden großen Rätsel angeboten – das Problem der bevorzugten Spaltung und die Frage, woher die Wahrscheinlichkeiten kommen. Gemeinhin wird angenommen, dass das Problem der bevorzugten Spaltung durch eine Idee namens *Dekohärenz* gelöst wurde, die ich gleich erläutern werde. Ideen zum Ursprung der Wahrscheinlichkeiten gehen in der Hauptsache von einer Gruppe tiefsinniger Denker aus Oxford aus, die ihr Zentrum in der dortigen Abteilung für Philosophie haben. Der neue Ansatz im Hinblick auf Wahrscheinlichkeiten wurde von David Deutsch formuliert und von seinen Oxforder Kollegen ausführlich untersucht und entwickelt.[45]

Oxford hatte eine sehr kluge Gruppe von Philosophen der Physik, und mehrere von ihnen haben sich darauf konzentriert, Everetts Ideen einen Sinn abzugewinnen. Zu ihnen gehörten Hilary Greaves, Wayne Myrvold, Simon Saunders und David Wallace.* Gemeinsam mit Deutsch und ein paar anderen haben sie das vorgeschlagen, was manchmal als die Oxforder Interpretation der Quantenmechanik bezeichnet wurde.[46] Diese Vorschläge und die Argumente, die zu ihrer Stützung angeboten wurden, sind sowohl genial als auch raffiniert, aber das gilt auch für die Einwände, die von mehreren Physikern und Philosophen gemacht wurden. Angesichts des sehr hohen Niveaus sorgfältigen Denkens, das in diese Entwicklungen investiert wurde, finde ich es passend, dies als eine Episode des kritischen Realismus zu bezeichnen.

Nach vielen lebhaften und kunstvollen Argumenten ist das Projekt, das einer realistischen Quantentheorie, die nur auf Regel 1 basiert, einen Sinn abgewinnen will, immer noch in Arbeit. Die Probleme sind überraschend verwickelt und schwer zu fassen, und es gibt bisher noch keine allgemeine Übereinstimmung unter Experten darüber, was erreicht wurde. Um die Sache noch komplizierter zu machen, sind die Verfechter untereinander verschiedener Meinung, sodass unter den fünf oder sechs Hauptinitiatoren dieser Sichtweise mehrere unterschiedliche Fassungen verteidigt werden, die sich auf subtile, aber bedeutsame Weisen voneinander unterscheiden. Infolgedes-

---

* Wallace und Myrvold haben Oxford inzwischen verlassen; Deutsch, Greaves und Saunders waren 2018 noch dort.

sen kann ich nur eine grobe Einführung in die Schlüsselideen und -probleme hinter dieser neuen »Oxforder Interpretation« geben.

Die Idee der Dekohärenz beginnt mit der Beobachtung, dass ein makroskopisches System, wie zum Beispiel ein Detektor oder ein Beobachter, nie isoliert ist. Stattdessen befindet es sich in ständiger Interaktion mit seiner Umgebung. Die Umgebung besteht aus einer unermesslichen Anzahl von Atomen, die sich alle unvorhersagbar hierhin oder dorthin bewegen, und dadurch kommt eine große Dosis von Zufälligkeit in das System hinein. Dieses Zufallselement beeinflusst die Bewegungen der Atome, aus denen der Detektor besteht. Dadurch wird, grob gesagt, der Detektor dazu veranlasst, seine empfindlichen Quanteneigenschaften zu verlieren und sich so zu verhalten, als wenn er durch die Gesetze der klassischen Physik beschrieben wäre.

Betrachten wir, was ein Beobachter erfahren kann, wenn er auf einen Detektor schaut. Der Beobachter ist ebenfalls ein großes Objekt, das aus einer unermesslichen Anzahl von Atomen besteht, die alle im Kontakt mit einer Zufallsumgebung stehen. Wenn wir uns das Verhalten der Atome, aus denen der Detektor und die Beobachter bestehen, detailliert im kleinen Maßstab ansehen, werden wir Chaos erblicken, da das Bild von der zufälligen Bewegung der einzelnen Atome beherrscht wird, sowohl unserer eigenen als auch der des Detektors. Um irgendeine Art von kohärentem Verhalten zu sehen, müssen wir auf massive Bewegungen von relativ großen Teilen des Detektors im Großmaßstab blicken. Diese verlangen, dass man Mittelwerte aus den Bewegungen unzähliger Atome bildet. So entstehen Massengrößen, die makroskopische Größen wie beispielsweise die Farbe eines Pixels oder die Position eines Zeigers messen. Nur diese verhalten sich zuverlässig und vorhersagbar.

Tatsächlich verhalten sich diese Massengrößen so, als ob die Gesetze der Newton'schen Physik wahr sind. Erst wenn wir uns auf diese massenartigen Größen im Großmaßstab konzentrieren, können wir wahrnehmen, dass etwas Irreversibles geschehen ist, wie beispielsweise die Aufzeichnung eines Bildes, bei dem jedes Pixel eine riesige Zahl von Atomen umfasst. Und dieser Auffassung zufolge können wir erst dann sagen, dass eine Messung stattgefunden hat, wenn etwas Irreversibles geschehen ist.

Dekohärenz ist der Name, den wir dem Prozess zuweisen, durch den irrreversible Veränderungen durch die Ausmittlung des Zufallschaos der atomaren Wirklichkeit entstehen. Dekohärenz ist eine sehr wichtige Eigenschaft der Quantentheorie, denn sie erklärt, warum die Masseneigenschaften großer Objekte, wie zum Beispiel die groben Bewegungen von Fußbällen, Schwenkbrücken, Raketenschiffen, Planeten und so weiter, wohldefinierte Werte zu haben scheinen, die den Gesetzen der Newton'schen Physik gehorchen.

Das Wort »Dekohärenz« bezieht sich auf die Tatsache, dass solche Massenobjekte ihre Welleneigenschaften verloren zu haben scheinen, und daher verhalten sie sich so, als ob sie einfach aus Teilchen bestehen. Der Quantenmechanik zufolge besitzt alles, auch Katzen, Fußbälle und Planeten, sowohl Wellen- als auch Teilcheneigenschaften. Aber bei diesen Massenobjekten sind die Welleneigenschaften durch ihre Interaktionen mit ihrer chaotischen Umgebung so randomisiert worden, dass in keinem Experiment auf sie zugegriffen werden kann, sodass die Wellenhälfte der Wellen-Teilchen-Dualität stumm geschaltet wurde und die Objekte sich wie gewöhnliche Teilchen verhalten.

Aber manchmal gibt es mehr als nur eine Möglichkeit der Dekohärenz für das System. Ein perfektes Beispiel dafür ist Schrödingers Katze. Die Katze könnte als lebendige oder als tote

Katze in einem Zustand der Dekohärenz sein. Für den Unterschied ist eine Quantenvariable verantwortlich: Wenn das Atom zerfallen wäre, würde die Katze als tote sich im Zustand der Dekohärenz befinden; wenn das Atom angeregt wäre, würde sie als lebendige dekohärent sein. Ein Detektor ist daher eine Art von Verstärker mit einem Filter, der ihm nur gestattet, solche Zustände zu registrieren, in denen das Atom eindeutig entweder angeregt oder zerfallen ist.

Wie Sie sich vielleicht erinnern, bestand das Rätsel in Folgendem: Was geschah mit der Katze, während das Atom sich in einer Superposition aus angeregtem und zerfallenem Zustand befand? Die Antwort ist immer noch dieselbe – wenn man den Quantenzustand mikroskopisch betrachtet, handelt es sich um eine korrelierte Superposition eines angeregten Atoms und einer lebendigen Katze, die sich mit einem zerfallenen Atom und einer toten Katze überlagert.

Aber wenn man nur die Masseneigenschaften betrachtet, sodass die Dekohärenz ihre Aufgabe erfüllen kann, verwandelt die Zufälligkeit die Superposition in eine nahezu irreversible Veränderung. Jetzt gibt es zwei Ergebnisse – die lebendige Katze und die tote Katze – und beide entstehen! So spaltet sich der Dekohärenzgeschichte zufolge die Welt in zwei auf.

Die Denker aus Oxford behaupten dann, dass die Verzweigungen und Aufspaltungen der Wellenfunktion durch die Dekohärenz definiert werden.* Die Aufspaltung vollzieht sich auf eine solche Weise, dass sie unterschiedliche Ergebnisse voneinander trennt, die unterschiedliche Werte makroskopischer

---

* Die Idee, dass die Dekohärenz die Zweige der Viele-Welten-Interpretation definiert, wurde schon früher von anderen vorgeschlagen, u. a. von Heinz-Dieter Zeh, Wojciech Zurek, Murray Gell-Mann und James Hartle.

Lawrence S. Schulman, »Note on the Quantum Recurrence Theorem«, Physical Review A 18, Nr. 5 (November 1978): S. 2379–80, doi:10.1103/PhysRevA.18.2379.

Eigenschaften aufweisen, wie beispielsweise die Positionen eines Zeigers.

Die wichtigste Behauptung ist folglich, dass man nur bei denjenigen Subsystemen, die sich in einem Dekohärenzzustand befinden, damit rechnen kann, dass Beobachter mit ihnen verbunden sind. Da wir daran interessiert sind, was Beobachter sehen, sollten wir uns auf diese konzentrieren und die übrigen wegwerfen. Das eröffnet einen Weg zur Ableitung von Wahrscheinlichkeiten, bei dem man nur die Wahrscheinlichkeiten dessen miteinander vergleicht, was man auf dekohärenten Zweigen beobachten würde.

Dadurch wird eine Vorstellung von Beobachtern in die Theorie eingeführt, bei der man meinen könnte, dass sie ihren Anspruch auf Realismus schwächt. Es handelt sich jedoch um eine Möglichkeit der Entdeckung einer Rolle für Beobachter, die sich aus der Dynamik der Theorie ergibt, was gewiss besser ist, als einfach nur von Anfang an eine besondere Rolle für Beobachter zu postulieren. Man könnte geltend machen, dass Wahrscheinlichkeiten keine intrinsische Eigenschaft der Welt sind, sondern nur Aspekte der Überzeugungen von Beobachtern, die sich auf die Welt beziehen. Dann könnte eine solche Beschreibung mit dem Realismus verträglich sein, weil es eine objektive Charakterisierung einer Eigenschaft gibt, die Beobachter von anderen Subsystemen unterscheidet. Beobachter sind dekohärente Subsysteme.

Die Dekohärenz löst das Problem der bevorzugten Spaltung, weil sie nur im Hinblick auf bestimmte Observablen stattfindet. Häufig sind das die Positionen von großmaßstäblichen Objekten.

Bevor wir weitergehen, möchte ich erwähnen, dass es leider ein Problem damit gibt, die Dekohärenz zu einem notwendigen Bestandteil der Interpretation der Theorie zu machen, auf das vor langer Zeit von meinem Lehrer Abner Shimony hingewiesen wurde. Dieses Problem lässt sich ganz einfach formulieren. Regel 1 ist reversibel in der Zeit, sodass jede Veränderung, die ein Zustand unter Regel 1 durchläuft, rückgängig gemacht werden kann und auch tatsächlich rückgängig gemacht werden wird, wenn wir nur lange genug warten. Aber Regel 2 ist irreversibel, und die Art und Weise, wie sie Wahrscheinlichkeiten für die Ergebnisse von Messungen einführt, ergibt nur dann einen Sinn, wenn Messungen irreversibel sind und nicht rückgängig gemacht werden können. Somit ist es, wie Shimony argumentierte, unmöglich, dass Regel 2 allein von Regel 1 abgeleitet werden könnte.

Wie ich sie oben beschrieben habe, ist die Dekohärenz ein irreversibler Prozess, in dem die Kohärenz von Zuständen, die man braucht, um Superpositionen zu definieren, an Zufallsprozesse in der Umgebung des Messinstruments verloren geht. Aber wie kann Dekohärenz nach einer Theorie entstehen, die ausschließlich auf Regel 1 basiert, wo doch alle Veränderungen, die von Regel 1 diktiert werden, zeitlich reversibel sind?

Die Antwort ist, dass Dekohärenz immer ein näherungsweiser Begriff ist. Völlige Dekohärenz ist unmöglich. Wenn wir sehr lange warten, wird die Dekohärenz tatsächlich rückgängig gemacht werden, da die Information, die man braucht, um Superpositionen zu definieren, aus der Umgebung zurück in das System sickert.

Das geschieht aufgrund eines allgemeinen Theorems, das als *Poincarés Wiederkehrtheorem für Quanten* bezeichnet wird.[47] Unter ganz bestimmten Bedingungen, von denen man erwarten kann, dass sie für Systeme gelten, die ein atomares System und einen Detektor enthalten, gibt es eine Zeit, innerhalb welcher der Quantenzustand des Systems beliebig nahe an seinen Ausgangszustand zurückkehren wird. Diese Zeit, die als Poincaré'sche Wiederkehrzeit bezeichnet wird, kann sehr groß sein, aber sie ist immer endlich. Die Bedingungen beinhalten auch, dass das Energiespektrum diskret ist, was sicherlich vernünftig ist.*

Dekohärenz ist ein statistischer Prozess, ähnlich der zufälligen Bewegung von Atomen, die zu einer Zunahme der Entropie führt und Systeme in einen Zustand des Gleichgewichts bringt. Diese Prozesse scheinen zwar irreversibel zu sein. Aber in Wirklichkeit sind sie reversibel, weil jeder Prozess, der von Regel 1 regiert wird, reversibel ist. Das gilt sowohl in der Newton'schen als auch in der Quantenphysik; in beiden gibt es eine Wiederkehrzeit. In beiden Fällen kann der zweite Hauptsatz der Thermodynamik, dem zufolge die Entropie mit größerer Wahrscheinlichkeit zunimmt als abnimmt, nur für Zeiten gelten, die viel kürzer als die Poincaré'sche Wiederkehrzeit sind. Wenn wir lange genug warten, werden wir die Entropie genauso häufig ansteigen wie fallen sehen.

Auf ähnliche Weise könnte man versuchen zu argumentieren, dass es über kürzere Zeiträume hinweg eine niedrige Wahrscheinlichkeit dafür gibt, dass die Dekohärenz rückgängig gemacht wird und einer Rekohärenz Platz macht.

Solange wir jedoch nur daran interessiert sind, was in viel kürzeren Zeiträumen als denen geschieht, die für die Rekohärenz notwendig sind, und wir nur eine annähernde Beschreibung des-

---

* Tatsächlich erfordert das holografische Prinzip (das weiter hinten im Buch definiert wird), dass jedes System, das in eine Kiste mit Wänden einer endlichen Oberfläche passt, eine endliche Anzahl von Zuständen besitzt. Das gilt gewiss für jedes System der Art, die wir hier erörtern – ein atomares System, das mit einem Messinstrument interagiert. Eine mögliche Erwiderung darauf ist, dass wir in einem endlos expandierenden Universum leben, was implizieren könnte, dass die Dimension des Zustandsraums sich kontinuierlich ausdehnt, in welchem Fall es eine Poincaré'sche Wiederkehr gibt. Dadurch werden mehrere faszinierende Fragen aufgeworfen. Aber im Augenblick genügt es festzuhalten, dass das darauf hinausläuft, dass die Quantenmechanik nur dann einen Sinn ergibt, wenn sie auf das Universum als Ganzes angewandt wird.

sen wollen, was vor sich geht, wenn atomare Systeme mit großen Körpern interagieren (was für praktische Zwecke geeignet ist), liefert uns die Dekohärenz eine nützliche angenäherte Beschreibung dessen, was während einer Messung geschieht. Tatsächlich ist die Dekohärenz ein sehr nützlicher Begriff, wenn man wirkliche Quantensysteme analysiert; beispielsweise fließt ein Großteil des Designs eines Quantencomputers in Maßnahmen, die der Dekohärenz entgegenwirken. Aber in einem prinzipiellen Sinne ist diese Beschreibung unvollständig, da sie die Prozesse auslässt, die den Zustand rekohärent machen werden, wenn wir lange genug warten.

Wenn aber der Zustand rekohärent wird, werden Messungen, die auf der Dekohärenz beruhen, rückgängig gemacht. Daher können Messungen, wie sie von Regel 2 beschrieben werden, nicht das Ergebnis der Dekohärenz sein, zumindest sofern Dekohärenz nach einer Theorie beschrieben wird, die nur auf Regel 1 beruht.

Daher scheint es, als ob die Dekohärenz nicht allein der Schlüssel dazu sein kann, wie sich Wahrscheinlichkeiten in der Everett'schen Quantentheorie ergeben, weil diese ausschließlich auf Regel 1 basiert.

Diese Erörterung macht deutlich, dass die Frage, woher die Wahrscheinlichkeiten kommen, zentral dafür ist, der Viele-Welten-Interpretation einen Sinn abzugewinnen. Der Schlüssel zum Verständnis des Oxford-Ansatzes liegt im Verständnis dessen, was eine Wahrscheinlichkeit ist. Diese Frage ist viel schwieriger, als es den Anschein hat. Wir haben alle eine intuitive Vorstellung davon, was es bedeutet zu sagen, dass die Wahrscheinlichkeit dafür, dass eine geworfene Münze mit dem Kopf nach oben landet, 50 Prozent ist. Man kennt den Unterschied zwischen dem, was man zu erwarten hat, wenn die Wettervorhersage lautet, die Chance für Regen betrage 10 Prozent, und dem, wenn die

Vorhersage lautet, die Chance für Regen betrage 90 Prozent. Aber wenn wir uns genauer ansehen, was wir tatsächlich meinen, wenn wir von Wahrscheinlichkeiten sprechen, stellen wir fest, dass der Begriff überraschend schlüpfrig wird.

Ein Teil der Gründe dafür, warum Wahrscheinlichkeiten verwirrend sind, besteht darin, dass es wenigstens drei verschiedene Arten oder Bedeutungen von Wahrscheinlichkeit gibt.

Der einfachsten Vorstellung nach ist Wahrscheinlichkeit ein Maß für unseren Glauben oder unsere Überzeugung, dass etwas geschehen wird. Wenn wir sagen, es gibt eine 50-prozentige Chance dafür, dass beim nächsten Münzwurf der Kopf oben landet, ist das keine Aussage über die Münze; es ist eine Beschreibung unseres Glaubens in Bezug auf das Ergebnis des Münzwurfs. Solche Wahrscheinlichkeiten werden als *Bayes'sche Wahrscheinlichkeiten* bezeichnet.

Wenn wir sagen, die Bayes'sche Wahrscheinlichkeit für Regen am morgigen Tag beträgt 0 Prozent, dann sagen wir damit bloß, dass wir glauben, dass es nicht regnen wird, und wenn wir sagen, die Wahrscheinlichkeit liegt bei 100 Prozent, dann heißt das, dass wir sicher sind, dass es regnen wird. Wahrscheinlichkeiten, die dazwischen liegen, wie etwa 20 Prozent, 50 Prozent oder 70 Prozent, beziehen sich auf unsere Überzeugung, dass es regnen wird. Insbesondere gestehen wir eigentlich ein, keine Ahnung zu haben, ob etwas geschehen wird, wenn wir sagen, dass etwas eine 50-prozentige Wahrscheinlichkeit hat, sich zu ereignen.

Bayes'sche Wahrscheinlichkeiten sind eindeutig subjektiv. Sie lassen sich am besten im Hinblick auf unser Verhalten bewerten. Je höher die Wahrscheinlichkeit für Regen ist, umso wahrscheinlicher wird es sein, dass wir auf Regen wetten oder zumindest einen Schirm mitnehmen würden.

Viele Wahrscheinlichkeiten, mit denen wir im Alltagsleben zu tun haben, lassen sich am besten auf diese Weise verstehen, nämlich auf bestimmte Wahrscheinlichkeiten zu wetten. Sicherlich sind probabilistische Vorhersagen über die Börse oder den Wohnungsmarkt von dieser Art. Tatsächlich machen wir die meiste Zeit, wenn wir von der Wahrscheinlichkeit eines zukünftigen Ereignisses sprechen, eine subjektive Aussage über unsere Überzeugung, indem wir Bayes'sche Wahrscheinlichkeiten benutzen.

Eine zweite Art von Wahrscheinlichkeit kommt ins Spiel, wenn wir Aufzeichnungen der betreffenden Ereignisse machen. Wenn wir eine große Anzahl von Münzen werfen und Aufzeichnungen darüber machen, wie oft sie mit dem Kopf nach oben landen, können wir den Anteil der Kopfwürfe in dieser Abfolge von Münzwürfen als Wahrscheinlichkeit definieren. Man bezeichnet sie als *Häufigkeitswahrscheinlichkeiten*.

Schlagdurchschnitte und andere Sportstatistiken sind Häufigkeitswahrscheinlichkeiten. Sie geben den Anteil der Male an, bei denen ein Schlagmann zur Grundlinie gelangte, nachdem er am Schlag war.

Manchmal sind Wettervorhersagen von dieser Art. Wenn die Website des landesweiten Wetterdienstes am Morgen sagt, dass es eine 70-prozentige Regenwahrscheinlichkeit für heute Nachmittag gibt, dann meint er wahrscheinlich, dass es in seinen umfangreichen Aufzeichnungen an etwa 70 von 100 Tagen, an denen Bedingungen wie heute Morgen herrschten, am Nachmittag regnete.

Natürlich sind diese Wahrscheinlichkeiten ungenau. Das Problem mit ihnen besteht darin, dass die Häufigkeiten variieren werden, solange die Anzahl der beobachteten Tage endlich ist. Aber je größer die Anzahl der Tage ist, für die der Wetterdienst über Aufzeichnungen verfügt, umso zuverlässiger wird die Vorhersage sein.

Wenn man eine Münze 100-mal wirft, kann man die Frage stellen, wie oft man Kopf erhält. Der Anteil wird als relative Häufigkeit der Kopfwürfe bezeichnet. Diese wird bei etwa 50 liegen;

wir sind nicht überrascht, wenn sie sich häufig als 48 oder 53 erweist.

Für jede endliche Anzahl von Versuchen wird die Anzahl von Kopfwürfen selten genau die Hälfte sein. Die Schlüsselidee ist, dass der Anteil unterschiedlicher Ergebnisse zu bestimmten festgelegten Werten tendieren würde, wenn wir in der Lage wären, eine unendliche Anzahl von Versuchen durchzuführen. Dies definiert die Vorstellung der Wahrscheinlichkeit als relativer Häufigkeit.

Das Problem damit ist, dass wir in der wirklichen Welt nur eine endliche Anzahl von Versuchen erhalten. Solange die Anzahl der Versuche endlich ist, gibt es eine gute Chance dafür, dass die Anzahl von Kopfwürfen sich von genau der Hälfte der Versuche unterscheidet. Eine überraschend schwierige Frage besteht darin, was nötig ist, um zu zeigen, dass eine probabilistische Vorhersage falsch ist, unter der Voraussetzung, dass wir nur eine endliche Anzahl von Tests vornehmen können. Tatsächlich können wir oft nur sagen, dass unsere Vorhersage unwahrscheinlich ist. Damit das aber einen Sinn hat, müssen wir definieren, was wir mit »unwahrscheinlich« meinen. Wir können nicht annehmen, dass wir wissen, was »unwahrscheinlich« bedeutet, da wir eben gerade dabei sind, seine Bedeutung zu definieren.

Angenommen, wir werfen eine Münze eine Million Mal und erhalten 900 000-mal Kopf. Es ist möglich, dass das ein seltener Glückstreffer und unsere Münze in Ordnung ist. Aber wir können schließen, dass es sehr wahrscheinlich ist – wenn auch nicht sicher –, dass die Münze gezinkt ist.

Per definitionem wählen wir zwar unsere subjektiven Wahrscheinlichkeiten aus. Aber wir können verlangen, dass es eine bestimmte Beziehung zwischen den subjektiven Bayes'schen Wahrscheinlichkeiten gibt, die wir auswählen, und den objektiven Häufigkeiten, die aus vergangenen Aufzeichnungen entnommen werden. Solange wir nicht über mehr Informationen verfügen, ist die beste Wette, die wir machen können, diejenige, die der Wahrscheinlichkeit folgt, die sich auf historische Aufzeichnungen gründet. Was wir hier mit der »besten Wette« meinen, ist diejenige Entscheidung, die meistens unseren Interessen dienen wird. Im Wirtschaftsjargon könnten wir sagen, dass das die »rationalste Entscheidung« ist.

Das könnten wir folgendermaßen formulieren:

In einer Situation, in der man über begrenztes Wissen verfügt, ist es am rationalsten, die subjektive Wettwahrscheinlichkeit an den Häufigkeiten auszurichten, die in historischen Aufzeichnungen beobachtet wurden.

Das ist eine Variante des »Principal Principle« (etwa Chefprinzip oder Vorgesetztenprinzip) des Philosophen David Lewis. Am Ursprung dieses Prinzips steht die Annahme, dass die Zukunft der Vergangenheit ähnlich sein wird. Oder zumindest, dass es vor dem Hintergrund unvollständiger Information rational ist, darauf zu wetten, dass die Zukunft der Vergangenheit ähnlich ist. Mit dieser Wette steht man vielleicht manchmal auf der falschen Seite der Geschichte, aber sie ist trotzdem die sicherste Wette, die man machen kann.*

Nehmen wir nun an, dass wir eine andere Frage stellen, nämlich die Häufigkeiten zu erklären, die in den Aufzeichnungen eines bestimmten Experiments beobachtet wurden. Angenommen, die beobachtete Häufigkeit lag nahe bei 50 Prozent. Es läge nahe, dieses Ergebnis durch eine Anwendung der Gesetze der Physik auf dieses bestimmte Experiment zu erklären.

---

* Man beachte, dass dieses Prinzip nicht so interpretiert werden kann, dass es das Ende des Versuchs bedeutet, den Wahrscheinlichkeiten einen Sinn abzugewinnen, weil es etwas isoliert, dass wir eigentlich von ersten Prinzipien her verstehen möchten. Was fehlt, ist ein überzeugendes Argument, das uns zwingen würde, unsere subjektiven Wahrscheinlichkeiten an den objektiven Chancen auszurichten.

Eine solche Erklärung könnte Gründe dafür angeben, warum Kopf als Ergebnis ebenso wahrscheinlich wäre wie Zahl. Das würde die Vermutung einschließen, dass die Münze nicht gezinkt war sowie Vermutungen über die Würfe, wie sich die Münze verhält, wenn sie auf eine Oberfläche auftrifft, und so weiter. Unsere Erklärung könnte sich auch auf Ergebnisse aus anderen Experimenten beziehen, die unseren Glauben an die Theorie stützen.

Wenn wir einmal eine solche Erklärung hätten, würden wir sie verwenden, um vorherzusagen, dass ein einzelner Wurf dieselbe Chance hat, mit Kopf oder Zahl nach oben zu landen. Diese Vorhersage ist eine Überzeugung und somit eine subjektive Bayes'sche Wahrscheinlichkeit. Aber sie bezieht sich auf den einzelnen Münzwurf. Dieser Wurf muss nicht zu einer großen Anzahl von Versuchen gehören; und daher gibt es hier auch keine relative Häufigkeit. Es ist dann sinnvoll zu sagen, dass die bestimmte Münze in ihrem Kontext eine physikalische *Tendenz* (Propensität) aufweist, dass ein einzelner Münzwurf in 50 Prozent der Fälle mit Kopf nach oben endet.

Die Tendenz ist eine intrinsische Eigenschaft, die die Münze als Folge der Gesetze der Physik besitzt. Sie lässt sich als Wahrscheinlichkeit ausdrücken, ist aber keine Überzeugung. Vielmehr rechtfertigt sie eine Überzeugung. Sie ist etwas in der Welt, in Bezug worauf wir eine Überzeugung haben können. Wie wir gesagt haben, ist eine Propensität auch keine Häufigkeit, denn sie ist eine Eigenschaft der Münze, die für jeden einzelnen Wurf gilt. Eine Propensität scheint folglich eine dritte Art von Wahrscheinlichkeit zu sein, die sich sowohl von Überzeugungen als auch von Häufigkeiten unterscheidet.

Man beachte, dass Propensitäten im Unterschied zu den anderen beiden Arten von Wahrscheinlichkeiten Konsequenzen von Theorien und Hypothesen über die Natur sind. Aber sie haben charakteristische Beziehungen zu den anderen beiden Arten von

Wahrscheinlichkeiten. Wir können Überzeugungen in Bezug auf Propensitäten haben. Propensitäten können wiederum relative Häufigkeiten erklären und Überzeugungen rechtfertigen.

In der Quantenmechanik ergeben sich Wahrscheinlichkeiten aus Regel 2, insbesondere aus der Born'schen Regel, die die Wahrscheinlichkeit dafür, ein Teilchen an einer bestimmten Position festzustellen, mit dem Quadrat der Amplitude der Wellen an dieser Position verknüpft. Diese Wahrscheinlichkeit wird als intrinsische Eigenschaft des Quantenzustands postuliert; folglich ist sie eine *Propensitätswahrscheinlichkeit.* Die Quantenmechanik behauptet, dass es keine tiefere Erklärung für diese Wahrscheinlichkeit und die sich daraus ergebende Unschärfe gibt; sie ist eine intrinsische Eigenschaft des Quantenzustands.

Als Everett Regel 2 fallen ließ, war das Ergebnis eine Theorie ohne irgendeinen Begriff von Wahrscheinlichkeit, eine intrinsische oder sonstige. Wie ich erwähnt habe, versuchte er, diese durch eine Häufigkeitsvorstellung von Wahrscheinlichkeit zu ersetzen, und scheiterte.

Das Dilemma, mit dem Vertreter von Everetts Formulierung der Quantenmechanik konfrontiert waren, bestand darin, dass es Zweige gibt, auf denen Beobachter sehen, dass die Born'sche Regel, die Größen mit Häufigkeiten verknüpft, gilt, und dass es andere Zweige gibt, deren Beobachter sehen, dass die Born'sche Regel verletzt ist. Bezeichnen wir diese als gutartige und bösartige Zweige. Letztere können zwar kleinere Wellenfunktionen als die ersteren haben, aber man kann dies nicht verwenden, um zu argumentieren, dass die letzteren auch weniger wahrscheinlich sind, weil das bedeuten würde, dass man die Beziehung zwischen dem Ausmaß oder der Größe der Wellenfunktion und der Wahrscheinlichkeit der Theorie aufzwingen würde. Doch das ist genau das, was die Verfechter von Everetts Formulierung aus Regel 1 abzuleiten versuchen; es anzunehmen würde bedeuten, Regel 2 durch die Hintertür einzuschmuggeln.

Die Everett'sche Theorie ist eine Hypothese über das Wesen der Wirklichkeit. Sie postuliert, dass alles, was existiert, eine Wellenfunktion ist, die sich deterministisch entwickelt. Aus der imaginären Perspektive eines gottgleichen Beobachters außerhalb des Universums gibt es keine Wahrscheinlichkeiten, weil die Theorie deterministisch ist. Alle Zweige der Wellenfunktion existieren; alle sind gleichermaßen wirklich.

Die Everett'sche Theorie behauptet, dass jeder von uns viele parallele Leben führt und durch einen Zweig bestimmt wird, der dekohärent geworden ist. Die Theorie sagt uns auch, dass jeder dieser Zweige mit Sicherheit existiert. Wenn diese Theorie also richtig ist, gibt es überhaupt keine objektiven Wahrscheinlichkeiten, weil es keine Regel 2 gibt. Bezeichnen wir das als Everetts Hypothese.

Aber wir sind nicht gottgleich; wir sind Beobachter, die innerhalb des Universums leben, und der Hypothese zufolge sind wir ein Teil der Welt, die von der Wellenfunktion beschrieben wird. Diese externe Beschreibung hat also für uns oder für die Beobachtungen, die wir machen, keine Relevanz.

Folglich sind wir mit einem Rätsel konfrontiert. Wo finden wir in dieser Welt die Wahrscheinlichkeiten, die die gewöhnliche Quantenmechanik zu vorhersagen beansprucht und die mit den Häufigkeiten verglichen werden sollen, die von den Experimentatoren gezählt werden? Ohne Regel 2 gehören diese Wahrscheinlichkeiten nicht zu der Welt, wie sie bei unserer Abwesenheit wäre. Häufigkeiten sind Zählungen ganz bestimmter Ergebnisse, aber solche Dinge sind keine einzigartigen oder ausschließlichen Tatsachen in der Everett'schen Quantentheorie, weil es unter der Voraussetzung jeder möglichen Zählung von Ergebnissen eines wiederholten Experiments Zweige gibt, die genau diese Zählung aufweisen. Es gibt Zweige, bei denen diese Zählungen mit den Vorhersagen der Quantenmechanik (mit Regel 2) übereinstimmen, und Zählungen, bei denen das nicht der Fall ist. Wir können nicht sagen, dass die ersteren wahrscheinlicher als die letzteren sind, weil es in der Everett'schen Quantentheorie keine objektiven Wahrscheinlichkeiten gibt. Wir können nicht einmal sagen, dass die ersteren zahlreicher sind als die letzteren, weil es in realistischen Fällen von beiden unendlich viele geben wird.

Sie haben richtig gelesen: Die Everett'sche Quantenmechanik sagt vorher, dass eine unendliche Anzahl von Beobachtern experimentelle Ergebnisse beobachten wird, die mit den Vorhersagen der Quantenmechanik nicht übereinstimmen! Das ist das Schicksal der unendlichen Zahl von Beobachtern, deren Missgeschick sie an bösartigen Zweigen entlangführt. Außerdem ist es so, dass eine unendliche Zahl von Beobachtern auf gutartigen Zweigen experimentelle Ergebnisse sieht, die mit den Vorhersagen der Quantentheorie übereinstimmen. Aber das ist ein schwacher Trost, weil ein gutartiger Zweig sich jeden Augenblick in einen bösartigen verwandeln kann.

In der Everett'schen Quantenmechanik können wir anscheinend nicht sagen, dass die Quantentheorie objektive Wahrscheinlichkeiten vorhersagt, die inhärente Merkmale der Natur sind, die auch bei unserer Abwesenheit existieren. Und wenn wir keine andere Möglichkeit für die Einführung von Wahrscheinlichkeiten finden, können wir nicht sagen, dass die Theorie durch die Durchführung des Experiments und die Zählung der unterschiedlichen Ergebnisse geprüft werden kann, weil das Scheitern jeder solchen Prüfung durch die Annahme abgewiesen werden kann, dass wir uns einfach nur auf einem bösartigen Zweig befinden – und diese sind nicht weniger wahrscheinlich oder weniger zahlreich als die gutartigen Zweige, die die probabilistischen Vorhersagen der Quantenmechanik bestätigen.

Um diese Situation in Angriff zu nehmen, hat David Deutsch einen interessanten Vorschlag gemacht, nämlich nicht zu fragen, ob die Everett'sche Theorie wahr oder falsch ist, sondern wie wir als Beobachter innerhalb des Universums wetten sollten, wenn wir annähmen, dass sie wahr ist. Insbesondere ist die Hauptsache, auf die wir wetten müssen, ob der Zweig, auf dem wir leben, gutartig oder bösartig ist, wenn wir annehmen, dass die Everett'sche Geschichte wahr ist. Jede andere Wette, die wir machen könnten, hängt von dieser einen Wette ab. Wenn wir auf einem gutartigen Zweig sind, dann werden sich die Wetten auszahlen, die auf der Born'schen Regel basieren. Wenn wir kein solches Glück haben, dann ist alles möglich, weil buchstäblich alles geschehen kann.

Es handelt sich nicht um eine Wette, die sich auf das Universum bezieht, weil es sicher ist, dass das Universum Beobachter enthält, die auf beiden Arten von Zweigen leben. Stattdessen handelt es sich um eine Wette darauf, wo wir uns im Universum befinden. Auf diese Frage gibt es keine richtige Antwort, weil es, wenn Everett recht hat, beide Arten von Beobachtern gibt, und einige von uns werden von der einen Art sein und andere von der anderen Art.

Dennoch schlägt Deutsch vor, dass es rationaler ist zu wetten, dass wir auf einem gutartigen Zweig sind. Das Argument ist technisch und verwendet einen bestimmten Zweig der Wahrscheinlichkeitstheorie, der als *Entscheidungstheorie* bezeichnet wird. Deutschs Ergebnis nimmt entsprechend bestimmte Axiome der Entscheidungstheorie an, die angeben, was es bedeutet, eine rationale Entscheidung zu treffen.

Manche Experten haben diesen Ansatz kritisiert; manche verteidigen und entwickeln ihn, während noch andere Experten alternative Argumente mit derselben Schlussfolgerung anbieten. Da ich auf diesem Gebiet kein Spezialist bin, werde ich nicht darüber spekulieren, welche Experten recht haben.

Man beachte jedoch, was diese Art von Argument nicht leistet – und auch nicht leisten kann. Es kann uns keine Belege dafür anbieten, dass die Everett'sche Hypothese wahr ist, weil Deutsch und seine Kollegen mit der Annahme beginnen, dass die Hypothese korrekt ist. Ihre Argumente nehmen außerdem die Axiome der Entscheidungstheorie an. Wenn man sie nicht akzeptiert, hat man keinen Beweis dafür, dass die Wahrscheinlichkeiten mit den Größen verknüpft sind. Alles, was das Argument zeigen könnte, ist, dass unter der Annahme der Axiome der Entscheidungstheorie es mit der Everett'schen Hypothese verträglich ist, Wetten abzugeben und andere Arten von Entscheidungen zu treffen, als ob die Born'sche Regel wahr wäre.

Man beachte, dass auch unter der Annahme, dass Everett recht hat, die Beobachter, die als Teil einer Everett'schen Welt modelliert werden, nicht wissen, dass sie in einer Everett'schen Welt leben. Es gibt keinen Grund dafür, dass sie das wissen sollten, und wenn sie es doch täten, dann wären sie keine Modelle von uns als Beobachter in einem Universum, deren vollständige Menge von Prinzipien erst noch entdeckt werden muss. Für sie ebenso wie für uns muss die Everett'sche Hypothese eine von mehreren konkurrierenden Hypothesen über das Wesen von seinsfähigen Eigenschaften (beables) des Quantenuniversums sein.

Betrachten wir nun die Situation von Beobachtern innerhalb eines Everett'schen Universums. Es gibt zwei Fälle, je nachdem, auf welcher Art von Zweig wir leben. Angenommen, wir haben Glück und leben auf einem gutartigen Zweig, sodass unsere Wetten, die auf der Born'schen Regel beruhen, sich auszahlen. Nun, dann schneiden wir nicht besser und nicht schlechter ab als Menschen, die an andere Formulierungen und Interpretationen der Quantenmechanik glauben und daher ebenfalls Wetten abschließen, die auf der Born'schen Regel beruhen. Was den anderen Ansätzen fehlt, ist eine Rechtfertigung, die auf der Entscheidungstheorie beruht. Andererseits brauchen die Führungswellentheorie und die Kollapsmodelle keine solche Rechtfertigung, weil sie auf völlig objektiven Vorstellungen von Wahrscheinlichkeiten beruhen, die sich aus unserer Unkenntnis der Details des einzelnen Experiments ergeben.

Unter seinen eigenen Bedingungen, unter denen es nicht bestimmen kann, was wahr ist, sondern nur Ratschläge dafür geben kann, wie man am besten Wetten platziert, impliziert Deutschs Argument, dass es für Beobachter innerhalb einer Everett'schen Welt nicht rationaler ist, an Everett zu glauben, als es für sie ist, an Bohr oder de Broglie, Bohm oder an irgendeine andere Interpretation zu glauben. Auch wenn man annimmt, dass Everett recht hat, können daher im besten Fall Beobachter in einer Everett'schen Welt keine Belege dafür aufbringen, an Everetts Hypothesen gegenüber den alternativen Hypothesen zu glauben.

Wie steht es mit den Varianten von uns, die auf bösartigen Zweigen leben? Ihre Wetten, die auf der Born'schen Regel beruhen, zahlen sich nicht aus, weil die Häufigkeiten, die sie messen, nicht mit denen übereinstimmen, die von der Born'schen Regel vorhergesagt werden. Wie sieht es also vom Standpunkt dieser glücklosen Beobachter aus? Erinnern wir uns, dass für sie die übliche Formulierung der Quantenmechanik (zum Beispiel wie sie in von Neumanns Buch dargelegt wird) eine Hypothese sein muss, und Everetts Hypothese ist eine andere konkurrierende Hypothese.

Beobachter auf einem bösartigen Zweig kommen zu dem Schluss, dass die erste Hypothese einfach falsch ist, weil die Born'sche Regel nicht die Ergebnisse vorhersagt, die sie beobachten. Die zweite Hypothese, die Everett'sche, wird nicht falsifiziert, weil sie vorhersagt, dass manche Beobachter die Born'sche Regel scheitern sehen werden. Aber es ist noch schlimmer als das. Unter der Annahme von beliebigen Ergebnissen wiederholter Messungen sagt Everetts Geschichte voraus, dass einige Beobachter, die auf einem bösartigen Zweig leben, genau diese Ergebnisse sehen werden. Daher kann Everetts Hypothese nicht durch die Überprüfung irgendeiner probabilistischen Vorhersage, die auf der Born'schen Regel beruht, falsifiziert werden, da es kein Ergebnis einer wiederholten Messung gibt, die mit einem Everett'schen Universum unverträglich ist.

Es scheint also, dass die Masse experimenteller Vorhersagen, die die gewöhnliche Quantenmechanik falsifizieren könnten – diejenigen, die theoretische Wahrscheinlichkeiten mit experimentell beobachteten Häufigkeiten vergleichen –, nicht als Falsifikation der Everett'schen Quantenmechanik gelten würden. Obwohl sie nicht völlig unfalsifizierbar ist – weil die Theorie andere Arten von Vorhersagen macht, die keine Wahrscheinlichkeiten beinhalten –, scheint die Everett'sche Quantenmechanik weitaus weniger verletzlich durch Falsifikationen zu sein als die gewöhnliche Quantenmechanik.

Das ist an sich ein guter Grund, einen alternativen Ansatz zu bevorzugen. Eine Theorie, die weniger falsifizierbar ist, hat per definitionem auch weniger Erklärungskraft.

Wenn wir andererseits die Annahmen von Deutsch und den anderen Oxfordern akzeptieren, dann müssen wir den Standpunkt der bösartigen Zweige ignorieren, weil diese Zweige sehr unwahrscheinlich sind. In diesem Fall gibt es Arbeiten, die zeigen, dass die Theorie überprüfbar ist, sobald man die bösartigen Zweige vernachlässigt.

Die Oxforder betonen, dass, wenn man die Korrektheit der Axiome der Entscheidungstheorie annimmt, man ableiten darf, dass es rational ist, so zu schlussfolgern, als ob die Größen mit den Wahrscheinlichkeiten verknüpft sind. Daraus folgt, dass es rational ist, so zu schlussfolgern, als ob wir eine ganz kleine Wahrscheinlichkeit hätten, auf einem bösartigen Zweig zu enden, weshalb diese Möglichkeit ignoriert werden kann.

Darüber hinaus könnten sie behaupten, dass so etwas wie dieser Sachverhalt immer der Fall ist, wenn wir probabilistisch denken. Wir könnten immer Pech haben und tausendmal hintereinander ein Wurfergebnis mit Köpfen haben. Aber es gibt einen

Unterschied. In einem endlichen Leben und einer einzigen, endlichen Welt können wir sicher sein, dass solche Dinge fast nie geschehen. Aber in starkem Gegensatz dazu behauptet die Everett'sche Quantenmechanik, dass entsprechende bösartige Zweige nicht nur existieren – sie sind so zahlreich wie die gutartigen Zweige. Während Deutschs Argument etwas über die subjektiven Wettwahrscheinlichkeiten sagt, die Beobachter innerhalb der Everett'schen Welt annehmen, bleibt es doch der Fall, dass die gesamte Theorie deterministisch ist und dass jeder Zweig eindeutig existiert.

Zumindest meinem besten Verständnis nach scheint es, dass die Versuche von Deutsch und anderen* zur Rettung des Projekts, der Everett'schen Hypothese einen Sinn abzugewinnen – anhand ausschließlich subjektiver Wahrscheinlichkeiten für Beobachter in einem Everett'schen Universum, die anhand der Entscheidungstheorie eingeführt wurden –, keinen überzeugenden Erfolg aufweisen. Argumente, die sich allein auf subjektive Begriffe von Wahrscheinlichkeit gründen, erklären nicht, warum wir die bösartigen Zweige vernachlässigen können – denn, wenn Everett recht hat, sind sie objektiv wirklich.

Wir brauchen etwas Neues. Um die Lage zu retten, hat Simon Saunders vorgeschlagen, den gordischen Knoten durch das Postulat zu durchschlagen, dass die Größen der Zweige objektive Wahrscheinlichkeiten (anstatt Wettwahrscheinlichkeiten) dafür angeben, dass sich ein Beobachter in Übereinstimmung mit der Born'schen Regel auf einem dekohärenten Zweig befindet. Sein Argument dafür besteht darin, dass die Größen der Zweige in der

* Unter anderem von Greaves, Myrvold und Wallace. Ich möchte erwähnen, dass sie Argumentstränge einführen, die ich hier nicht behandelt habe und über die die Experten uneinig sind, sodass die Situation etwas komplexer ist als der Überblick, den ich präsentiert habe.

Tat viele der Eigenschaften aufweisen, die wir objektiven Wahrscheinlichkeiten zuschreiben würden. Tatsächlich lautet seine Behauptung, dass sie diese Eigenschaften als Folge von Regel 1 haben – folglich handelt es sich um die Entdeckung einer Konsequenz der Gesetze, anhand derer sich die Quantenzustände entwickeln. Es ist kein zusätzliches Postulat wie Regel 2. Wenn sein Vorschlag funktioniert, wäre das eine echte Ableitung von Regel 2 und der Born'schen Regel von einer Theorie, die ausschließlich auf Regel 1 beruht.

Das befreit uns von den Problemen, die die bösartigen Zweige aufwerfen, weil es unter der Annahme, dass Saunders recht hat, nicht sehr wahrscheinlich ist, dass wir uns auf einem von ihnen befinden. Aber Saunders behauptet, dass diese Ableitung noch mehr als das leisten würde: Sie wäre eine echte Ableitung dafür, wie objektive Wahrscheinlichkeiten in der Natur entstehen, und sie würde erklären, warum wir unsere subjektiven Wettwahrscheinlichkeiten an den objektiven Wahrscheinlichkeiten ausrichten müssen.

Meinem Verständnis zufolge sind die Experten in Oxford gegenwärtig in der Frage gespalten, ob Saunders' Vorschlag funktioniert. Ein Problem ist, dass die Zweiggrößen zwar einige, aber nicht alle Eigenschaften objektiver Wahrscheinlichkeiten aufweisen. Daher müssen wir diese Erörterung hier auf sich beruhen lassen; nach mehr als sechzig Jahren Forschung ist es immer noch nicht klar, ob man Everetts verblüffender Idee einen Sinn abgewinnen kann.

Nachdem wir eingesehen haben, dass das Projekt, der Everett'schen Hypothese einen Sinn abzugewinnen, noch nicht abgeschlossen ist, kann ich eine Reihe von Anmerkungen anbieten.

Meinem Gesamtverständnis zufolge würde die Everett'sche Hypothese, wenn sie sich als erfolgreich erwiese, bei Weitem zu viel und zugleich viel zu wenig erklären. Zu viel, weil wir glauben müssen, dass die ganze Welt, die wir üblicherweise für wirklich hielten, nur ein Zweig innerhalb einer unermesslich viel größeren Wirklichkeit ist. Und zu wenig, weil aus diesem Bilde der Wirklichkeit eine Menge augelassen wird. Am markantesten an der erlebten Wirklichkeit ist die Tatsache, dass jeder Prozess, den wir beobachten, ein bestimmtes Ergebnis hat. Was an der Quantentheorie ebenfalls am meisten beeindruckt, ist ihre Fähigkeit, anhand von Regel 2 genaue Vorhersagen der beobachteten Häufigkeiten dieser bestimmten Ergebnisse zu machen. Was ich vom Realismus erwarte, ist eine detaillierte Erklärung dafür, wie diese Wahrscheinlichkeiten als relative Häufigkeiten entstehen, indem man Mittelwerte über einer Menge wiederholter Durchläufe des Experiments bildet.

Die Wirklichkeit, die wir Realisten anstreben, ist die Welt, wie sie bei unserer Abwesenheit ist oder wäre. Subjektive Wahrscheinlichkeiten, die Entscheidungsträger dazu führen, Wetten abzugeben, gehören nicht zu dieser Welt, da es sie nicht gäbe, wenn es uns nicht gäbe. Die Frage ist nicht, ob Leute, die Entscheidungen treffen, wirklich sind, denn wir sind gewiss wirklich. Die Frage ist auch nicht, ob wir eine wissenschaftliche Theorie rationaler Entscheidungen anstreben könnten, wenn wir Interesse daran hätten. Stattdessen lautet die Frage, ob wir den Ehrgeiz der Physik erfüllen können, das Licht und die Atome auf eine Weise zu beschreiben, die völlig unabhängig davon ist, ob wir existieren oder nicht.

Ich möchte betonen, dass das letzte Wort noch nicht darüber gesprochen ist, ob der Oxford-Ansatz, auf sich allein gestellt, bei der Aufgabe erfolgreich ist, der Viele-Welten-Interpretation einen Sinn abzugewinnen. Die Everett'sche Hypothese kann sich immer noch als inkonsistent oder inkohärent erweisen. Oder sie könnte sich als der einzige realistische Ansatz für die Quantenmechanik herausstellen, dem zufolge Regel 1 allein genügt, um die Theorie zu formulieren. In meinen Augen würde jedes der beiden Ergebnisse einfach nur das Argument stärken, dass wir eine neue Theorie brauchen.

Wenn empirische Tests von Theorien scheitern, müssen wir uns immer noch dafür entscheiden, über welche Theorie wir arbeiten wollen. Wie eine Reihe von Philosophen und Historikern hervorgehoben hat, lässt es sich nicht vermeiden, Faktoren ins Spiel zu bringen, die als wissenschaftsfremd erscheinen mögen, wenn wir einschätzen sollen, welches Forschungsprogramm und welche Theorie unsere Zeit und Aufmerksamkeit verdient, bevor endgültige Belege vorliegen. Das ist vor allem deshalb der Fall, weil es sich dabei zum Teil um individuelle Entscheidungen handelt, und wenn empirische Kriterien erst noch den Ausschlag geben müssen, ist es im Interesse der wissenschaftlichen Gemeinschaft als Ganzer, die größte Vielfalt von Ansätzen zu fördern, die mit den im Moment vorliegenden Belegen verträglich sind. Wie Paul Feyerabend in seinem Buch *Wider den Methodenzwang* darlegt, ist es die Konkurrenz zwischen unterschiedlichen Standpunkten und Forschungsprogrammen, die den Fortschritt der Wissenschaft antreibt, insbesondere während kritischer Perioden, in denen die Belege nicht ausreichen, um zu entscheiden, welcher Ansatz letztlich die besten Erklärungen hervorbringen wird.

Die Bewertung eines Forschungsprogramms auf der Grundlage nichtempirischer Faktoren ist zum Teil eine Sache des individuellen Geschmacks und Urteils.* Nach vielen Bemühungen, das Denken seiner Verfechter zu verstehen, scheint mir das Plädoyer für das Everett'sche Programm folgendermaßen auszu-

---

* Meine eigene Ansicht darüber, wie die Wissenschaft funktioniert, und über die Rolle individueller Urteile bei der Bildung eines Konsenses der gesamten wissenschaftlichen Gemeinschaft wird in Kapitel 17 meines Buchs *Die Zukunft der Physik* skizziert.

sehen. Ich erwarte beziehungsweise ich weiß, dass andere, die es durchdacht haben, nicht einverstanden sind. Ich scheue mich nicht davor einzugestehen, dass kein Problem in Bezug auf die Grundlagen der Quantentheorie für mich persönlich eine größere Herausforderung darstellte und schmerzhafter war als das Everett-Problem, bei dem ich anderer Meinung bin als Freunde und Kollegen, für die ich im Lauf der Jahre großen Respekt entwickelt habe.

Wir wissen, dass die ursprüngliche Form der Viele-Welten-Interpretation als realistischer Ansatz scheitert, weil sie mit zwei großen Problemen behaftet ist, nämlich mit dem Problem der bevorzugten Spaltung und dem Problem, dass die Theorie deterministisch ist und keine Wahrscheinlichkeiten beinhaltet. Nach vielen Bemühungen zur Entwicklung einer raffinierteren Version, die auf Dekohärenz und subjektiven Wahrscheinlichkeiten beruht, sind sich die Experten auch weiterhin über technische Fragen uneins. Aber auch wenn sie Erfolg haben sollten, hätte man nur nachgewiesen, dass die Axiome der Entscheidungstheorie verlangen, dass Beobachter, die in einer Everett'schen Welt leben, so wetten, als ob die Born'sche Regel gelten würde. Das gibt uns jedoch keinen Grund zu glauben, dass wir in einem Everett'schen Universum leben. Mir ist auch kein empirisch basiertes Argument bekannt, das von uns verlangen würde, Everetts Ansatz gegenüber anderen Ansätzen zu bevorzugen. Trotz mancher provokativer Behauptungen des Gegenteils gibt es kein experimentelles Ergebnis, das nicht zumindest ebenso gut von anderen realistischen Ansätzen erklärt werden kann. Es gibt Behauptungen, dass allein der Everett'sche Ansatz solche Phänomene wie die Beschleunigung des Quantencomputings erklären kann, aber dem widerspricht die Tatsache, dass die alternativen realistischen Programme wie beispielsweise die Führungswellentheorie Erklärungen für diese Experimente liefern, die zumindest dieselbe Erklärungskraft haben.

Ein Argument für den Everett'schen Ansatz beginnt mit der Behauptung, dass es nur drei realistische Formulierungen der Quantentheorie gibt und dass die anderen beiden, die Führungswellentheorie und die Kollapstheorie, Spannungen zur Relativitätstheorie aufweisen und deshalb Schwierigkeiten haben, die Quantenfeldtheorie einzubeziehen. Dieses Argument impliziert also, dass Everett recht haben muss, wenn man annimmt, dass man dem Argument einen Sinn abgewinnen kann. Ich bin anderer Meinung und halte das für ein starkes Motiv, um andere realistische Ansätze zu entwickeln zu versuchen, was ich in den Schlusskapiteln dieses Buchs darstelle.

An dieser Stelle endet das wissenschaftliche Plädoyer; wenden wir uns nun nichtempirischen Faktoren zu. Der Philosoph Imre Lakatos empfahl, in Forschungsprogramme zu investieren, die progressiv sind, worunter er verstand, dass sie sich schnell entwickeln und das Potenzial besitzen, zu einem Durchbruch zu führen. Ein progressives Forschungsprogramm ist außerdem ein solches, das für künftige Entwicklungen und Überraschungen offen ist im Gegensatz zu Programmen, die annehmen, dass man die Grundprinzipien und -phänomene bereits versteht. Progressive Kriterien begünstigen realistische Ansätze für die Grundlagen der Quantentheorie gegenüber antirealistischen Ansätzen, weil letztere uns darauf beschränken, neue Möglichkeiten des Sprechens über Quantenphänomene zu entwickeln, von denen man annimmt, dass sie bereits bekannt sind, während die ersteren davon ausgehen, dass die Quantenmechanik unvollständig ist und daher darauf abzielen, neue Phänomene und neue Prinzipien zu entdecken, in die die Phänomene eingebettet werden können.

Innerhalb der realistischen Ansätze glaube ich, dass man dafür argumentieren kann, dass Everetts Hypothese die am wenigsten progressive ist – obwohl es Argumente auf beiden Seiten gibt. Eine gewaltige Anstrengung wurde in die Entwicklung der Everett'schen Quantenmechanik investiert. Vieles davon ist technisch und äußerst scharfsinnig, doch der größte Teil dieser Arbeit wurde in die Behandlung von Problemen investiert, die nur innerhalb der Viele-Welten-Interpretation entstehen, aber die anderen Ansätze nicht plagen. Ich würde sogar nahelegen, dass das Everett'sche Programm von den realistischen Ansätzen der am wenigsten offene für die Möglichkeit ist, dass zukünftige Entdeckungen uns dazu führen werden, die Prinzipien und den mathematischen Formalismus der Quantenmechanik zu modifizieren.

Auf der anderen Seite sollte man darauf hinweisen, dass die Everett'sche Theorie viele Arbeiten über Dekohärenz angeregt hat, was für unser Verständnis der Quantenphysik im Allgemeinen wichtig war. Sie regte auch viele Fortschritte beim Quantencomputing an und tut das auch weiterhin. Die Viele-Welten-Interpretation spielte eine Rolle bei der bahnbrechenden Arbeit von David Deutsch. Doch wir müssen auch der Führungswellentheorie und den Kollapsmodellen die experimentellen Vorschläge zugutehalten, die sie angeregt haben, beispielsweise im Hinblick auf die Physik außerhalb des Gleichgewichtszustands im frühen Universum. Daher scheint es, dass die Auseinandersetzung darüber, welcher realistische Ansatz progressiver ist, in etwa ausgeglichen ist.

Das Merkwürdige am Oxford-Ansatz besteht darin, dass er eine Menge über alle die Welten zu sagen hat, die wir nicht erfahren und nicht erfahren können, und zwar insbesondere über die annähernden Kopien von uns, die sie bevölkern, während er uns nichts über die Welt unserer Erfahrung sagt, was wir nicht schon wüssten. Unter der Annahme, dass sie vermutlich ebenso lebendig und mit Bewusstsein begabt sind wie wir, frage ich mich, ob wir – oder diejenigen von uns, die genügend an Everett glauben, um seine Sichtweise als eine ernsthafte Möglichkeit zu erwägen – uns um unsere Kopien sorgen sollten und ob wir ihnen gegenüber irgendwelche Verantwortlichkeiten haben.

Ich gebe zu, dass die Erforschung der Lebensqualität unserer Kopien auf anderen Zweigen als etwas akademisch erscheinen mag. Aber eine Sache, worin wir Akademiker geschult sind, ist die Ausarbeitung der logischen Konsequenzen von Hypothesen und Annahmen. Und die provokativste und in meinen Augen abstoßendste Konsequenz von Everett ist, dass wir glauben müssen, dass jeder von uns eine unendliche Anzahl von Kopien hat, von denen jede ebenso lebendig und mit Bewusstsein begabt ist wie wir. Das klingt mehr nach Science-Fiction als nach Naturwissenschaft, aber es scheint eine unmittelbare Konsequenz von Everetts Hypothese zu sein. Da es sich hier um Wissenschaft und nicht um Glauben handelt, haben wir nicht die Möglichkeit, eine »großzügige« Interpretation der Everett'schen Hypothese zu vertreten, derzufolge wir uns dafür entscheiden, bestimmte Aspekte, wie beispielsweise die Existenz einer Wellenfunktion des Universums, zu glauben, während wir andere ignorieren.

Daher scheint mir Everett zwei Arten ethischer Zwickmühlen aufzuwerfen. Erstens verurteilt dieser Ansatz eine unermessliche Zahl lebender und mit Bewusstsein begabter Wesen zu einem Leiden, das nicht durch Bemühungen, die wir unternehmen, gelindert werden kann. Darüber hinaus hätte ich die Sorge, die Tatsache, dass viele unserer talentiertesten und fähigsten Wissenschaftler glauben, dass wir in diesem unglücklichen Universum leben, könnte dem langfristigen öffentlichen Wohl abträglich sein, weil sie durch die Auslöschung der Unterscheidung zwischen Möglichkeit und Wirklichkeit die Motivation verringert, an der Verbesserung unserer Welt zu arbeiten.

Könnten wir nicht dasselbe über die Zunahme der Entropie sagen, die vom zweiten Hauptsatz der Thermodynamik verfügt wird, was letztlich die Ursache des Todes der meisten Lebewesen ist? Der Unterschied ist, dass wir wissen, dass der Zweite Hauptsatz wahr ist. Wir haben keine Wahl, ob wir ihn glauben sollen, während es alternative Formulierungen der Quantentheorie gibt, die uns keine Existenz von Kopien aufzwingen. Es ist auch ganz legitim, die Naturwissenschaftler und Philosophen zu kritisieren, die unnötig pessimistische Folgerungen auf der Grundlage eines unvollständigen Bildes ziehen, das die positiven Effekte der Selbstorganisation in Systemen fernab vom Gleichgewichtszustand vernachlässigt.

Gegen die komplette Vorstellung eines Beobachters, der auf einem bösartigen Zweig lebt, lassen sich Einwände mit der Begründung erheben, dass kein Teil der Biochemie, von der das Leben abhängt, in einer Welt, in der die Born'sche Regel regelmäßig nicht gälte, gut funktionieren würde. Um genauer zu sein, könnten wir bösartige Zweige anhand des Anteils von Ereignissen abschätzen, für die die Born'sche Regel nicht gilt. Wir könnten dann die Zweige anhand der Schwere solcher Pannen katalogisieren. Das Leben auf einem gemäßigt bösartigen Zweig wäre so, als ob man einer niedrigen Dosis von Ionenstrahlung ausgesetzt wäre, mit ähnlichen Folgen einer schlechteren Gesundheit.

Selbst unter den gutartigen Zweigen gäbe es Gesundheitsunterschiede. Morgen wird ein Gammastrahl auf einen Strang meiner DNS treffen, und die Folgen beinhalten die Aufspaltung von uns und unserer Welt in einen Haufen dekohärenter Welten. Einige meiner Kopien werden als Ergebnis Krebs entwickeln und einige nicht. In beiden Mengen gibt es Varianten von mir; daher liegt mir etwas an beiden. Die extreme Variante dieses Arguments legt nahe, dass weit in der Zukunft einige ganz vom Glück begünstigte Kopien von mir, die jeder Kugel ausweichen und jeden Krebs überleben konnten, immer noch leben werden.

Mir scheint, dass die Viele-Welten-Interpretation unser moralisches Denken zutiefst infrage stellt, weil sie die Unterscheidung zwischen dem Möglichen und dem Wirklichen auslöscht. Für mich ist der Grund für das Streben nach einer besseren Welt, dass wir hoffen können, die wirkliche Zukunft besser als mögliche Zukünfte zu machen, die wir am Anfang zugeteilt bekamen.

Wenn jede Eventualität, die wir zu eliminieren trachteten, ob es sich um Hunger, Krankheit oder Tyrannei handelt, irgendwo anders in der Wellenfunktion wirklich wäre, dann würden unsere Bemühungen keine allgemeine Verbesserung zur Folge haben. Probleme wie ein Atomkrieg und der Klimawandel sind weniger dringlich, wenn es viele Varianten der Erde gibt und die Menschheit mehr als eine Chance hat, das Richtige zu tun.

Die Existenz all dieser Kopien von uns würde mir also als eine moralische und ethische Zwickmühle erscheinen. Wenn unabhängig von allen Entscheidungen, die ich in meinem Leben treffe, es eine Variante von mir geben wird, die die gegenteilige Entscheidung trifft, warum ist es dann wichtig, wofür ich mich entscheide? Es wird einen Zweig im Multiversum für jede Möglichkeit geben, die ich gewählt haben könnte. Es gibt Zweige, in denen ich so teuflisch wie Stalin und Hitler werde, und es gibt Zweige, wo man mich als Nachfolger von Ghandi liebt. Ich könnte auch selbstsüchtig sein und die Entscheidungen treffen, die zu meinem Vorteil sind. Gleichgültig, was ich auch wähle, die freundliche und großzügige Entscheidung wird von einer unendlichen Zahl von Kopien getroffen werden, die auf einer unendlichen Anzahl anderer Zweige leben.

Das scheint mir ein ethisches Problem zu sein, weil die bloße Tatsache, dass ich an die Existenz all dieser Kopien glaube, meinen eigenen Sinn für moralische Verantwortung verringert.

Ein geschätzter Freund, der über die Everett'sche Quantentheorie arbeitet, würde darauf bestehen, dass das trotzdem eine Möglichkeit ist, wie die Welt beschaffen sein könnte. Unsere Aufgabe ist es herauszufinden, wie die Welt beschaffen ist, und es steht uns nicht zu, unsere persönlichen Vorlieben und Abneigungen durchzusetzen. Meine Antwort ist, dass, solange es kein entscheidendes Argument dafür gibt, den Everett'schen gegenüber den übrigen Ansätzen zu bevorzugen, es mir freisteht, auf einen anderen Ansatz zu wetten. Es steht jedem frei, sich anders zu verhalten, aber ich entscheide mich dafür, meine Zeit für die Entwicklung von Kosmologien zu verwenden, die uns dazu anregen, nach neuen Teilchen, neuen Phänomenen, einer neuen Physik zu suchen im Gegensatz zur akademischen Betrachtung des Lebens von Kopien unserer selbst.

Und, so würde ich hinzufügen, unter der Voraussetzung, dass ich es nicht für wahrscheinlich halte, dass Everetts Hypothese oder irgendetwas Ähnliches sich als wahr erweisen wird, gibt es nur eine geringe Gefahr für Schäden, wenn ein paar brillante Philosophen sich dafür entscheiden, ihre Anstrengungen mit der Ausarbeitung der Konsequenzen einer wirklich verblüffenden und raffinierten Hypothese zu verbringen. (Wenn diese Vorstellung den Zeitgeist beeinflussen sollte, wäre das etwas anderes, worum man sich sorgen müsste.) Selbst wenn es eine falsche Idee ist, ist es eine Idee, die wahrscheinlich früher oder später aufkommen musste, und sie haben die richtige Art von analytisch fähigem Geist, der streng geschult und für die Frage geeignet ist, was meiner eindeutig nicht ist. Hoffen wir deshalb, dass sie schließlich die Frage lösen, ob eine realistische Theorie, die allein auf Regel 1 basiert, einen Sinn ergeben kann oder nicht.

Der namhafte Teilchentheoretiker Steven Weinberg äußerste kürzlich seine Meinung über das Scheitern von Bemühungen, Wahrscheinlichkeiten aus der Quantenmechanik abzuleiten.

> Es gibt noch etwas anderes, was an dem realistischen Ansatz [der vielen Welten] unbefriedigend ist, und zwar jenseits unserer provinziellen Präferenzen [d. h., wenn man die Idee, dass man Kopien hat, »nicht mag«]. Nach diesem Ansatz entwickelt sich die Wellenfunktion des Multiversums deterministisch. Wir können immer noch von Wahrscheinlichkeiten als den Anteilen der Zeit sprechen, in denen verschiedene mögliche Ergebnisse gefunden werden, wenn Messungen viele Male in jeder einzelnen Geschichte

> vorgenommen werden; aber die Regeln, die vorschreiben, welche Wahrscheinlichkeiten beobachtet werden, müssten aus der deterministischen Entwicklung des ganzen Multiversums folgen. […] Mehrere Versuche, die den realistischen Ansatz befolgen, kamen nahe an die Ableitung von Regeln heran, wie etwa der Born'schen [Wahrscheinlichkeits-] Regel, von denen wir wissen, dass sie experimentell gut funktionieren, aber meines Erachtens ohne letztlichen Erfolg.[48]

Eine letzte Moral sollten wir noch aus der Geschichte der Everett'schen Quantenmechanik ziehen. Einige ihrer Verfechter behaupten, dass die Everett'sche Quantenmechanik die Quantenmechanik *ist* und dass alles andere eine Modifikation davon ist. Aber das ist schlicht und einfach nicht der Fall. Die gewöhnliche Lehrbuch-Quantenmechanik – unter der ich die Theorie verstehe, die in den standardmäßigen Lehrbüchern gelehrt wird (Dirac, Bohm, Baym, Shankar, Schiff etc.) und daher die Theorie, die von wirklichen Physikern allgemein verwendet wird – basiert auf Regel 1 *und* Regel 2. Diese Theorie hat nur keine realistische Interpretation.

Der Realismus hat also in jeder Variante einen Preis. Die Frage ist nur, welchen Preis wir zahlen müssen, um eine neue Theorie zu bekommen, die einen vollständigen Sinn ergibt und die Natur richtig und vollständig beschreibt.

Teil 3

Jenseits der Quantenwelt

Zwölf

Alternativen zur Revolution

Am Ende werden wir dazu getrieben, nach dem zu suchen,
was sich unserer Hoffnung entsprechend als die richtige
Ontologie der Welt erweisen wird.
Schließlich ist es der Wunsch zu verstehen,
wie die Wirklichkeit beschaffen ist, was am tiefsten in
der Seele jedes echten Physikers brennt.

– Lucien Hardy

In den letzten Jahren erfuhr das Gebiet der Grundlagen der Quantentheorie einen lebhaften Aufstieg. Nachdem es acht Jahrzehnte ein Schattendasein führte, ist es jetzt endlich möglich, eine gute Karriere als Experte für die Grundlagen der Quantentheorie zu machen. Das ist zwar positiv; aber der größte Teil des Fortschritts (und die meisten jungen Leute) bewegte sich auf der antirealistischen Seite des Gebiets. Das Ziel des größten Teils der neuen Arbeiten bestand nicht darin, die Quantentheorie zu modifizieren oder zu ergänzen, sondern bot uns nur neue Möglichkeiten an, über sie zu sprechen. Um zu erklären, warum das so war, muss ich ein wenig von der Geschichte des Gebiets der Grundlagen der Quantentheorie erörtern.

Die Quantenmechanik entwickelte sich nicht über Nacht. Sie war das Ergebnis eines langen Reifungsprozesses, der im Jahr 1900 mit Plancks Entdeckung begann, dass die Energie des Lichts in diskreten Paketen auftritt, und erreichte ihren Höhepunkt in der endgültigen Form der Quantenmechanik, die 1927 festgelegt wurde. Es folgte eine Zeit der Auseinandersetzung unter den Begründern, in der sich viele Quantenphysiker um die Grundlagen der neuen Theorie sorgten. Diese Periode der freien Auseinandersetzung ging jedoch bald zu Ende und fand trotz der Einwände von Einstein, Schrödinger und de Broglie ihren Höhepunkt mit dem Triumph der Kopenhagener Deutung.

Von den frühen 1930er- bis zur Mitte der 1990er-Jahre betrachteten die meisten Physiker die Frage nach der Bedeutung der Quantenmechanik als erledigt. Diese lange Zeit der Finsternis wurde zwar durch die bedeutenden Arbeiten von Bohm, Bell, Everett und ein paar anderen unterbrochen, aber die meisten aus der Gemeinschaft der Physiker schenkten diesen Arbeiten oder Grundlagenfragen im Allgemeinen nur wenig Aufmerksamkeit. Man kann das an der Tatsache ablesen, dass die entscheidenden Aufsätze dieser Autoren bis zur Mitte der 1970er-Jahre, als die experimentellen Tests der Bell'schen Einschränkung begannen, nur ganz selten zitiert wurden. Selbst heute ist es nicht ungewöhnlich, sehr versierten Physikern zu begegnen, die fälschlicherweise glauben, Bell habe bewiesen, dass alle Theorien mit verborgenen Variablen falsch sein müssen.* Bis in die jüngste Vergangenheit gab es so gut wie keine akademischen Positionen an den physikalischen Instituten für Physiker, die sich auf die Grundlagen der Quantentheorie konzentrierten. Die winzige Gemeinschaft von Spezialisten auf diesem Gebiet verdiente ihre Anstellung auf Lebenszeit entweder für andere Arbeiten, wie beispielsweise Bell, oder fand wie Bohm Stellen in fernliegenden Winkeln der akademischen Welt. Ein paar machten Karriere in Philosophie oder Mathematik, andere lehrten an kleinen Undergraduate-Colleges.

* Anstatt nur Theorien mit lokalen verborgenen Variablen auszuschließen.

Es war die Verheißung des Quantencomputings, die kurz vor der letzten Jahrhundertwende die Tore für Leute öffnete, die über die Grundlagen der Quantentheorie arbeiten wollten. Die Vorstellung, dass die Quantenmechanik verwendet werden konnte, um eine neue Art von Computer zu konstruieren, wurde von Richard Feynman in einer Vorlesung[49] von 1981 angesprochen. Dieser Vortrag und andere frühe Vorwegnahmen der Idee schienen nur wenig Eindruck zu hinterlassen, bis David Deutsch, der ursprünglich Experte für Quantengravitation war und eine Stelle in Oxford innehatte, 1989 einen Ansatz für das Quantencomputing im Rahmen eines Aufsatzes über die Grundlagen von Mathematik und Logik vorschlug.[50] In seinem Aufsatz führte Deutsch die Idee eines universellen Quantencomputers in Analogie zu einer Turingmaschine ein. Einige Jahre später bewies Peter Shore, ein Informatiker, der für ein IBM-Forschungslabor arbeitete, dass ein Quantencomputer große Zahlen viel schneller in Faktoren zerlegen könnte als ein üblicher Computer. Ab diesem Zeitpunkt begann man aufzumerken, weil eine Anwendung der Fähigkeit, große Zahlen in Faktoren zu zerlegen, darin besteht, dass viele der Codes, die heute üblicherweise benutzt werden, geknackt werden könnten.

Auf der ganzen Welt begannen Forschergruppen aus dem Boden zu schießen, und sie wurden rasch mit brillanten jungen Forschern besetzt, von denen viele eine duale Forschungsstrategie befolgten, bei der sie die Grundlagenprobleme der Quantentheorie in Angriff nehmen würden, während sie Beiträge zur Entwicklung des Quantencomputings leisteten. Infolgedessen wurde eine neue Sprache für die Quantenphysik erfunden, die auf der Informationstheorie gründet, einem elementaren Werkzeug der Informatik. Diese neue Sprache, die als *Quanteninformationstheorie* bezeichnet wird, ist ein Zwitter aus Informatik und Quantenphysik und an die Herausforderungen der Konstruktion von Quantencomputern gut angepasst. Das führte zu einem leistungsfähigen Satz von Werkzeugen und Begriffen, die sich für die Schärfung unseres Verständnisses der Quantenphysik als außerordentlich wertvoll erwiesen. Trotzdem ist die Quanteninformationstheorie ein rein operationaler Ansatz, der die Natur am liebsten im Rahmen von Experimenten beschreibt, in denen Systeme präpariert und dann gemessen werden. Die Natur außerhalb des Labors tritt kaum in Erscheinung, und wenn doch, dann wird sie wenig überraschend in Analogie zu einem Quantencomputer betrachtet.

Die gegenwärtige Renaissance des Gebiets der Grundlagen der Quantentheorie/Quanteninformation ist fast gänzlich positiv, und zwar nicht zuletzt deshalb, weil ein Großteil der theoretischen Arbeit in wirklichen Experimenten verankert ist. Der Drang zum Quantencomputing hat zu vielen Ablegern geführt, die Grundlagenfragen erhellen, wie beispielsweise die *Quantenteleportation*. Das ist eine Technik, durch die der Quantenzustand eines Atoms ohne Messung auf ein entferntes Atom übertragen werden kann. Wenn sie auch noch nicht ganz den Transportgeräten aus der Science-Fiction entspricht, gibt es diese Technik heute, und sie spielt auch bereits eine Rolle. Beispielsweise wird sie zur Herstellung einer neuen Art von Code benutzt, der nicht geknackt werden kann.

Diese Entwicklungen haben auch unsere Einschätzung der Struktur der Quantentheorie vertieft. Zum Beispiel sucht eine neue Art von Ansatz, der von Lucien Hardy initiiert wurde, nach der kürzesten und elegantesten Menge von Axiomen, aus der der mathematische Formalismus der Quantenmechanik abgeleitet werden kann. Unter diesen Axiomen gibt es mehrere, die unauffällig sind und uns Dinge sagen, die für jede Theorie gelten; und dann gibt es eines, in das die ganze Merkwürdigkeit der Quantenwelt hineingepackt ist.

Gleichzeitig ist in einem Klima, das von operationalen Ansätzen beherrscht wird, nur wenig Raum für altmodische Realisten auf der Suche nach einer Vervollständigung der Quantentheorie, die erklären wird, was bei einzelnen Ereignissen geschieht. Einige von diesen Realisten sind Anhänger der Viele-Welten-Interpretation, aber es gibt auch noch eine kleine Gemeinschaft von Bohmianern. Eine Handvoll entwickelt Theorien des Kollapses der Wellenfunktion. Diejenigen, die versuchen, die Suche nach Realität über diese etablierten Ansätze hinauszutreiben, sind noch seltener. Die meisten von uns in dieser Kategorie waren ursprünglich Experten auf anderen Gebieten, manche auf der höchsten Stufe der Vollendung, wie beispielsweise Stephen Adler und Gerard 't Hooft. Wir passen nur unvollkommen in das lebhafte Gebiet, zu dem die Grundlagen der Quantentheorie geworden sind, insbesondere weil unsere Anliegen und Bestrebungen – und die Theorien, die wir zu deren Verwirklichung entwickeln – in der operationalen Sprache, deren Beherrschung das Zeichen für einen professionellen Quanteninformatiker ist, nicht ausgedrückt werden können. Dennoch beharren wir auf unserer Suche nach einem realistischen und vollständigen Bild der Quantenwelt.

Ich glaube, dass viele Physiker den Realismus gegenüber dem Operationalismus vorziehen würden, wie Lucien Hardy es in dem Eröffnungszitat dieses Kapitels formuliert hat, und dass sie ein Interesse an der Entdeckung eines realistischen Ansatzes für die Quantentheorie hätten, der die Schwächen der bestehenden Ansätze überwinden würde. Wenn operationale Ansätze gegenwärtig dominieren, dann zum Teil deshalb, weil eine realistische Alternative fehlt, die den Klang der Wahrheit aufweist.

Der restliche Teil dieses Buches bezieht sich auf die Zukunft realistischer Ansätze in der Quantenphysik. Aber bevor wir die nichtrealistischen Ansätze verwerfen, wollen wir zusehen, ob sich nicht etwas aus der jüngsten Konzentration auf sie lernen lässt.

Eine Lektion, die ich gelernt habe, besteht darin, dass es viele verschiedene Möglichkeiten gibt, um auszudrücken, wie sich die

Quantenwelt von der klassischen Welt der Newton'schen Physik unterscheidet. Wenn man damit zufrieden ist, einen antirealistischen Standpunkt einzunehmen, gibt es ein ganzes Spektrum von Wahlmöglichkeiten. Man kann Bohrs radikale Leugnung übernehmen, dass die Naturwissenschaft irgendetwas anderes als eine Erweiterung der gemeinsamen Sprache ist, die wir benutzen, um einander über die Ergebnisse von Experimenten zu berichten, die wir durchgeführt haben. Man kann einen Ansatz annehmen, der als *Quanten-Bayesianismus* bezeichnet wird, dem zufolge die Wellenfunktion nichts weiter als eine symbolische Repräsentation unserer Überzeugungen und Vorhersage ein hochtrabendes Wort für Wetten ist. Eine andere Möglichkeit besteht darin, eine rein operationale Perspektive einzunehmen, die einem gestattet, nur von Prozessen zu sprechen, die von Präparierungen und Messungen beschrieben werden und sich zwischen diesen befinden.

Bei all diesen Optionen wird das Messproblem umgangen oder vielmehr als nichtexistent definiert, weil man nicht einmal die Möglichkeit annehmen kann, dass der Quantenzustand die Beobachter und ihre Messinstrumente beschreibt.

Bei einigen der neuen Vorschläge steht die Vorstellung im Zentrum, dass die Welt aus Informationen besteht. Das lässt sich in John Wheelers Slogan »It from bit« zusammenfassen, der in der modernen Version »It from qubit« lautet, wobei ein *Qubit* eine Minimaleinheit der Quanteninformation ist, das heißt eine binäre Quantenentscheidung wie bei unserer Geschichte über die Haustierpräferenz. Praktisch gesprochen, stellt sich dieses Programm vor, dass alle physikalischen Größen auf eine endliche Anzahl von Ja-Nein-Quantenfragen reduzierbar sind und außerdem, dass sich die zeitliche Entwicklung unter Regel 1 als Verarbeitung dieser Quanteninformation verstehen lässt, wie sie ein Quantencomputer leisten würde. Das bedeutet, dass die Änderung in der Zeit als die Wirkung einer Folge logischer Operationen ausgedrückt werden kann, die jeweils auf ein oder zwei Qubits angewandt werden.

John Wheeler formulierte das folgendermaßen:

> It from bit symbolisiert die Idee, dass jeder Bestandteil der physikalischen Welt im Grunde – in den meisten Fällen in einem ganz tiefen Grunde – eine immaterielle Quelle und Erklärung hat; was wir Wirklichkeit nennen, entsteht in letzter Instanz aus dem Stellen von Ja-Nein-Fragen und der Registrierung von Antworten, die aus Messgeräten hervorgehen; kurz, dass alles Physikalische seinem Ursprung nach informationstheoretisch ist und dass es sich um ein partizipatorisches Universum handelt.[51]

Wenn man diese Art von Sichtweise zum ersten Mal hört, ist man wahrscheinlich nicht sicher, dass der Sprecher sie auch so meint. Aber das tut er. Folgendes ist ein anderes, kürzeres Zitat: »Die Physik führt zur Teilnahme des Beobachters; die Teilnahme des Beobachters führt zur Information; Information führt zur Physik.«[52]

Wenn Wheeler vom partizipatorischen Universum spricht, meint er, dass das Universum dadurch, dass wir es beobachten oder wahrnehmen, zur Existenz gelangt. Ja, könnten Sie vielleicht erwidern, aber bevor wir irgendetwas wahrnehmen oder beobachten können, müssen wir innerhalb des Universums und durch es zur Existenz gelangen. Ja, sagt John. Beides. Gibt es hier ein Problem?

Führt das zu irgendwelchen Einsichten? Einige Systeme mit einer endlichen Anzahl möglicher Ergebnisse lassen sich so repräsentieren, und diese Repräsentation erhellt auch die Physik: Beispielsweise lässt sich die Bedeutung der Verschränkung in der Quantenphysik in den Vordergrund stellen. Aber andere Systeme, die eine unendliche Anzahl physikalischer Variablen aufweisen, wie beispielsweise das elektromagnetische Feld, passen nicht so leicht in dieses Programm. Dennoch hatte dieser Ansatz der Quanteninformation zu den Grundlagen der Quantentheorie einen lebhaften Einfluss auf unterschiedliche Gebiete der Physik, von der zum Kern gehörenden Festkörperphysik bis zu Spekulationen über die Stringtheorie und quantenphysikalische schwarze Löcher.

Wir sollten jedoch mehrere verschiedene Ideen über die Beziehung zwischen Physik und Information sorgfältig unterscheiden, von denen manche zwar nützlich, aber auch trivialerweise wahr sind, andere dagegen radikal und meines Erachtens mehr Begründung bräuchten, als sie erhalten haben.

Beginnen wir damit, Information zu definieren. Eine nützliche Definition wurde von Claude Shannon gegeben, der als Begründer der Informationstheorie gelten kann. Seine Definition wurde im Rahmen der Kommunikation verankert und betrachtet einen Kanal, der eine Botschaft von einem Sender zu einem Empfänger überträgt. Beide, so die Annahme, teilen eine Sprache, anhand deren sie einer Abfolge von Symbolen eine Bedeutung zuweisen. Die Informationsmenge der Botschaft wird als die Anzahl der Antworten auf eine Menge von Ja-Nein-Fragen definiert, die der Empfänger vom Sender dadurch lernt, dass er versteht, was die Botschaft sagt.

So formuliert, sind nur wenige physikalische Systeme Informationskanäle (oder können als solche aufgefasst werden) zwischen Sendern und Empfängern, die eine Sprache teilen. Das Universum als Ganzes ist kein solcher Informationskanal. Das Leistungsfähige an Shannons Idee besteht darin, dass ein Maß dafür, wie viel Information übertragen wird, vom semantischen Gehalt getrennt werden kann, das heißt von dem, was die Botschaft bedeutet. Der Sender und der Empfänger teilen eine Semantik, die der Botschaft Bedeutung verleiht, aber man muss dieses Wissen nicht teilen, um die Quantität der übertragenen Information zu messen. Dennoch würde die Botschaft ohne die geteilte Semantik keine Information übertragen. Eine Möglichkeit, das einzusehen, besteht darin, dass man zur Messung der Informationsmenge einer Botschaft bestimmte Informationen über die Sprache braucht, wie beispielsweise die relativen Häufigkeiten, mit denen verschiedene Buchstaben, Wörter oder Phrasen in der Sprachgemeinschaft der Sprecher dieser Sprache vorkommen. Diese Information über den Kontext wird nicht in jeder Botschaft kodiert. Wenn man die Sprache nicht angibt, ist die Shannon-Information nicht definiert. Das bedeutet insbesondere, dass die Botschaft in einer Sprache sein muss, die der Sender und Empfänger teilen. Ein Muster unregelmäßiger Symbole enthält keine Information. Sofern Shannons Informationsmaß von der Sprache und anderen Aspekten des Kontexts abhängt, die Sender und Empfänger teilen und die nicht in der Botschaft kodiert sind, ist es also keine rein physikalische Größe.

Eines der widerspenstigen Probleme in der Sprachphilosophie besteht darin zu verstehen, wie Sprecher Intentionen haben und Bedeutungen übermitteln. Dass dies ein schwieriges Problem ist, bedeutet nicht, dass Intentionen und Bedeutungen nicht zur Welt gehören. Aber sie sind Aspekte der Welt, die in ihrer Existenz von der Existenz geistbegabter Wesen abhängig sind. Die Shannon-Information ist ein Maß für das, was in dieser Welt von Bedeutungen und Intentionen vor sich geht. Sie ist auch dann wohldefiniert, wenn wir kein gutes Verständnis davon haben, wie Bedeutungen und Intentionen in die Welt der Natur passen, aber dennoch ist sie ein Teil dieser Welt.

Ich möchte diese Unterscheidung anhand eines Beispiels verdeutlichen. Ich höre Wassertropfen in Abständen aus einer leckenden Regenrinne nach einem Sommerregen fallen. Das Muster der Tropfen scheint unregelmäßig zu sein, aber es enthält keine Botschaft für mich oder irgendeine andere Person. Es gibt keinen Sender, und ich bin kein Empfänger; daher ist auch keine Information in Shannons Sinn in den Tropfen enthalten.

Andererseits könnte jemand einen Morsecode verwenden, um mir eine Botschaft durch eine Folge kurzer und langer Pausen zwischen den Tropfen zu schicken. Die Muster würden sich zwischen den beiden Fällen auf eine Weise voneinander unterscheiden, die das Vorhandensein oder das Fehlen einer Intention zur Bedeutungsübermittlung widerspiegelt. Die Absicht ist wichtig: Information in diesem Sinne erfordert Wesen mit der Absicht, Bedeutungen zu übermitteln. Für einen Realisten, der wissen will, wie die Welt jenseits dessen beschaffen ist, was Menschen wissen oder verstehen, ist das keine nützliche Idee, die man auf die atomare Welt anwenden könnte.*

Eine weniger präzise Definition von Information geht auf Gregory Bateson zurück, einen englischen Anthropologen, der sie als »Unterschied, der einen Unterschied ausmacht« bezeichnete.

---

* An diesem Punkt muss ich eine Randbemerkung machen, die der Leser, der kein Experte ist, überspringen kann.
Ein Experte könnte einen Einwand gegen meine Charakterisierung der Shannon-Information durch den Hinweis erheben, dass diese Quantität gleich der Negentropie der Botschaft ist. Entropie, würde er geltend machen, ist eine objektive, physikalische Eigenschaft der Natur, die durch die Gesetze der Thermodynamik regiert wird (wenn sich das System im thermodynamischen Gleichgewicht befindet). Daher muss die Shannon-Information aufgrund ihrer Verknüpfung mit der Entropie objektiv und physikalisch sein.
Ich würde anhand von drei Punkten antworten. Erstens sind es Veränderungen der thermodynamischen Entropie, und nicht die Entropie selbst, die in die Gesetze der Thermodynamik eingehen. Zweitens ist die statistische Definition der Entropie, mit der die Shannon-Information verknüpft ist, keine völlig objektive Größe, worauf Karl Popper vor Jahren hingewiesen hat. Sie hängt von einer Wahl der Grobkörnung ab, die uns mit einer näherungsweisen Beschreibung des Systems versorgt. Die Entropie der exakten Beschreibung, die anhand des exakten Zustands gegeben wird, ist immer null. Die Notwendigkeit, diese Näherung zu spezifizieren, bringt ein Element der Subjektivität in die Definition der Entropie hinein. Das lässt sich an der Abhängigkeit der Entropie eines Quantensystems von der Aufspaltung in zwei Subsysteme erkennen. Schließlich ist die Zuweisung von Entropie zu einer Botschaft eine Definition, die die Entropie anhand der Shannon-Information definiert.

Diese Idee wird stattdessen manchmal ausgedrückt als »Unterscheidung, die einen Unterschied ausmacht«. Das lässt sich direkt auf die Physik anwenden, wo wir es folgendermaßen übersetzen können: »Wenn unterschiedliche Werte einer physikalischen Observablen zu messbar unterschiedlichen Zukünften eines physikalischen Systems führen, kann diese Observable so betrachtet werden, dass sie Information darstellt.« So formuliert übermittelt nahezu jede physikalische Observable potenziell Information. Aus dieser Definition würde folgen, dass »Information« jedes Mal vorhanden ist, wenn die Werte zweier physikalischer Variablen miteinander korreliert sind. Aber daran ist nichts Tiefgründiges, sofern es nicht die Anerkennung der wechselseitigen Abhängigkeit der verschiedenen Bestandteile der physikalischen Welt ist. Und wir haben bereits Maße für Korrelationen. Wir können diese zwar in »Information« umbenennen, aber eine Änderung der Bezeichnung, die die Genauigkeit einer Idee schwächt, führt eher zu Verwirrung, als dass sie eine Revolution in unserer Weltauffassung hervorbringt.

Computer verarbeiten Information im Sinne Shannons. Sie nehmen ein Inputsignal von einem Sender und wenden einen Algorithmus darauf an, der es in ein Outputsignal umwandelt, das von einem Empfänger gelesen werden kann. Solche Kontexte sind sehr besonders. Die Wahl eines zu verkörpernden Algorithmus ist ein entscheidender Teil der Definition einer Rechenoperation. Die meisten physikalischen Systeme sind keine Computer, und der Prozess, durch den sich die Ausgangsdaten zu den Daten an einem späteren Zeitpunkt entwickeln, lässt sich nicht immer im Sinne der Anwendung eines Algorithmus oder einer Folge logischer Operationen erklären.

Manche Autoren scheinen die beiden Definitionen von Information zu verwechseln und zu vermengen, was sie dazu verführt, die Natur als einen Computer beschreiben zu wollen und die Beziehung zwischen Weltzuständen zu verschiedenen Zeitpunkten als Rechenoperation. Ich bin nicht überzeugt, dass eine solche radikale Hypothese gerechtfertigt ist.

Das heißt nicht, dass manche physikalische Systeme nicht bis zu einem bestimmten Grad der Annäherung durch eine Rechenoperation modelliert werden können, was wiederum trivialerweise wahr ist. Man kann Näherungen an die Hauptgleichungen der Physik definieren, wie beispielsweise an die der allgemeinen Relativitätstheorie oder der Quantenmechanik, die sich als Algorithmen kodieren lassen, welche anschließend auf einem digitalen Computer laufen. Das ist oft eine nützliche Methode, um angenäherte Lösungen der Gleichungen zu erhalten. Aber es ist immer eine Annäherung daran beteiligt.

Der Klang eines Symphonieorchesters lässt sich bis zu einem bestimmten angenäherten Grad durch Digitalisierung erfassen, doch das beinhaltet immer eine Annäherung, die das Frequenzspektrum abschneidet. Das vollständige Erlebnis, das Orchester live zu hören, wird nie völlig vermittelt, was der Grund dafür ist, dass es immer noch ein Publikum für Live-Aufführungen gibt sowie einen Markt für rein analoge Aufzeichnungen auf Vinyl. Dasselbe gilt für die Physik: Eine Digitalisierung von Einsteins Gleichungen kann zwar sehr nützlich sein, aber sie erfasst nie alles, was die Gleichungen erfassen.

Selbst wenn die Physik im Allgemeinen nicht als Informationsverarbeitung verstehbar ist, könnte man doch behaupten, dass der Quantenzustand nicht das physikalische System repräsentiert, sondern die Information, die wir über das System besitzen. Regel 2 lässt das gewiss so erscheinen, weil sich die Wellenfunktion gerade dann plötzlich ändert, wenn wir neue Informationen über das System gewinnen. Aber wenn die Wellenfunktion die Information repräsentiert, die wir über das System haben, dann müssen die Wahrscheinlichkeiten, die die Quantenmechanik vorhersagt, als subjektive Wettwahrscheinlichkeiten verstanden werden. Dieser Gesichtspunkt kann dadurch entwickelt werden, dass man Regel 2 als eine Aktualisierungsregel versteht, durch die unsere subjektiven Wahrscheinlichkeiten für zukünftige Experimente sich ändern, wenn eine Messung vorgenommen wird. Das wird als Quanten-Bayesianismus bezeichnet.[53]

Ein recht eleganter Ansatz, der den Quantenzustand ebenfalls so auffasst, dass er die Information übermittelt, die ein System über ein anderes besitzt, wird als *relationale Quantentheorie* bezeichnet. Dieser Ansicht zufolge, die zwischen dem Operationalismus und einer bestimmten Form des Realismus angesiedelt ist, sind Quantenzustände mit Aufspaltungen des Universums in zwei Teile verbunden, in den Beobachter und das Beobachtete, und repräsentieren das, was Ersterer über Letzteres wissen kann. Diese Idee hat ihre Wurzeln in der Quantengravitation und entstand aus Gesprächen zwischen Louis Crane, Carlo Rovelli und mir in den frühen 1990er-Jahren.

Wir wurden von einem sehr eleganten Korpus mathematischer Beschreibungen sehr vereinfachter Kosmologien inspiriert, das Crane und andere Mathematiker entwickelt hatten und das als *topologische Feldtheorien* bezeichnet wird. Diesen Theorien zufolge gibt es keine Quantenbeschreibung des gesamten Universums. Stattdessen gibt es einen Quantenzustand für jede Möglichkeit der Aufteilung des Universums in zwei Subsysteme. Man kann sich diese so vorstellen, dass sie die Information beinhalten, die ein Beobachter auf der einen Seite der Trennlinie über das Quantensystem auf der anderen Seite haben könnte.

Das erinnerte uns an Bohrs Beharren darauf, dass die Quantenmechanik eine Spaltung der Welt in zwei Teile erfordert, von denen der eine klassisch und der andere quantenphysikalisch ist, und das jede beliebige Spaltung in Ordnung ist. Die Modelle, die Crane und andere Mathematiker untersucht hatten, führten Bohrs Philosophie einen Schritt weiter, denn für jede Grenzlinie gab es zwei Quantenzustände – für jede Seite einen. Das ist deshalb so, weil es zwei Möglichkeiten gibt, jede Aufspaltung zu lesen. Wenn Alice auf der einen Seite lebt und Bob auf der anderen, dann wird Alice sich selbst als klassische Beobachterin betrachten, die einen quantenphysikalischen Bob misst, aber Bob wird die Sache umgekehrt sehen.

Die Modelle waren sehr einfach, sodass man nur eine einzige Frage stellen konnte, nämlich: Wie ähnlich sind sich die beiden Ansichten? Wie hoch ist die Wahrscheinlichkeit, dass Alices Quantenbeschreibung von Bob dieselbe sein wird wie Bobs Quantenbeschreibung von Alice? Die Mathematiker gestalteten ihre Theorien so, dass die Antwort dieselbe war, egal wie das Universum aufgespalten wurde. In diesem Fall misst die Wahrscheinlichkeit dafür, dass die Ansicht der einen Seite der Ansicht der anderen Seite ähnlich ist, etwas Universales, was charakterisieren würde, wie dieses Universum verknüpft ist, das heißt das, was die Mathematiker die Topologie des Universums nennen. Aufgrund dessen wurden sie als topologische Feldtheorien bezeichnet.

Crane machte Rovelli und mich auf diese Modelluniversen aufmerksam, weil er gesehen hatte, dass die beteiligten mathematischen Strukturen erweitert werden konnten, um die Loop-Quantengravitation einzuschließen. Es zeigte sich, dass er in diesem Punkt recht hatte, aber das ist eine andere Geschichte. Außerdem schlug Crane vor, dass die neue Mathematik eine Möglichkeit böte, die Quantenmechanik auf das Universum als Ganzes auszudehnen. Auch damit hatte er recht, und das Ergebnis war die relationale Quantentheorie.

Jeder von uns fühlte sich angeregt dazu, diese Idee auf die Quantentheorie im Allgemeinen anzuwenden, und jeder von uns veröffentlichte eine bestimmte Fassung davon.[54] Rovellis Formulierung war die allgemeinste und wurde am bekanntesten, weshalb ich seine Formulierung der Idee beschreiben werde.

Bohr lehrte, dass Quantenphysiker immer von zwei Welten sprechen müssen. Wir Beobachter leben in der klassischen Welt, aber die Atome, die wir untersuchen, bewohnen eine Quantenwelt. Die beiden Welten genügen unterschiedlichen Regeln. Insbesondere können Objekte in der Quantenwelt in Superpositionen existieren, aber die beobachtbaren Eigenschaften von Dingen der klassischen Welt nehmen immer scharfe Werte an und können daher nicht superponiert werden. Bohrs Punkt ist, dass beide Welten für die Naturwissenschaft notwendig sind.

Die Instrumente, die wir zur Beeinflussung und Messung der Atome benutzen, befinden sich auf einer Grenze zwischen ihnen und uns und definieren in einem gewissen Sinn diese Grenze. Bohr betonte, dass die Setzung dieser Grenze willkürlich ist und dass sie für unterschiedliche Zwecke unterschiedlich gezogen werden könnte, solange sie die Welt in zwei Bereiche aufteilt.

Denken wir an das Experiment mit Schrödingers Katze. Eine Möglichkeit, die Grenze zu ziehen, besteht darin, das Atom und das Photon als Quantensystem zu betrachten und den Geigerzähler und die Katze in der klassischen Welt zu lassen. Nach diesem Bild kann das Atom in einer Superposition existieren, aber der Geigerzähler wird immer einen bestimmten Zustand anzeigen – entweder JA, er hat ein Photon festgestellt, oder NEIN, er hat keines festgestellt. Aber wir können die Grenze neu ziehen, und zwar so, dass der Detektor zur Quantenwelt gehört. Diesem Bild zufolge ist die Katze immer entweder tot oder lebendig, aber der Geigerzähler kann in einer verschränkten Superposition mit dem Atom sein. Oder, und das war Schrödingers Punkt, man kann stattdessen die Grenze so ziehen, dass sie mit den Wänden der Kiste zusammenfällt, sodass die Katze jetzt ebenfalls Teil des Quantensystems ist und sich in verschränkten Superpositionen mit dem Atom und dem Geigerzähler befinden kann. Die klassische Welt beinhaltet dann eine Freundin von uns, Sarah, die die Kiste öffnet und hineinschaut. Wir nehmen an, dass Sarah makroskopisch und klassisch ist und deshalb so betrachtet werden kann, dass sie sich immer in einem bestimmten Zustand befindet. Von ihrem Standpunkt aus erlebt sich Sarah so, dass sie sich auf der klassischen Seite der Grenze befindet, weshalb sie von ihrem Standpunkt aus die Katze immer als entweder lebendig oder tot sieht.

Eugene Wigner schlug vor, dass wir dieses Märchen einen Schritt weiter führen und annehmen, dass das Quantensystem auch unsere Freundin Sarah zusammen mit der Kiste, der Katze und den anderen Inhalten der Kiste einschließt.* Ich bleibe außerhalb der Grenze und sehe deshalb, dass Sarah zu einem Teil einer Superposition verschränkter Zustände wird. In einem Teil der Superposition ist die Katze lebendig und Sarah sieht sie als lebendig, während in einem anderen Teil der Superposition die Katze tot ist und Sarah sie als tot sieht.

Somit haben wir fünf verschiedene Möglichkeiten, die Welt in einen quantenphysikalischen und einen klassischen Teil aufzuspalten, wobei wir mit »quantenphysikalisch« meinen, dass sie in einer Superposition sein könnte, während »klassisch« bedeutet, dass physikalische Größen immer bestimmte Werte haben. Diese verschiedenen Beschreibungen scheinen einander zu widersprechen. Wir betrachten Sarah so, dass sie sich in einer Superposition befindet, während sie selbst sich immer so sieht, dass sie in einem bestimmten Zustand ist.

Rovellis Vorschlag ist, dass all diese Möglichkeiten gleichermaßen richtige, teilweise Beschreibungen der Welt sind. Alle sind ein Teil der Wahrheit. Jede gibt eine gültige Beschreibung eines Teils der Welt, der durch eine Grenze definiert ist. Befindet sich Sarah wirklich in einer Superposition, oder sieht und hört sie eindeutig eine lebendige Katze? Rovelli würde gern zwischen diesen Möglichkeiten nicht wählen müssen. Er besteht darauf, dass eine Beschreibung physikalischer Ereignisse und Prozesse immer im Hinblick auf eine bestimmte Art und Weise gemacht

* Dieser Schritt des Arguments wird als »Wigners Freund« bezeichnet.

wird, wie man die Grenze zwischen der quantenphysikalischen und der klassischen Welt zieht. Seiner Behauptung nach sind alle Möglichkeiten der Grenzziehung gleichermaßen gültig und Teil der Gesamtbeschreibung.

Einfach ausgedrückt, würde Rovelli sagen, dass es *aus Sarahs Perspektive* wahr ist, dass die Katze lebt, und dass es *aus meiner Perspektive* ebenfalls wahr ist, dass Sarah in einer Superposition verschränkt ist, »eine tote Katze zu sehen« und »eine lebendige Katze zu sehen«.

Gibt es irgendeine Wahrheit, die nicht durch eine Perspektive relativiert wird? Meinem Verständnis nach würde Rovelli sagen, es gibt keine. Nach der Geschichte, wie ich sie erzählt habe, stimmen Sarah und ich darin überein, dass sie die Kiste geöffnet und die Katze inspiziert hat, auch wenn wir uns nicht über das Ergebnis einig sind. Aber es könnte der Fall gewesen sein, dass Sarahs Entscheidung, die Kiste zu öffnen, vom Ergebnis eines Quantenereignisses abhing, wie beispielsweise vom Zerfall eines instabilen Atoms, woraufhin ich Sarah so beschreiben kann, dass sie sich in einer Superposition von zwei Zuständen befindet. Im einen hat sie in die Kiste geschaut und im anderen nicht. Aber Sarah wird nur den einen oder den anderen Zustand erleben.

Man beachte, dass es eine schwache Art von Konsistenz gibt, insofern meine Beschreibung von Sarah ihre eigene nicht ausschließt. Man beachte außerdem – und das ist zentral –, dass jede Art, wie man die Grenze zieht, die Welt in zwei unvollständige Teile aufspaltet. Es gibt keine Ansicht des gesamten Universums von außen gesehen. Es gibt keinen Quantenzustand des gesamten Universums.

Wenn die relationale Quantentheorie ein Motto hätte, dann wäre es: »Viele partielle Perspektiven definieren ein einzelnes Universum.«

Dieser Vorschlag lässt sich durch unterschiedliche Objektive betrachten. Ein pragmatischer Operationalist betrachtet jede

Möglichkeit, die Welt in zwei Teile mit einer Grenze aufzuspalten, als Definition eines Systems, das anhand der Quantenmechanik behandelt werden kann. Jede Wahl hat eine Beschreibung zum Ergebnis, die alle Informationen enthält, die ein Beobachter auf der klassischen Seite der Grenze über das Quantensystem auf der anderen Seite der Grenze haben kann. Für einen solchen Operationalisten enthält die Menge der Quantenzustände die Informationen, die eine Beobachterin auf jeder Ebene haben kann, welche durch eine Grenze bestimmt wird, die die Beobachterin abhebt. Jede Beobachterin nutzt einen Quantenzustand, um die Informationen zu kodieren, die sie über das System auf der anderen Seite der Grenze hat; diese verschiedenen Zustände sind deshalb verschieden, weil sie Beschreibungen verschiedener Subsysteme sind.

Durch dieses operationale Objektiv betrachtet, hat die relationale Quantenmechanik etwas mit Everetts ursprünglicher Interpretation relativer Zustände gemein. Jede beschreibt die Welt anhand von bedingten Aussagen, die Korrelationen zwischen verschiedenen Subsystemen kodieren, welche bei ihrer Interaktion hergestellt werden.

Aber so sieht Rovelli die relationale Quantenmechanik nicht. Rovelli möchte seine Sichtweise als Realismus bezeichnen, sie bedeutet jedoch etwas anderes als einen naiven Realismus, wie ich den Begriff bisher verwendet habe. In seinen Augen besteht die Wirklichkeit aus der Folge von Ereignissen, durch die ein System auf der einen Seite der Grenze Informationen über den Teil der Welt auf der anderen Seite gewinnen kann. Somit können wir sagen, dass Rovelli ein Realist hinsichtlich Verursachung ist. Diese Wirklichkeit hängt von einer Wahl der Grenze ab, weil das, was ein bestimmtes Ereignis ist – etwas, das sich für einen Beobachter eindeutig ereignete –, Teil einer Superposition für einen anderen sein könnte. Somit unterscheidet sich Rovellis Realismus vom naiven Realismus, dem zufolge das Wirkliche aus Ereignissen besteht, in Bezug auf welche alle Beobachter übereinstimmen, dass sie stattgefunden haben.

Rovelli leugnet, dass diese Art von naivem Realismus in unserer Quantenwelt möglich ist, weshalb er vorschlägt, dass wir seine radikal andere Variante des Realismus annehmen, derzufolge das Wirkliche immer relativ zu einer Spaltung der Welt definiert ist, die einen Beobachter bestimmt. Rovelli verwendet zwar ganz andere Worte als Bohr und erreicht eine Formulierung, die genauer ist, aber beide benutzen eine ähnliche Logik, die die Möglichkeit eines naiven Realismus in Hinsicht auf Quantensysteme leugnet.

Ein anderer Ansatz, der leugnet, dass ein naiver Realismus möglich ist, beruht darauf, die Kategorie des Möglichen – Dinge, die wahr sein könnten – zur Welt des Wirklichen zu erheben. Wenn wir sagen, dass etwas möglich ist, wie beispielsweise dass die Eidechse meines Sohnes nächstes Jahr schwanger werden könnte, meinen wir, naiv betrachtet, dass das unter den Dingen ist, die geschehen könnten. Wenn etwas Mögliches geschieht, wird es Teil der Wirklichkeit; aber bis dahin ist es nicht wirklich.

Sprache und Logik spiegeln den ganz anderen Status des Möglichen wider und unterscheiden es vom Wirklichen. Der Satz vom ausgeschlossenen Dritten sagt, dass etwas Wirkliches nicht gleichzeitig eine Eigenschaft haben und sie nicht haben kann. Das Kaninchen unseres Nachbarn kann nicht sowohl grau als auch nicht grau sein. Aber mögliche Sachverhalte unterliegen keiner solchen Einschränkung. Das Kaninchen, das unser Freund nächste Woche im Geschäft für Haustiere kaufen wird, könnte möglicherweise schwarz und es könnte auch möglicherweise weiß sein.

Im wirklichen Leben stehen das Wirkliche und das Mögliche in einer asymmetrischen Beziehung. Die wirkliche Existenz der Tochter unseres Nachbarn macht ein Kaninchen zu einem möglichen zukünftigen Haustier für deren Familie. Was möglich ist, wird daher von dem beeinflusst, was wirklich ist. Aber das Wissen um das Mögliche ist nicht streng genommen notwendig, um herauszufinden, was wirklich sein wird, auch wenn es nützlich ist; insoweit die Gesetze der Newton'schen Physik deterministisch sind, ist alles, was man braucht, um die wirkliche Zukunft vorherzusagen, eine vollständige Beschreibung der wirklichen Gegenwart.

Mehrere Autoren, beginnend mit Heisenberg und einschließlich meines Lehrers Abner Shimony, haben vorgeschlagen, dass die Welt des Möglichen als Teil der Wirklichkeit miteinbezogen werden muss – weil der Quantenphysik zufolge das Mögliche die Zukunft des Wirklichen beeinflusst. Diese Ansicht wurde vor Kurzem von meinem Freund Stuart Kauffman entwickelt, in Zusammenarbeit mit Ruth Kastner und Michael Epperson.[55]

Es gibt zwar keine Möglichkeit, diese Sichtweise zu beschreiben, die nicht zu irgendeiner Spannung mit dem Gebrauch der Umgangssprache führt, aber bleiben Sie unvoreingenommen, und ich werde versuchen, mich deutlich auszudrücken. Wir beginnen mit der Aussage, dass es für einen Umstand zwei Möglichkeiten gibt, wirklich zu sein. Er kann eine Tatsache sein, was bedeutet, dass er im selben Sinne zur Welt gehört, wie ein Newton'sches Teilchen eine bestimmte Position hat. Aber etwas Wirkliches kann auch »möglich« oder »potenziell« sein. Das ist der Status, den wir Eigenschaften zuweisen, die in der Wellenfunktion superponiert sind, wie beispielsweise, dass ein Linker eine gleiche Präferenz für Katzen und Hunde hat, oder ein Teilchen, das durch den linken oder den rechten Spalt gehen könnte, oder Schrödingers Katze, die zugleich lebendig und tot ist.

Dinge, die wirklich, aber möglich sind, gehorchen nicht dem Satz des ausgeschlossenen Dritten, aber sie müssen als Teil des Wirklichen betrachtet werden, weil sie das Tatsächliche beeinflussen können. Dieser Perspektive zufolge ist das das Andere und Neue an der Quantenphysik. Kauffman und seinen Koautoren zufolge sind Experimente Prozesse, die Potenzialitäten in Tatsächlichkeiten umwandeln. So ist Schrödingers Katze potenziell lebendig und potenziell tot, und zwar nicht in dem Sinne von etwas, das das eine oder das andere ist, über das wir aber nichts wissen, und auch nicht in dem Sinne eines unbestimmten Sachverhalts, sondern weil ihre tatsächliche Wirklichkeit darin besteht, dass diese Potenzialität des einen oder anderen durch ein Experiment verwirklicht werden kann.

Die Tatsache, dass Experimente eine charakteristische Rolle für die Umwandlung des Möglichen in das Tatsächliche spielen, wobei die Wahrscheinlichkeiten von der Born'schen Regel angegeben werden, reicht aus, um uns zu sagen, dass es sich hierbei nicht um eine naiv realistische Perspektive handelt, das heißt eine Beschreibung der Welt, wie sie in unserer Abwesenheit wäre, in welcher Experimente keinerlei Rolle spielen können. Aber sie ist vielleicht eine zu entwickelnde Richtung, wenn der Realismus scheitert.

Folgendes ist eine Möglichkeit, wie wir die Ansicht entwickeln könnten, dass das Mögliche Teil des Wirklichen ist. Bringen wir die Zeit ins Spiel und vertreten wir die Ansicht, dass der gegenwärtige Augenblick und der Fluss oder das Vergehen von Augenblicken wirklich und fundamental sind.* Damit meine ich zum Teil, dass es eine objektive Unterscheidung zwischen Vergangenheit, Gegenwart und Zukunft gibt. Einer solchen Ansicht gemäß ist die Gegenwart wirklich. Die Gegenwart besteht aus Ereignissen, die geschehen sind, aber die erst noch die zukünftigen Ereignisse hervorbringen müssen, durch die sie ersetzt werden.

Die Vergangenheit besteht aus denjenigen Ereignissen, die

---

* Wie ich in *Das Universum der Zeit* und in *The Singular Universe and the Reality of Time* gemeinsam mit Roberto Mangabeira Unger darlege.

einst gegenwärtig und wirklich waren. Sie existieren nicht mehr, obwohl ihre Eigenschaften erfasst und in gegenwärtig existierenden Strukturen erinnert werden können.

Die Zukunft ist nicht wirklich. Außerdem ist die Zukunft etwas offen in dem Sinne, dass seltene neue Ereignisse mit neuen Eigenschaften hin und wieder geschehen können. (Siehe mein *Präzedenzprinzip* unten.) Aber wenn wir diese Möglichkeit für einen Moment unbeachtet lassen, gibt es in der Gegenwart eine endliche Menge möglicher nächster Schritte, die mögliche nächste Ereignisse und ihre Eigenschaften sind.

Unter Voraussetzung des gegenwärtigen Weltzustands kann nicht alles im nächsten Zeitschritt geschehen. Diejenigen Ereignisse, die als nächste stattfinden könnten, nennt Kauffman das *benachbarte Mögliche*. Die möglichen Ereignisse in der nahen Zukunft, die das benachbarte Mögliche ausmachen, sind zwar noch nicht wirklich, aber sie bestimmen und beschränken, was wirklich sein könnte.

Das benachbarte Mögliche von Schrödingers Katze umfasst eine lebendige Katze und eine tote Katze. Sie umfasst keinen Brontosaurus oder einen außerirdischen Hund. Die Bestandteile des benachbarten Möglichen haben also Eigenschaften, auch wenn der Satz des ausgeschlossenen Dritten nicht für sie gilt. Als Objekte mit Eigenschaften gibt es Tatsachen in Bezug auf sie. Das ist der Sinn, dem zufolge wir sagen können, dass ein kleiner Teil des Möglichen als wirklich betrachtet werden kann.

Das beginnt einen Sinn zu ergeben. Nicht alles, was möglich ist, ist auch wirklich. Aber ein kleiner Teil des Möglichen besitzt bestimmte Eigenschaften, die es rechtfertigen, dass man es einer neuen Kategorie des Wirklichen und Möglichen zuweist.

Auch auf der Seite des magischen Realismus gibt es jüngere Entwicklungen. Schon 1990 schlug Julian Barbour eine Quantentheorie der Kosmologie vor, die viele Momente anstatt viele Welten beinhaltet.[56] Das wurde in einem jüngeren Vorschlag von Henrique Gomes wiederbelebt. Da wir nicht mit technischen Details befasst sind, werde ich den ursprünglichen Ansatz von Barbour beschreiben, aber der größte Teil von dem, was ich zu sagen habe, gilt auch für Gomes' Version[57] sowie für jüngere Arbeiten von Barbour und seinen Mitarbeitern.

Ein Moment ist ihnen zufolge eine Konfiguration des Universums als eines Ganzen. Diese Konfigurationen sind nach Barbour und Gomes relationale Konfigurationen, die alle Beziehungen kodieren, die in einem Moment erfasst werden können, wie beispielsweise relative Entfernungen und relative Größen.

Wir scheinen das Vergehen der Zeit als gleichmäßigen Fluss von Momenten zu erleben. Barbour besteht darauf, dass das Vergehen der Zeit eine Illusion ist und dass die Wirklichkeit aus nichts anderem als einem unermesslichen Haufen von Momenten besteht, von denen jeder eine Konfiguration des ganzen Universums ist. Sie erleben gerade jetzt einen Moment. Jetzt erleben Sie einen anderen Moment. Barbour zufolge existieren beide Momente ewig und zeitlos im Haufen der Momente. Die Wirklichkeit ist nichts als diese eingefrorene Sammlung von Momenten außerhalb der Zeit. Jede Erfahrung eines Moments existiert ebenfalls zeitlos – als Teil ihres Moments. Der flüchtige Aspekt eines Moments ist in Wirklichkeit nur ein Aspekt des Moments, eine Eigenschaft, die er ewig besitzt.

Die Momente koexistieren alle, und jeder ist eine Konfiguration des ganzen Universums. Aber sie können sich in einer wichtigen Hinsicht unterscheiden. Der Haufen kann mehr als ein Exemplar einer Konfiguration aufweisen, und die Zahl der Exemplare kann von vielen Exemplaren bis zu überhaupt keinen variieren.

Barbour nimmt an, dass wir mit gleicher Wahrscheinlichkeit beliebige Momente des Haufens erfahren. Aber da einige häufiger sind als andere, hat unsre Erfahrung eine bestimmte Struktur, da wir mit größter Wahrscheinlichkeit die häufigeren Momente erfahren.

Die Sammlung der Momente ist so strukturiert, dass die häufigsten Momente diejenigen Konfigurationen sind, die bis zu einem bestimmten Grad der Näherung zusammengebunden werden können, als ob sie eine Geschichte des Universums wären, die durch ein Gesetz generiert wird. Deshalb haben wir die Illusion, dass Gesetze wirken, aber es gibt keine Gesetze, die Geschichten generieren, und tatsächlich auch gar keine Geschichte. Die Wirklichkeit ist einfach nur die unermessliche Sammlung von Momenten.

Barbour nimmt an, dass die häufigsten Momente Strukturen enthalten, die zu uns von anderen Momenten sprechen. Ein Buch kann, auch während es auf ewig in einem Moment eingefroren ist, Geschichten erzählen, die nur als eine Folge von Ereignissen verständlich sind, die sich im Lauf der Zeit entfalten. Ein Buch besitzt ein Veröffentlichungsdatum, das sich auf ein glückliches Ereignis bezieht (zumindest für seinen Autor), das irgendwann in der Vergangenheit stattfand. Und es wurde durch eine Druckerei, einen Verlag und eine Papierfabrik hervorgebracht, von denen alle eine Geschichte haben, was noch mehr Geschichten heraufbeschwört.

Barbour bezeichnet Objekte wie Bücher, die ewig eingefrorene, augenblickhafte Strukturen enthalten, welche auf andere Momente verweisen, als *Zeitkapseln*. Alles, was eine Aufzeichnung ist oder eine solche enthält, wie beispielsweise eine DVD oder eine Videodatei, ist eine Zeitkapsel. Es kann also irgendeine hergestellte Struktur oder ein fabriziertes Objekt sein. Tatsächlich kann es jedes beliebige Lebewesen sein.

Für die meisten von uns ist die Tatsache, dass die natürliche Welt prall mit Zeitkapseln gefüllt ist, ein Beleg dafür, dass die Zeit wirklich und fundamental ist. Ereignisse haben eine zeitliche Ordnung, weil vergangene Ereignisse gegenwärtige Ereignisse verursachen. Aber Barbour zufolge ist sogar der Eindruck eine Illusion, den wir davon haben, in einem Fluss von Momenten zu leben. Alle Erinnerungen, Aufzeichnungen und Überbleibsel, die wir haben und die den Eindruck vermitteln, dass es eine Vergangenheit gab, sind tatsächlich Aspekte des gegenwärtigen Moments. Jeder Moment existiert ewig im Haufen der Momente.

Ein ungeordneter Momenthaufen, der alles ist, aus dem ein Barbour'sches Universum besteht, kann leicht auch nur wenige Momente enthalten, die Zeitkapseln aufweisen. Warum ist dann fast jeder Moment unseres Universums voller Zeitkapseln?

Um unsere Welt zu erhellen, muss Barbour erklären, was bestimmt, welche Konfigurationen häufig sind und wie viele Exemplare wir in dem Haufen haben, und welche weniger häufig sind oder gar völlig fehlen. Das wird von einer Gleichung diktiert, die das einzige Gesetz ist, das eine strukturierende Wirkung auf den Haufen ausübt. Es tut dies, indem es auswählt, welche Konfigurationen in dem Haufen repräsentiert sind und mit wie vielen Exemplaren. Das ist eine Variante von Schrödingers Gleichung, aber eine, die keinen ausdrücklichen Bezug zur Zeit aufweist. Sie wird als Wheeler-DeWitt-Gleichung bezeichnet; wir können sie Regel o nennen. Diese Gleichung wählt als Lösungen Haufen von Momenten aus, die von solchen Momenten bevölkert werden, die sich zusammenbinden lassen, um das Auftauchen der Illusion der Geschichte zu ermöglichen.

Wenn das richtig ist, dann ist das Vergehen der Zeit eine Illusion, die darauf zurückgeht, dass ein gegenwärtiger Moment das Erlebnis von Erinnerungen an die Vergangenheit enthält. Kausalität ist ebenfalls eine Illusion.

Diese Theorien »vieler Momente« sind insofern realistisch, als sie Stellung dazu beziehen, was wirklich ist, nämlich die zeitlose Sammlung von Momenten. Aber diese Theorien gehen insofern über den naiven Realismus hinaus, als sie eine wirkliche Welt postulieren, die sich von der zeitgebundenen Welt unserer Erfahrung, in der wir eine Aufeinanderfolge von Momenten wahrnehmen, jeweils zu einem bestimmten Zeitpunkt, gewaltig unterscheidet.

Die Lektion, die ich aus diesen Theorien ziehe, besteht darin, dass wir zwischen Raum und Zeit wählen müssen, um die Quantenmechanik zu einer Theorie des ganzen Universums zu erweitern. Nur eines von beiden kann fundamental sein. Wenn wir darauf bestehen, Realisten in Bezug auf den Raum zu sein – wie es Barbour und Gomes tun –, dann sind Zeit und Verursachung Illusionen, die nur auf der Ebene einer groben Näherung an die wahre zeitlose Beschreibung auftauchen. Oder wir können uns dafür entscheiden, Realisten in Bezug auf Zeit und Verursachung zu sein. Dann müssen wir wie Rovelli glauben, dass der Raum eine Illusion ist.

Über diese jüngeren nichtrealistischen und magisch-realistischen Perspektiven ließe sich noch viel mehr sagen. Aber das Fazit ist, dass, wenn man ein pragmatisches Interesse hat und man die Quantentheorie benutzen will, um andere Fragen zu verstehen als die, die sich aus den Grundlagen der Quantentheorie ergeben, jede dieser Perspektiven dazu dienen wird, die Berechnungen und Erklärungen zu formulieren, die man aus ihnen ableitet. Aber wenn man das Messproblem auf eine Weise lösen will, die eine detaillierte Beschreibung dessen gibt, was bei einem individuellen physikalischen Prozess vor sich geht, wird nichts anderes als eine realistische Beschreibung genügen.

Dreizehn

Lehren

Die Hauptbotschaft dieses Buchs ist, dass die Quantenwelt den Glauben an den Realismus des gesunden Menschenverstands nicht bedrohen muss, wie sonderbar diese Welt auch sein mag. Es ist möglich, Realist zu sein, während man im Quantenuniversum lebt.

Es genügt jedoch nicht, den Realismus einfach nur zu behaupten. Ein Realist will die wahre Erklärung dafür wissen, wie die Welt funktioniert. Es hätte keinen Sinn zu glauben, dass die Welt eine detaillierte Erklärung hat, und nicht daran interessiert zu sein, worin diese Erklärung besteht. Die nächste Frage ist daher, ob irgendeine der vorhandenen realistischen Versionen der Quantenphysik als wahre Erklärung der Welt zwingend ist. Das heißt, sind wir fertig, oder haben wir noch mehr Arbeit vor uns? Leider glaube ich, die Antwort lautet, dass bisher keine der gut ausgearbeiteten Wahlmöglichkeiten überzeugend ist. Alle realistischen Ansätze, die bisher untersucht wurden, haben ernsthafte Nachteile. Um die Gründe dafür zu erläutern, möchte ich die vorhandenen Optionen im Hinblick auf ihre Stärken und Schwächen besprechen.

Die Führungswellentheorie

Die Führungswellentheorie vervollständigt die Quantentheorie durch zusätzliche Freiheitsgrade, die gemeinsam mit der Wellenfunktion vollständig angeben, was bei einem individuellen physikalischen System vor sich geht. Das sind die Bahnen der Teilchen. Wir bezeichneten sie als verborgene Variablen, aber das ist vielleicht nicht die beste Ausdrucksweise, da die Teilchen schließlich das sind, was man beobachtet. Eine bessere Möglichkeit, die Optionen zu beschreiben, besteht in der Verwendung des Begriffs der »seinsfähigen Eigenschaften« (beables), wie John Bell vorschlug. Realisten wollen, dass eine Theorie zu dem Stellung nimmt, was wirklich existiert; das sind die seinsfähigen Eigenschaften. Nach der Führungswellentheorie sind sowohl die Wellen als auch die Teilchen seinsfähige Eigenschaften.

Die Führungswellentheorie löst das Messproblem, weil das Teilchen immer existiert und sich immer irgendwo befindet. Wenn ein Experimentiergerät nach dem Teilchen sucht, findet es das Teilchen dort, wo es ist.

Die Gleichungen der Führungswellentheorie sind deterministisch und reversibel, was für die Vollständigkeit der Theorie spricht. Wahrscheinlichkeiten werden durch unsere Unkenntnis der Anfangspositionen der Teilchen erklärt, ebenso wie bei anderen Anwendungen von Wahrscheinlichkeiten auf die Physik. Die Born'sche Regel, die Beziehung zwischen der Wahrscheinlichkeit und dem Quadrat der Wellenfunktion, wird durch den Nachweis erklärt, dass dies die einzig stabile Wahrscheinlichkeitsverteilung ist und sich alle anderen zu ihr hinentwickeln.

Darüber hinaus ist die Führungswellentheorie vollständig und unzweideutig. Einige der anderen Modifikationen der Quantenmechanik weisen neue freie Parameter auf, die angepasst werden können, um verschiedene Verlegenheiten zu verbergen und die

Theorie vor experimentellen Widerlegungen zu schützen. Die Führungswellentheorie hat keine zusätzlichen Parameter und erlaubt keine Entscheidungen. Das ist ein sehr wichtiger Punkt zu ihren Gunsten.

Da sie eine saubere, unzweideutige und explizite Beschreibung der seinsfähigen Eigenschaften auf der Quantenebene gibt, ist die Führungswellentheorie auch weiterhin eine beliebte Option innerhalb der kleinen Gemeinschaft von Quantenrealisten. Zum Teil ist das deshalb der Fall, weil es eine Menge zu tun gibt, um die Anwendungen der Theorie zu entwickeln. Es ist eine Sache, im Allgemeinen zu beweisen, dass die Vorhersagen der Führungswellentheorie und der konventionellen Quantenmechanik häufig übereinstimmen werden, aber es ist etwas anderes, wenn man verstehen will, wie das im Einzelnen funktioniert. Die Physiker haben gern wohldefinierte Probleme, die sie ausarbeiten können, und die Führungswellentheorie bietet eine Menge davon an.

Es gibt auch Herausforderungen für die Führungswellentheorie. Wenn sie die Quantenmechanik ersetzen soll, muss sie das in allen Kontexten tun, in denen die übliche Theorie erfolgreich ist. Das beinhaltet die relativistische Quantenfeldtheorie, die die Grundlage des Standardmodells der Elementarteilchenphysik ist. Zu diesem Thema wurde zwar gute Arbeit geleistet, aber wichtige Fragen bleiben ungelöst. Es hat auch sehr interessante Untersuchungen der Führungswellentheorie in Anwendung auf die Quantengravitation und Kosmologie gegeben, aber sie sind weit davon entfernt, endgültig zu sein.

Aber das wichtigste Forschungsziel bei der Führungswellentheorie muss darin bestehen, Bereiche zu entdecken und zu erschließen, in denen Experimente die neue Theorie von der älteren unterscheiden. Hier gibt es aufregende Arbeiten im kosmologischen Maßstab von Antony Valentini und anderen.

Gleichzeitig gibt es mehrere Gründe, warum die Führungswellentheorie als wahre Theorie der Natur nicht völlig überzeugend ist. Einer davon sind die leeren, gespensterhaften Zweige, die Teil der Wellenfunktion sind und die (im Konfigurationsraum) von dem Ort, an dem sich das Teilchen befindet, so weit weggeflossen sind, dass sie wahrscheinlich nie wieder eine Rolle für die Lenkung des Teilchens spielen. Diese vermehren sich als Folge von Regel 1, spielen jedoch keinerlei Rolle bei der Erklärung von irgendetwas, das wir in der Natur tatsächlich beobachtet haben. Da die Wellenfunktion nie kollabiert, sind wir auf eine Welt voller gespensterhafter Zweige festgelegt. Es gibt einen ausgezeichneten Zweig, nämlich den Zweig, der das Teilchen lenkt, den wir als besetzten Zweig bezeichnen können. Dennoch sind die nichtbesetzten, gespensterhaften Zweige ebenfalls wirklich. Die Wellenfunktion, deren Zweige sie sind, ist eine seinsfähige Eigenschaft.

Die gespensterhaften Zweige der Führungswellentheorie sind dieselben wie die Zweige der Viele-Welten-Interpretation. In beiden Fällen sind sie eine Folge davon, dass man nur Regel 1 hat. Im Unterschied zur Viele-Welten-Interpretation erfordert die Führungswellentheorie keine exotische Ontologie im Sinne vieler Universen oder eine Aufspaltung von Beobachtern, weil es immer einen einzelnen besetzten Zweig gibt, auf dem sich das Teilchen befindet. Es gibt also kein prinzipielles Problem und auch kein Problem der Bestimmung, was wir mit Wahrscheinlichkeiten meinen. Aber wenn man es unelegant findet, dass jede mögliche Geschichte der Welt als eine Wirklichkeit repräsentiert wird, dann ist diese Sünde der Viele-Welten-Interpretation und der Führungswellentheorie gemein.

Ein aufmerksamer Leser könnte durch diese Ähnlichkeit zur Viele-Welten-Interpretation beunruhigt werden. Unter der Annahme, dass es den Verfechtern der Everett'schen Quantenmechanik gelingt, eine vernünftige physikalische Interpretation anhand von Dekohärenz, subjektiven Wahrscheinlichkeiten und allem Übrigen zu geben, könnten wir nicht genau dieselbe Interpretation auf die sich verzweigende Wellenfunktion der Führungswellentheorie anwenden – und die Teilchen einfach ignorieren? Die Antwort ist, ja, man kann die Teilchen ignorieren, und dann ist man voll und ganz zurück in Everetts Multiversum. Das bringt eine verborgene, vielleicht unbewusste Annahme zutage, die die Anhänger der Führungswellentheorie machen, nämlich dass die Wirklichkeit, die wir Beobachter wahrnehmen und messen, aus Materie besteht, die aus den Teilchen der Führungswellentheorie aufgebaut ist.

Nur weil sowohl Teilchen als auch Wellen nach der Führungswellentheorie seinsfähige Eigenschaften sind, werden sie dadurch nicht äquivalent. Um der Führungswellentheorie einen Sinn abzugewinnen, müssen wir die Teilchen privilegieren und postulieren, dass die Welt, die wir wahrnehmen, aus Teilchen besteht. Die Wellen sind zwar im Hintergrund vorhanden, aber ihre Rolle ist die Lenkung der Teilchen – sie werden nicht direkt wahrgenommen und beeinflussen unsere Beobachtungen nur durch ihre Rolle als Führer.

Vom Standpunkt entweder der Erklärung oder der Vorhersage der Welt spielen die gespensterhaften Zweige in der Führungswellentheorie nur eine geringe Rolle. Die Wahrscheinlichkeit, dass ein gespensterhafter Zweig eines makroskopischen Systems mit dem besetzten Zweig interferiert und die Zukunft dieses Systems verändert, ist wirklich winzig. Daher ist es verlockend, irgendeinen Mechanismus einzuführen, der die gespensterhaften Zweige zurückschneidet. Das wäre eine Kombination aus Führungswellentheorie und Modellen des spontanen Kollapses. Mir ist zwar keinerlei Arbeit in dieser Richtung bekannt, aber es scheint ein interessanter Weg zu sein, den man erforschen könnte.

Das bringt ein weiteres Problem der Führungswellentheorie zur Sprache, nämlich dass es eine Asymmetrie von Ursachen gibt.

Die Wellenfunktion leitet das Teilchen, aber das Teilchen hat seinerseits keinen Einfluss auf die Wellenfunktion. Das unterscheidet sich von der Art und Weise, wie Ursachen in der gewöhnlichen Physik funktionieren. In der Natur, und folglich auch im größten Teil der Physik, sind Ursachen üblicherweise reziprok. Alles, worauf Sie drücken, drückt zurück. Das geht auf Newtons drittes Gesetz zurück, das besagt, dass jede Wirkung von einer gleichen und entgegengesetzten Wirkung begleitet wird. Daher ist es sehr seltsam, dass das Teilchen die Wellenfunktion nicht beeinflussen kann. Das Fehlen einer reziproken Wirkung deutet stark darauf hin, dass etwas ausgelassen wurde.

Auch wenn die gespensterhaften Zweige häufig ignoriert werden können, können sie das nicht immer. Man hat einige raffinierte Experimente entworfen, die zeigen, dass der Zweig der Wellenfunktion, den das Teilchen nicht nimmt, die Zukunft ebenso beeinflussen kann wie die besetzten Zweige.[58] Diese kniffligen Fälle beinhalten zwei Quantenteilchen, die miteinander interagieren, wie beispielsweise ein Atom und ein Photon.

Nach der Führungswellentheorie ist das Atom sowohl ein Teilchen als auch eine Welle. Nennen wir sie das Teilchen des Atoms und die Welle des Atoms. Das Photon ist ebenfalls ein Teilchen und eine Welle und entsprechend nennen wir diese das Teilchen und die Welle des Photons. In jedem Fall führt die Welle das jeweilige Teilchen. Aber angenommen, wir richten die Dinge so ein, dass das Photon mit dem Atom zusammenstoßen soll. Welche Entität interagiert dann mit welcher?

Man ist vielleicht versucht anzunehmen, dass das Teilchen des Atoms mit dem Teilchen des Photons zusammenstößt. Aber das erweist sich als falsch. Die beiden Teilchen sind jeweils für einander unsichtbar. Sie werden leicht durch einander hindurchgehen. Stattdessen interagieren die Wellen miteinander und streuen sich gegenseitig. Wenn dann die Wellen sich von ihrem Zusammenstoß zurückziehen, zieht die Welle des Atoms das Teilchen des Atoms mit sich, während die Welle des Photons das Teilchen des Photons ebenfalls wegzieht.

Aber ob eine Wellenfunktion eine andere Wellenfunktion streut, hängt überhaupt nicht davon ab, ob es sich um einen besetzten Zweig oder um einen gespensterhaften Zweig handelt. Das führt zu einigen sonderbaren Konsequenzen, diese sind jedoch gleichermaßen sonderbar für die konventionelle Quantenmechanik wie für die Führungswellentheorie. Beispielsweise kann es vorkommen, dass ein Teilchen von dem leeren, gespensterhaften Zweig der Wellenfunktion eines anderen Teilchens wegspringt.

Die Tatsache, dass Wellenfunktionen von Wellenfunktionen wegspringen, spricht nicht gegen die Führungswellentheorie. Tatsächlich zeigt sie, dass die Theorie selbst in solchen kontraintuitiven Situationen funktioniert; das sollte unser Vertrauen in sie stärken. Aber sie lehrt uns den Preis, nämlich die behaglichen Bilder aufzugeben, denen zufolge die Teilchen die Hauptgeschichte darstellen und die gespensterhaften Zweige nicht berücksichtigt werden.

Die Tatsache, dass die Teilchen von den Wellenfunktionen geführt werden, hat noch andere sonderbare Konsequenzen. Eine davon ist, dass die Bewegungen, die die Teilchen als Reaktion auf ihre Führung durch die Wellenfunktion machen, nicht den Impuls und die Energie erhalten. Die Teilchen verhalten sich wie UFOs in schlechten Science-Fiction-Filmen – beispielsweise können sie stundenlang bewegungslos verharren, was sie in Zuständen bestimmter Energie tun, und plötzlich aufspringen und weglaufen als Reaktion auf Änderungen der führenden Wellenfunktion.

Davon war de Broglie nicht schockiert, und es beunruhigt auch nicht seine modernen Nachfolger, wie zum Beispiel Valentini. Sie sehen ein, dass es so sein muss, weil es ein Teil der Aufgabe der Führungsgleichung ist, die Pfade der Teilchen um Hindernisse herum und durch Spalten zu krümmen, um die Beugung des Lichts zu reproduzieren, und ein Teilchen, das seine Bewegung ändert, ohne mit einem anderen Teilchen zusammenzustoßen, ist eines, das seinen Impuls ändert. Aber das war ein Ausschlusskriterium für Einstein, und ich würde vermuten, auch für andere.

Wenn man ein System, das sich im Quantengleichgewicht befindet, über viele mögliche Bahnen der Teilchen hinweg ausmittelt, dann bleiben Impuls und Energie im Durchschnitt erhalten. Das ist ein Grund dafür, warum ich dazu gelangt bin, Formulierungen zu bevorzugen, in denen die Wahrscheinlichkeiten sich auf wirklich existierende Teilchenensembles beziehen. Ich werde sie im nächsten Kapitel erörtern.

Die Führungswellentheorie bietet ein schönes Bild an, dem zufolge Teilchen sich durch den Raum bewegen und sanft von einer Welle geführt werden, die ebenfalls durch den Raum fließt. Die Wirklichkeit kommt der Intuition etwas weniger entgegen. Wenn man sie auf ein System mit mehreren Teilchen anwendet, fließt die Wellenfunktion nicht durch den Raum; sie fließt durch den Konfigurationsraum, der mehrdimensional und somit schwer zu visualisieren ist. Und wie ich betont habe, sind die Teilchen nicht die kleinen runden Kugeln Ihrer Großmutter – sie wirken auf nahe und ferne Dinge und zeigen unter anderem plötzliche nichtlokale Wirkungen, die durch die Führungsgleichung übertragen werden. Dennoch können die Teilchen nichts anderes tun, wenn die Führungswellentheorie die Ergebnisse der Quantenmechanik reproduzieren soll.

Ein drittes Problem der Führungswellentheorie besteht darin, dass es eine starke Spannung zur Relativitätstheorie gibt, und zwar aufgrund der Nichtlokalität. Die experimentellen Tests der Bell'schen Einschränkung sagen uns, dass jeder Versuch, über die Quantenwelt hinauszugehen, um eine Beschreibung von Einzelereignissen und -prozessen zu geben, die Nichtlokalität explizit einschließen muss.

Diese Nichtlokalität muss irgendwie in die Führungswellentheorie kodiert werden, weil diese Theorie eine Vervollständigung der Quantenmechanik ist und mit ihren Vorhersagen übereinstimmt. Und tatsächlich ist die Nichtlokalität auch eingebaut. Wie ist das möglich? Betrachten wir ein System zweier verschränkter Teilchen, die sehr weit voneinander entfernt sind. Das Geheimnis ist, dass die Quantenkraft, die das eine Teilchen erfährt, von der Position des anderen Teilchens abhängt. Diese Abhängigkeit bleibt selbst dann bestehen, wenn die beiden Teilchen sehr weit voneinander entfernt sind.

Wenn man den Bahnen der einzelnen Quantenteilchen folgen könnte, könnte man folglich sehen, dass verschränkte Teilchen sich nichtlokal (d. h. über eine Entfernung hinweg) beeinflussen. Da wir normalerweise nur Durchschnittspositionen und Durchschnittsbewegungen messen, wird diese unaufhörliche nichtlokale Einwirkung durch die Zufälligkeit der Quantenbewegungen ausgewaschen. Aber sie ist explizit in der Art und Weise vorhanden, wie die Wellenfunktion die Teilchen lenkt, und man kann sich Experimente überlegen, durch die man sie möglicherweise beobachten könnte.

Beim aufmerksamen Leser gehen vielleicht die Alarmglocken los. Diese nichtlokale Kommunikation von Kräften über eine Entfernung hinweg verlangt von uns, dass wir objektiv von Ereignissen sprechen, die zwar entfernt voneinander, aber dennoch gleichzeitig sind. Eine solche augenblickliche Fernwirkung widerspricht direkt der speziellen Relativitätstheorie, die uns sagt, dass es keinen absoluten Begriff der Gleichzeitigkeit für Ereignisse gibt, die voneinander entfernt sind. Das ist in der Tat ein Problem und infolgedessen gibt es eine Spannung zwischen der speziellen Relativitätstheorie und der Führungswellentheorie.

Insbesondere ist die Führungsgleichung, die die Quelle der nichtlokalen Kräfte darstellt, mit der Relativitätstheorie unverträglich. Zu ihrer Definition erfordert sie einen bevorzugten Bezugsrahmen, der einen absoluten Begriff von Gleichzeitigkeit definiert. In der Praxis ist der Konflikt entschärft, weil die Zufälligkeit der Quantenphysik impliziert, dass man die nichtlokalen Korrelationen in einem Experiment nicht sehen kann, solange man im Quantengleichgewicht bleibt.* Wir können auch keine Informationen schneller als mit Lichtgeschwindigkeit verschicken. Wenn wir nicht zu genau auf das sehen, was bei Einzelsystemen geschieht, besteht zwischen der Führungswellentheorie und der Relativitätstheorie eine unbehagliche Koexistenz. Aber dann wiederum ist der ganze Witz der Führungswellentheorie doch, dass sie uns ermöglicht, genauer hinzusehen.

Gegenwärtig gibt es laufende Arbeiten, die darauf abzielen, die Führungswellentheorie auf die relativistische Feldtheorie auszudehnen, weshalb wir kein endgültiges Bild davon geben können, wie diese Spannung zwischen der Relativitätstheorie und der Führungswellentheorie aufgelöst wird.[59]

Kollaps der Wellenfunktion

Die Hypothese des spontanen Kollapses leistet uns ebenfalls einen guten Dienst als realistische Beschreibung der Quantenwelt im Sinne seinsfähiger Eigenschaften. Diesem Bild zufolge gibt es keine Teilchen – nur Wellen –, aber diese Wellen unterbrechen ihren gleichmäßigen Fluss gelegentlich, um plötzlich zu teilchenartigen Konzentrationen zu kollabieren. Von da an fließt die Welle wieder und breitet sich aus. Da die Welle dieses sonderbare Verhalten zeigt, ahmt sie Teilchen nach, wenn es nötig ist, und ist somit die einzige seinsfähige Eigenschaft.

Die Kollapsmodelle lösen auch das Messproblem, weil der

* Welches ich in Kapitel 8 definiert habe.

Kollaps der Wellenfunktion als wirkliches Phänomen postuliert wird. Bei atomaren Systemen geschieht das selten. Aber die Kollapshäufigkeit wächst rasch mit der Größe und der Komplexität des Systems, sodass es bei makroskopischen Systemen keine Chance für das Überleben von Superpositionen und Verschränkungen gibt. Superpositionen und Verschränkungen werden durch die Kollapsereignisse zerstört und bleiben daher auf den atomaren Bereich beschränkt. Dadurch wird das Messproblem gelöst, weil die Wellenfunktionen der Messinstrumente immer an einem bestimmten Ort kollabieren. Die gespensterhaften Zweige der Wellenfunktion verschwinden ebenfalls.

Die Führungswellentheorie und die Modelle des spontanen Kollapses sind nicht einfach nur zwei verschiedene Interpretationen der Quantenmechanik. Sie sind unterschiedliche Theorien, von denen jede Vorhersagen macht, die von den Vorhersagen der Quantenmechanik abweichen. Doch wenn es um das Verhalten von Atomen und Molekülen geht, stimmen sie miteinander und mit der konventionellen Quantenmechanik mit einer größeren Genauigkeit überein, als Experimente nachweisen können. Bis zum gegenwärtigen Zeitpunkt können sie also voneinander oder von der Quantenmechanik nicht experimentell unterschieden werden. Die Führungswellentheorie sagt jedoch voraus, dass Superpositionen und Verschränkungen universal sind und im Prinzip an jedem System festgestellt werden können, gleichgültig, wie groß oder komplex es ist. Das ist eine Herausforderung für experimentelle Tests, weil man gegen die Tendenz eines aus vielen Teilchen bestehenden Systems zur Dekohärenz kämpfen muss, da die vielen Interaktionen mit der Umgebung des Systems die Phasen* der Wellenfunktion randomisieren. Im Prinzip lassen sich solche Tests durchführen, und tatsächlich erweitern die

* Die Phasen einer Wellenfunktion beziehen sich auf die Positionen der Gipfel und Täler und die Muster, die sie bilden.

experimentellen Forscher den Bereich der Quantenphänomene kontinuierlich.

Aber sobald die Wellenfunktion spontan kollabiert, ist das Spiel zu Ende. Wenn die Theorie des spontanen Kollapses stimmt, wird kein experimenteller Forscher je in der Lage sein, zwei Wellenfunktionen eines großen, komplexen Systems zu superponieren.

Ein weiterer Unterschied zwischen der Hypothese des spontanen Kollapses und der Führungswellentheorie liegt in ihrer Einstellung zur Zeit. Die Gesetze der Führungswellentheorie sind zeitlich reversibel, genauso wie die Gesetze der Newton'schen Dynamik. Der spontane Kollaps ist irreversibel wie die Gesetze der Thermodynamik.

Die Theorien des Kollapses der Wellenfunktion weisen einige derselben Nachteile wie die Führungswellentheorie auf. Insbesondere findet der Kollaps augenblicklich statt, aber überall zugleich, wodurch ein schwerer Konflikt mit der Relativitätstheorie entsteht. Wie bei der Führungswellentheorie erfordert das genaue Gesetz, dass ein bevorzugter Bezugsrahmen angegeben wird, und widerspricht daher der Relativitätstheorie. Und wie in jenem Fall gibt es einige Arbeiten, die darauf hindeuten, dass der Konflikt in den Griff gebracht werden kann, sodass in dem Bereich, in dem die Theorie mit der Quantenmechanik übereinstimmt, die Verletzungen der Relativitätstheorie äußerst gering ausfallen.

Ein weiterer Nachteil mancher Kollapsmodelle ist die schon erwähnte Tatsache, dass die Energie nicht erhalten bleibt. Noch ein anderer besteht darin, dass sich dieser Mangel durch die Einstellung eines freien Parameters minimieren lässt. Meinem Verständnis nach ist die Fähigkeit, Parameter einzustellen, um die Übereinstimmung mit einem Experiment zu gewährleisten, eine Schwäche, da sie nahelegt, dass die Theorie so arrangiert wurde, um eine wesentliche Spannung in ihrem Aufbau zu verbergen.

Tatsächlich gibt es mehrere Versionen von Kollapsmodellen, und es besteht ein gewisser Spielraum für ihre Modifikation und für die Einstellung neuer Parameter. Deshalb werden sie als Modelle bezeichnet, wohingegen die Führungswellentheorie, die keinen Spielraum für die Anpassung irgendeiner Größe aufweist, eine Theorie ist.

Unter den verschiedenen Problemen, die wir erörtert haben, ist es beachtlich, dass alle vorgeschlagenen Theorien mit verborgenen Variablen in Konflikt mit der speziellen Relativitätstheorie stehen. Der Grund dafür ist einfach. Wenn man eine vollständige Beschreibung von Einzelprozessen haben will, muss diese Beschreibung aufgrund der experimentellen Tests von Bells Einschränkung nichtlokal sein, und das erfordert eine bevorzugte Gleichzeitigkeit. Wenn man über Einzelfälle hinweg Mittelwerte bildet, erhält man Wahrscheinlichkeiten, und da diese mit den Wahrscheinlichkeiten übereinstimmen, die von der Quantenmechanik vorhergesagt werden, gibt es keinen offenen Widerspruch zur speziellen Relativitätstheorie, weil Informationen nicht schneller als mit Lichtgeschwindigkeit gesendet werden können. Aber für einen Realisten ist der Konflikt dennoch vorhanden, weil die Wirklichkeit aus Einzelfällen besteht. Das erkennen wir deutlich an der Führungswellentheorie und an Modellen des spontanen Kollapses.

Man kann diesem Dilemma auch nicht dadurch entrinnen, dass man den Ehrgeiz aufgibt, über die Quantenmechanik hinauszugehen, denn der Konflikt ist in der Quantenmechanik selbst vorhanden. Wenn die Wellenfunktion entsprechend Regel 2 kollabiert, tut sie das überall zugleich.

Kein Problem hat mir mehr Kummer bereitet und mich mehr Nächte wach gehalten als dieser Konflikt zwischen dem Realismus des gesunden Menschenverstandes, angewandt auf den atomaren Bereich, und den Prinzipien der speziellen Relativitätstheorie.

In meinen Augen ist der wichtigste Grund dafür, sowohl im Hinblick auf die Führungswellentheorie als auch auf Kollapsmodelle skeptisch zu sein, dass sie wenig Kontakt mit den anderen großen Fragen der Physik aufweisen, wie beispielsweise mit der Quantengravitation und der Vereinheitlichung.

Zumindest liefern beide Ansätze einen Möglichkeitsbeweis dafür, dass wir in Hinsicht auf die Quantenphysik Realisten sein können. Aber keiner von beiden weist den Klang der Wahrheit auf. Mehr Arbeit ist notwendig, um eine realistische Ergänzung der Quantenmechanik zu entdecken, die die Fallstricke der existierenden Theorien vermeidet, während sie zugleich Lösungen für die anderen Schlüsselfragen der Physik anbietet und uns auf diese Weise eine Plattform liefert, auf der wir die Physik neu aufbauen können.

Es hat einige neue Vorschläge für realistische Quantentheorien gegeben, von denen meines Erachtens auch keine völlig überzeugend ist. Aber sie enthalten einige faszinierende Ideen.

Retrokausalität

Ein jüngerer realistischer Ansatz zur Quantenmechanik ist die *Retrokausalität*, die annimmt, dass kausale Wirkungen in der Zeit sowohl rückwärts als auch vorwärts gehen können. Gewöhnlich folgt die Wirkung auf die Ursache, aber, so die Vertreter dieser Ansicht, manchmal geht die Wirkung der Ursache vorher. Durch zeitlich rückwärts und vorwärts gerichtete Zickzackbewegungen kann eine Kette von Verursachungen als nichtlokal erscheinen, wie wir in Abbildung 10 auf der folgenden Seite sehen. Der Trick ist einfach. Wenn wir mit Lichtgeschwindigkeit in der Zeit zurückgehen können und dann vorwärts, können wir bei einem Ereignis ankommen, das zeitgleich mit dem ist, von dem wir aus-

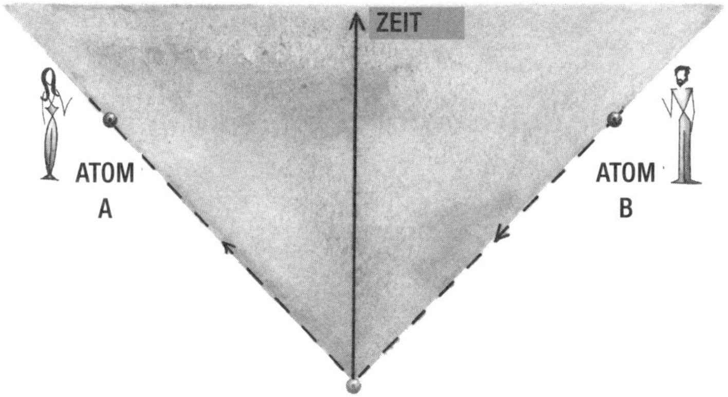

Abbildung 10: Retrokausalität. Die beiden Atome wandern in die Zukunft, das eine nach links und das andere nach rechts. Aber eine kausale Wirkung kann von dem Ort, der durch »Atom B« markiert ist, zu dem Punkt in der Vergangenheit zurückwandern, aus dem die Atome hervorgingen, und dann vorwärts zu dem Punkt bei »Atom A«. Auf diese Weise scheint die Wirkung bei »Atom A« zeitgleich mit ihrer Ursache bei »Atom B« zu sein.

gingen, das aber weit von ihm entfernt ist. In einer Theorie, in der es Verursachung sowohl in die Zukunft als auch in die Vergangenheit gibt, können wir versuchen, Nichtlokalität und Verschränkung zu erklären.

Diese Art von Ansatz wurde von Yakir Aharonov[60] und seinen Kollegen befürwortet. Eine andere Version, die als Transaktionsinterpretation bezeichnet wird, wurde von John Cramer und Ruth Kastner vorgeschlagen.[61] Huw Price hat ein Argument dafür veröffentlicht, dass jede zeitsymmetrische Version der Quantenmechanik auf Retrokausalität beruhen muss.[62]

Ansätze, die auf Geschichten beruhen

Einer alten Vorstellung zufolge besteht das, was grundlegend wirklich ist, nicht aus Dingen, sondern aus Prozessen; nicht aus Zuständen, sondern aus Übergängen. Diese kühne Idee liegt mehreren Ansätzen der Quantenmechanik zugrunde. Sie ergeben sich aus einer Entdeckung, die Richard Feynman machte, als er noch Doktorand war. Feynman formulierte eine alternative Methode, um die Quantenmechanik auszudrücken, die die Beschreibung der Natur vermeidet, nach der sich Quantenzustände kontinuierlich in der Zeit verändern. Stattdessen berechnen wir die Wahrscheinlichkeit dafür, dass das System einen Übergang zwischen einer früheren und einer späteren Konfiguration macht. Das erreichen wir dadurch, dass wir alle möglichen Geschichten berücksichtigen, die das System von einer Konfiguration in die andere überführt haben könnten. Die Theorie weist jeder Geschichte eine Quantenphase* zu, und um die Wellenfunktion für den Übergang zu finden, addieren wir diese Phase für alle möglichen Geschichten. Dann nehmen wir wie bei der Born'schen Regel das Quadrat, um die Wahrscheinlichkeit zu erhalten.

Feynmans Vorschlag zufolge ist dies einfach nur ein Schema zur Berechnung der Wahrscheinlichkeiten in der Quantenmechanik. Aber Rafael Sorkin schlägt vor, dass dies die Grundlage einer realistischen Quantentheorie ist, nach der die seinsfähigen Eigenschaften Geschichten sind. Der Haken (Sie sollten mittlerweile wissen, dass es immer einen Haken gibt) ist, dass man eine nicht standardmäßige Quantenlogik verwenden muss, um darüber zu sprechen, was an diesen Geschichten wirklich ist.[63]

Einen ganz anderen Gebrauch von Geschichten machen

---

* Das heißt, eine komplexe Zahl.

Murray Gell-Mann und James Hartle,[64] die behaupten, dass die Wirklichkeit, die wir wahrnehmen, einfach nur eine von vielen gleichermaßen konsistenten und gleichermaßen wirklichen Geschichten ist. Die Idee ist, dass die verschiedenen Geschichten nicht superponiert werden können, wenn sie dekohärent sind; deshalb kann man sie sich als alternative Geschichten vorstellen. Gell-Mann und Hartle formulierten diese Idee gemeinsam mit Robert Griffiths und Roland Omnès als den *Ansatz konsistenter Geschichten* in Bezug auf die Quantenmechanik.[65] Ein entscheidendes Ergebnis dieses Ansatzes bestand darin, dass eine Geschichte, die Newtons Gesetzen der klassischen Physik gehorcht, Teil einer dekohärenten Familie wäre. Diese dekohärenten Geschichten könnte man so betrachten, als ob sie alternative wirkliche Geschichten wären. Doch von Fay Dowker und Adrian Kent wurde gezeigt, dass das Umgekehrte nicht der Fall ist. Sie zeigten, dass es viele Klassen von dekohärenten Geschichten gibt, die keinen Bezug zur Newton'schen Physik haben.[66]

Keine dieser geschichtsbasierten Theorien befriedigen mein Bedürfnis nach einer naiv realistischen Beschreibung der Welt. Ich habe nichts gegen einen Realismus, dem zufolge das Wirkliche in Prozessen, und nicht in Zuständen besteht, in ereignisfähigen Eigenschaften, und nicht in seinsfähigen Eigenschaften. Aber bei den Ansätzen, die ich gerade erwähnt habe, berechnet man am Ende nicht das, was geschehen ist, sondern nur die Wahrscheinlichkeiten für das, was geschehen ist. Und die Beziehung zwischen den Geschichten, die von der Theorie postuliert werden, und den Wahrscheinlichkeiten, die wir beobachten, ist immer durch die Born'sche Regel bestimmt, was darauf hinweist, dass diese Geschichten Möglichkeiten und keine Wirklichkeiten repräsentieren.

Viele miteinander interagierende klassische Welten

Folgendes ist eine andere zeitgenössische realistische Formulierung der Quantenphysik.[67] Nehmen wir an, dass unsere Welt klassisch ist, aber sie ist nur eine aus einer sehr großen Anzahl klassischer Welten, die gleichzeitig existieren. Diese Welten sind einander insofern ähnlich, als sie dieselbe Anzahl und Arten von Elementarteilchen aufweisen. Aber sie unterscheiden sich in den Positionen und Bahnen der Teilchen.

All diese Welten gehorchen den Newton'schen Gesetzen, mit einer einzigen Änderung, nämlich dass es zusätzlich zu den üblichen Kräften zwischen den Teilchen innerhalb einer einzelnen Welt eine neue Art von Kraft gibt, die eine Interaktion zwischen den Teilchen in den verschiedenen Welten beinhaltet.

Wenn Sie einen Ball werfen, reagiert er auf die Kraft Ihres Armes sowie auf die Anziehung durch die Schwerkraft der Erde. Gleichzeitig wirft eine große Anzahl von Kopien von Ihnen jeweils in ihrer eignen Welt einen Ball. Jeder dieser Bälle hat einen leicht veränderten Ausgangspunkt und eine leicht veränderte Bahn. Die verschiedenen Bälle kontaktieren einander aus ihren getrennten Welten und interagieren miteinander. Diese neuen zwischenweltlichen Kräfte sind zwar winzig, aber das Ergebnis ist, dass jeder Ball auf seinem Flug ein bisschen geschüttelt wird. Sie beobachten den Ball nur in Ihrem Universum, weshalb Sie die Schüttelbewegungen nicht im Einzelnen erklären können. So scheint es eine Zufallsfluktuation zu geben, die den Flug Ihres Balles leicht stört. Das Ergebnis ist, dass Sie ein zufälliges, probabilistisches Element in Ihre Vorhersagen der Bewegung Ihres Balles einführen müssen. Diese probabilistische Beschreibung ist die Quantenmechanik.

Das wird als die *Theorie vieler miteinander interagierender Welten* bezeichnet. Damit sie im Einzelnen funktioniert, müssen

Sie die Kräfte zwischen den Welten sehr sorgfältig wählen. Um die Quantenmechanik hervorzubringen, muss diese Kraft ganz anders sein als jede Kraft, von der wir wissen. Sie muss Dreiergruppen von Welten beinhalten, sodass es ein Schüttelereignis an Ihrem Ball gibt, das davon abhängt, wo zwei andere Bälle sind, die jeweils in ihren eigenen Welten existieren.

Ein großer Vorteil dieser Formulierung besteht darin, dass sie sich als Grundlage für detaillierte und äußerst genaue Computerberechnungen der Chemie von Molekülen als äußerst nützlich erwiesen hat.[68]

Ich werde nicht nahelegen, dass wir dies als einen ernsthaften Vorschlag zur Natur auffassen. Aber es dient als weiteres Beispiel für eine realistische Version der Quantenphysik.

Superdeterminismus

Nicht jeder, der über die Grundlagen der Quantenphysik arbeitet, akzeptiert die Konklusion von Bells Theorem, dass die Lokalität in der Natur verletzt ist. Es gibt mehrere Schlupflöcher, von denen die meisten durch Experimente ausgeschlossen wurden. Ein Schlupfloch, das sich nicht so leicht ausschließen lässt, beruht auf einer Idee, die als *Superdeterminismus* bezeichnet wird. Erinnern wir uns an das Experiment von Aspect und Kollegen, das die Bell'sche Lokalität widerlegt hat und über das wir in Kapitel 4 sprachen. Zwei Beobachter, die voneinander entfernt sind, wählen jeweils eine Richtung, entlang welcher die Polarisierung des Photons auf ihrer Seite gemessen werden wird. Der Beweis, dass die Lokalität verletzt ist, beruht auf der Annahme, dass diese beiden Wahlen unabhängig voneinander getroffen werden.

Aber streng genommen liegen die zwei Ereignisse, in denen diese Wahlen getroffen werden, beide in der kausalen Zukunft einiger Ereignisse in ihrer Vergangenheit. Wir müssen nur in der

Zeit weit genug zurückgehen, bis wir Ereignisse finden, deren kausale Zukünfte beide Ereignisse einschließen, als die Wahlen, welche Polarisierung gemessen werden sollten, getroffen wurden. Wir könnten also solche Ereignisse in der Vergangenheit, deren kausale Zukunft das ganze Experiment umfasst, als notwendige Teile des Experiments einschließen. Man könnte sich dann vorstellen, dass die Winkel, die auf jeder Seite gewählt wurden, beide von jemandem angegeben wurden, der ganz sorgfältig die Anfangsbedingungen in der Vergangenheit von beiden eingerichtet hat. Die Philosophie des Superdeterminismus behauptet, dass sich das Universum deterministisch entwickelt, sodass alle solche Korrelationen vor langer Zeit beim Urknall festgelegt wurden.

Mehrere Physiker haben vorgeschlagen, dass, wenn wir annehmen, dass der Anfangszustand des Universums äußerst sorgsam ausgewählt wurde (durch welche Kraft auch immer, die für die Festlegung der Anfangsbedingungen verantwortlich sein könnte), alle verschränkten Paare, die jemals gemessen würden, so bestimmt worden sein könnten, dass die Ergebnisse nachgeahmt werden, die üblicherweise als Bestätigung der Nichtlokalität gelten. Diese Ergebnisse sollten dann als Bestätigung des Superdeterminismus, und nicht der Nichtlokalität gelesen werden. Es stünde einem folglich frei, eine lokale verborgene Variable vorzuschlagen, um die Quantenmechanik zu erklären. Vorschläge wie dieser wurden unter anderen von Gerard 't Hooft gemacht.[69]

Gerard 't Hooft ist wirklich ein großer Naturwissenschaftler, der mit etwas über zwanzig im Alleingang für einen großen Teil der Schlüsselergebnisse verantwortlich war, die in die Konstruktion des Standardmodells eingingen. Ich hatte großes Glück, während des Aufbaustudiums an einem seiner Kurse teilzunehmen, und ich habe ihn immer persönlich bewundert. Viele Jahre lang hat er behauptet, eine deterministische Theorie lokaler verborgener Variablen konstruiert zu haben, die auf einem zellulären Automaten basiert, der ein Modell eines Computers ist. Wenn ich richtig verstehe, dann funktioniert das für Sonderfälle; aber er beansprucht eine allgemeinere Gültigkeit, die sich auf den Superdeterminismus beruft. Wenn man jedoch von den Details absieht, bin ich bereit zu wetten, dass die Nichtlokalität uns gegenüber dem Superdeterminismus der Wahrheit näher bringen wird. Ich sage das mit einem gewissen Bedauern, da es nur wenige Theoretiker seiner Generation gibt, die ich mehr bewundere als Gerard 't Hooft.

Jenseits von Führungswellentheorie und Kollapsmodellen

Der Schluss, zu dem ich komme, besteht darin, dass keiner der Vorschläge für eine realistische Quantentheorie, die ich bisher präsentiert habe, völlig überzeugend ist. Manche sind zwar betörend, aber keiner wird entweder durch experimentelle Belege gestützt oder durch die Art von Eleganz oder Vollständigkeit, die eine Zeit lang dieses entscheidende Experiment ersetzen kann. Wenn Sie sich also Einstein, de Broglie, Schrödinger, Bohm und Bell anschließen und über die statistische Beschreibung der Quantentheorie zu einer Beschreibung seinsfähiger Eigenschaften hinausgehen wollen, die uns sagen wird, was genau bei jedem individuellen Quantenprozess geschieht, haben Sie Geduld, denn wir sind noch nicht fertig.

Gibt es Lektionen, die wir mit uns nehmen können, wenn wir über die Führungswellentheorie und die Kollapsmodelle hinausgehen? Tatsächlich gibt es solche. Die wichtigste Lektion, die wir aus den Erfolgen der Kollapsmodelle und der Führungswellentheorie ziehen können, ist, dass die Wellenfunktion einen Bestandteil der physikalischen Wirklichkeit erfasst. Sehen wir zu, wie diese Schlussfolgerung zustande kommt.

Die Führungswellentheorie behauptet, dass alles im Universum eine duale Existenz hat, als Teilchen und als Welle. Dadurch wird das Messproblem gelöst, weil die Teilchen beibehalten werden, und zwar auf eine Weise, die Superposition, Verschränkung und alle ihre sonderbaren Konsequenzen einbezieht, weil die Theorie die Welle beibehält. Aber ist sie richtig? Ich habe dargelegt, dass sie gravierende Mängel hat, so beeindruckend sie auch ist. Das bringt uns zu unserer nächsten Option: über die Führungswellentheorie hinauszugehen, um eine neue Theorie seinsfähiger Eigenschaften zu erfinden.

Die Führungswellentheorie ist deshalb erfolgreich, weil sie postuliert, dass sowohl Teilchen als auch Wellen wirklich sind. Aber ist das wirklich notwendig? Könnte es nicht eine Theorie geben, die das erreicht, was die Führungswellentheorie erreicht, die jedoch diese Doppelontologie nicht erfordert? Dadurch würde auch das Problem gelöst werden, dass es in dieser Theorie keine Reziprozität [zwischen Welle und Teilchen] gibt.

Es wäre äußerst interessant, wenn es Möglichkeiten gäbe, um die Erfolge der Führungswellentheorie zu reproduzieren, die nur eine Klasse seinsfähiger Eigenschaften annehmen würde, und nicht zwei. Wellen oder Teilchen, aber nicht beides. Oder etwas ganz anderes.

Im Sinne eines ersten Versuchs können wir die Frage stellen, was geschieht, wenn wir mit der Führungswellentheorie beginnen und entweder die Wellen oder die Teilchen fallen lassen.

Wenn wir die Teilchen fallen lassen, lösen wir das Messproblem nicht mehr – falls wir das Verhalten der Welle nicht radikal ändern, indem wir einen spontanen Kollaps annehmen. Die Aufgabe von Teilchen führt also entweder zu den Kollapsmodellen oder zur Viele-Welten-Interpretation zurück.

Als Nächstes versuchen wir, die Wellenfunktion aufzugeben, aber an den Teilchen festzuhalten. Was wird dann die Teilchen lenken? Wie sollen wir Interferenz erklären, wenn wir nur Teilchen haben? Könnten wir beispielsweise die Führung der Wellenfunktion dadurch zurückgewinnen, dass wir den Teilchen merkwürdige neue Eigenschaften verleihen?

Mehrere Physiker und Mathematiker haben versucht, eine Theorie seinsfähiger Eigenschaften zu erfinden, die nur Teilchen annimmt, aber niemand war erfolgreich. Das ist eine lange Geschichte mit manchen faszinierenden Besonderheiten, aber die Schlussfolgerung ist einfach: Die Wellenfunktion scheint einen wesentlichen Aspekt der Wirklichkeit zu erfassen.[70] Dem Erfolg am nächsten kommt meines Wissens ein Ansatz des Mathematikers Edward Nelson, der als *stochastische Quantenmechanik* bezeichnet wird. Viele Jahre lang dachte ich, dass das der richtige Weg sei, aber dann sah ich ein, dass ein Großteil an Feinabstimmung notwendig ist, um Instabilitäten zu vermeiden.

Diese Schlussfolgerung wird durch eine jüngere Analyse aufrechterhalten, die von drei Experten in Quanteninformationstheorie durchgeführt wurde, Matthew Pusey, Jonathan Barrett und Terry Rudolph, die ein neues Argument entwickelten, das besagt, dass der Quantenzustand nicht bloß eine Repräsentation der Information sein kann, die ein Beobachter über ein System besitzt. Er muss physikalisch wirklich sein oder etwas Wirkliches repräsentieren.[71] Wir scheinen also nur zwei Wahlmöglichkeiten zu haben: die Wellenfunktion selbst als seinsfähige Eigenschaft beizubehalten, wie in der Führungswellentheorie und in den Kollapsmodellen, oder eine andere seinsfähige Eigenschaft zu finden, die in einer anderen Form die physikalische Wirklichkeit erfasst, die die Wellenfunktion repräsentiert.

Vierzehn
Erstens, Prinzipien

Ich hatte mich der Physik in der Hoffnung verschrieben, die beiden großen Fragen zu lösen, die Einstein in seinen autobiografischen Notizen stellte: die Quantenphysik mit der Raumzeit zu vereinheitlichen und der Quantenphysik einen Sinn abzugewinnen.

Trotz der Bemühungen vieler brillanter Leute über mehr als ein halbes Jahrhundert hinweg, seit Einstein seine autobiografischen Notizen schrieb, bleiben diese beiden Probleme ungelöst. Es lohnt sich, bei der Frage zu verweilen, warum das der Fall war.

Diese Frage ging mir nicht aus dem Sinn. In letzter Zeit habe ich mich gefragt, ob wir es nicht ganz falsch angestellt haben, Einsteins Zwillingsrevolutionen zu vervollständigen. Wir erfinden Theorien wie beispielsweise die Loop-Quantengravitation, Stringtheorie, Führungswellentheorie und andere, aber sie gehen nicht tief genug. Theorien wie diese sind zwar Modelle, die unsere Ideen von der Natur verkörpern, sie sind jedoch nicht der tiefste oder reinste Ausdruck dieser Ideen.

Modelle exemplifizieren Ideen, allerdings häufig in einer vereinfachten Form, die es den wesentlichen Merkmalen und Implikationen der Ideen ermöglicht, hindurchzuscheinen. Das Spiel Monopoly ist ein Modell des Kapitalismus. Nichtwissenschaftler haben oft kein richtiges Verständnis dafür, wie nützlich Modelle sein können – genau deshalb, weil sie unvollständig sind und

Dinge auslassen –, wenn man sich in der Phase befindet, die Implikationen einer Idee zu erforschen.

Ideen über die Natur lassen sich am reinsten entweder als Hypothesen oder Prinzipien ausdrücken. Eine Hypothese ist eine einfache Behauptung über die Natur, die entweder wahr oder falsch ist. »Die Materie ist nicht unendlich teilbar, weil sie aus Atomen besteht« ist eine Hypothese. Ebenso wie »Licht ist eine Welle, die durch elektrische und magnetische Felder wandert«. Beide Hypothesen erwiesen sich als wahr, aber die Wissenschaftsgeschichte ist übersät mit solchen, die sich als falsch herausstellten.

Ein Prinzip ist ein allgemeines Erfordernis, das die Form beschränkt, die ein Naturgesetz annehmen kann. »Es ist unmöglich, irgendein Experiment durchzuführen, das einen absoluten Sinn von Ruhe bestimmen oder eine absolute Geschwindigkeit messen kann« ist ein Prinzip.

Einstein wusste, was er tat, als er die spezielle Relativitätstheorie einführte: Er begann seinen Aufsatz von 1905 mit zwei Prinzipien und leitete unmittelbar Konsequenzen aus ihnen ab. Es lohnt sich festzuhalten, dass die Idee der Vereinheitlichung von Raum und Zeit zu einer einzigen Entität namens Raumzeit nicht zu Einsteins ursprünglicher Auffassung von Relativität gehörte. Die Idee der Raumzeit wurde zwei Jahre später von seinem Lehrer Hermann Minkowski als Modell eingeführt, das Einsteins Prinzipien exemplifizierte.

Das Problem mit dem Überspringen des Stadiums von Prinzipien und Hypothesen und dem direkten Übergang zu Modellen besteht darin, dass wir uns verlaufen können. Es ist leicht, in die Falle eines mikroskopischen Blickfelds zu geraten, während man versucht, die Details dieser Modelle auszuarbeiten. Wie Feynman mir einst sagte: »Machen Sie aus jeder Frage, die Sie bei der Forschung stellen, eine Frage in Bezug auf die Natur. Sonst können Sie Ihr Leben damit verschwenden, die winzigen Einzelheiten von

Theorien auszuarbeiten, die höchstwahrscheinlich nie irgendetwas mit der Natur zu tun haben werden.« Schlimmer noch, wir verwickeln uns in belanglose Wettbewerbe und akademische Revierkämpfe zwischen den Anhängern verschiedener Modelle.

Einstein brachte diese Lektion zum Ausdruck, indem er darauf beharrte, dass wir zwei Arten von Theorien unterscheiden. *Prinzipientheorien* sind diejenigen, die allgemeine Prinzipien enthalten. Sie schränken zwar ein, was möglich ist, aber sie reichen für die Einzelheiten nicht aus. Diese werden von einer zweiten Art von Theorie geliefert, die er als *Konstitutionstheorien* bezeichnete. Konstitutionstheorien beschreiben bestimmte Teilchen oder spezifische Kräfte, die die Natur enthalten mag oder nicht. Die spezielle Relativitätstheorie und die Thermodynamik sind Prinzipientheorien. Diracs Theorie des Elektrons und Maxwells Theorie des Elektromagnetismus sind Konstitutionstheorien.

Meine Schlussfolgerung ist also, dass wir von unseren Modellen zurücktreten, Vermutungen über Bestandteile auf später verschieben und wieder damit anfangen müssen, über Prinzipien zu sprechen.

Unsere Strategie wird folglich darin bestehen, zu unserem Ziel der Entwicklung einer neuen fundamentalen Theorie in vier Schritten überzugehen: Erstens, Prinzipien; zweitens, Hypothesen (die die Prinzipien erfüllen müssen); drittens, Modelle (die teilweise Implikationen der Prinzipien und Hypothesen illustrieren) und dann zuletzt vollständige Theorien. Wenn wir Prinzipien vor Theorien setzen, werfen wir eine interessante Frage auf: Wo finden wir eine Sprache, um die Prinzipien zu formulieren, und einen Kontext, um sie zu motivieren und zu kritisieren? Wir wollen nicht die Sprache bestehender Theorien verwenden, weil der ganze Witz der Übung darin besteht, über sie hinauszugehen. Einstein hätte nie die allgemeine Relativitätstheorie entwickelt, wenn er sich darauf beschränkt hätte, innerhalb der Sprache der Newton'schen Physik zu denken.

Die Mathematik kann manchmal neue Ideen und Strukturen liefern, und ist deshalb häufig eine Hilfe. Aber eine neue Mathematik reicht gewöhnlich nicht aus, um eine neue Physik zu erfinden; sonst hätten Bernhard Riemann oder William Kingdon Clifford die allgemeine Relativitätstheorie erfunden. Das ist die Stelle, an der die Kenntnis der Philosophie das entscheidende Element sein kann, weil eine Person mit einer philosophischen Bildung in ihrer Werkzeugkiste eine Vielzahl von Ideen und Methoden hat, die aus der gesamten Geschichte der Versuche von Menschen stammen, über die Grundlagen unserer Weltbeschreibung nachzudenken. Und wenn es um elementare Fragen wie beispielsweise die Natur von Raum und Zeit geht, ist diese Geschichte voller nützlicher Argumente und Strategien, die ausprobiert werden können. Daher war Einstein nicht allein, als er mit der Notwendigkeit neuer Begriffe von Raum und Zeit konfrontiert war. Es war so, als ob er Galilei, Newton, Leibniz, Kant und Mach in seiner Hosentasche mit sich trug, sich mit ihnen unterhalten und von ihren Einsichten profitieren konnte. Ebenso vermittelte eine gute Kenntnis von Platon, Kant und anderen Heisenberg eine Sprache, um über Newton'sche Teilchen hinauszugehen.

Das 20. Jahrhundert erlebte die Blüte der Philosophie in der Physik, die den Vorratsspeicher nützlicher Ideen und Argumente weiter bereichert hat. Die Philosophie ist tatsächlich eine lebendige Tradition, und wenn es eine Zeit gab, als die Philosophen der Physik im Hinblick auf die technische Beherrschung der Physik hinterherhinkten, dann ist diese Zeit schon lange vorbei. Daher werde ich mich nicht dafür entschuldigen, dass ich mich sowohl an die Weisen der Vergangenheit als auch an unsere zeitgenössischen Philosophen wende, um Sprache, Kontexte und Ideen zu finden, die einen Rahmen für meine Suche nach neuen Prinzipien der Physik bilden können.

Wenn man mit Prinzipien anfängt, hat das eine unmittelbare Konsequenz, nämlich dass wir uns darüber klar werden, dass

Quantengravitation und die Grundlagen der Quantentheorie verschiedene Seiten ein und desselben Problems sind. Wenn Physiker versuchen, die Quantengravitation ohne Rücksicht auf die Probleme der Grundlagen der Quantentheorie zu lösen, und umgekehrt, dann verfolgen wir den falschen Ansatz. Diese beiden Probleme sind tief miteinander verknüpft. Ein Grund dafür ist, dass wegen der Nichtlokalität der Quanten das Hinausgehen über die Quantenmechanik das Hinausgehen über die Raumzeit bedeutet.

Ich werde also so verfahren, dass ich Prinzipien vorbringe, die Quantenphänomene mit der Raumzeit verknüpfen. Nachdem wir eine gute Menge von Prinzipien haben, wird der nächste Schritt darin bestehen, Hypothesen darüber zu formulieren, wie sie realisiert sind.

Unser Ziel besteht darin, die Quantenphysik und Raumzeit auf der Ebene fundamentaler Prinzipien miteinander zu verknüpfen. Ich glaube, dass die richtigen Prinzipien, um diese Vereinheitlichung zu formen, die folgenden sind:

Prinzipien für die Grundlagenphysik

1. Hintergrundunabhängigkeit.

Eine physikalische Theorie sollte nicht von Strukturen abhängen, die festgelegt sind und sich nicht dynamisch in der Wechselwirkung mit anderen Größen entwickeln. Das ist eine wichtige Vorstellung, die einiger Erläuterung bedarf.

Alle bisherigen physikalischen Theorien hängen von Strukturen ab, die im Hinblick auf die Zeit festgelegt sind und keine vorgängige Rechtfertigung besitzen; sie werden einfach angenommen und erlassen. Ein Beispiel ist die Geometrie des Raumes in allen Theorien vor der allgemeinen Relativitätstheorie. In der Newton'schen Physik wird die Geometrie des Raumes einfach als euklidische dreidimensionale Geometrie festgelegt. Sie ist willkürlich; sie ändert sich nicht mit der Zeit, sie kann nicht von irgendetwas beeinflusst werden. Folglich unterliegt sie keinem dynamischen Gesetz.

Zur Zeit Newtons war Euklids Geometrie die einzig bekannte. Daher hatte er keine Alternative und versuchte nicht, eine Rechtfertigung für deren Wahl zu finden. Aber im 19. Jahrhundert entdeckten Carl Friedrich Gauß, Nikolai Lobatschewski und Riemann eine Unendlichkeit alternativer Geometrien. Jede fundamentale Theorie, die nach ihren Arbeiten kommt, muss die Wahl rechtfertigen, die sie bezüglich der Raumgeometrie trifft. Das Prinzip der Hintergrundunabhängigkeit verlangt, dass die Wahl nicht vom Theoretiker, sondern von der Theorie getroffen wird, auf dynamische Weise, als Teil der Lösung der physikalischen Gesetze.

Nichtdynamische, festgelegte Strukturen bestimmen einen eingefrorenen Hintergrund, gegenüber dem das System sich entwickelt, an dem wir interessiert sind. Ich würde behaupten, dass diese eingefrorenen Strukturen Objekte außerhalb des Systems darstellen, das wir modellieren. Diese Objekte beeinflussen zwar das System, aber ändern sich nicht selbst. (Oder ihre Änderungen sind zu langsam, um bemerkt zu werden.) Daher sind diese festgelegten Hintergrundstrukturen Belege dafür, dass die fragliche Theorie unvollständig ist.

Daraus folgt, dass jede Theorie mit festgelegten externen Strukturen verbessert werden kann, wenn die externen Elemente aufgetaut und dynamisiert und in den Kreis der miteinander interagierenden physikalischen Freiheitsgrade gebracht werden können. Das war die Strategie, die Einstein zur allgemeinen Relativitätstheorie führte. Die Geometrie von Raum und Zeit ist in der Newton'schen Physik eingefroren, und sie ist auch in der speziellen Relativitätstheorie eingefroren. In diesen Theorien liefert die Raumzeit-Geometrie einen absoluten und festgelegten

Hintergrund, gegenüber dem Messungen definiert werden. Die allgemeine Relativitätstheorie taut die Geometrie auf und macht sie dynamisch.

Das erweist sich als Prozess mit mehreren Stadien, weil unsere Theorien Schichten eingefrorener Elemente enthalten, die wie Sedimentschichten während der langen und komplexen Geschichte unseres Gegenstands abgelegt wurden. Die allgemeine Relativitätstheorie taut einige Aspekte der Geometrie auf, aber tiefere Strukturen, wie beispielsweise die Dimensionen und Strukturen, die man braucht, um die kontinuierlichen Zahlen oder eine Änderungsrate zu definieren, bleiben eingefroren. Daher kann die allgemeine Relativitätstheorie, so schön sie auch ist, nicht das Ende unserer Suche sein und wird eine weitere Vervollständigung erfordern.

Jeder Schritt dehnt den Anwendungsbereich der Theorie aus. Daraus folgt, dass die einzig vollständige Theorie der Physik eine kosmologische Theorie sein muss, denn das Universum ist das einzige System, außerhalb dessen es nichts gibt. Eine Theorie des gesamten Universums muss sich also sehr von Theorien der Teile des Universums unterscheiden. Sie darf keine festgelegten, eingefrorenen, zeitlosen Elemente enthalten, da diese sich auf Dinge außerhalb des Systems beziehen, das von der Theorie beschrieben wird. Sie muss völlig unabhängig vom Hintergrund sein.

Diese Erkenntnis, dass eine kosmologische Theorie sich nicht einfach dadurch erreichen lässt, dass man unsere gegenwärtigen Theorien ausbaut, sondern eine radikal neue Art von Theorie sein muss, ist die wichtigste Lektion, die bisher bei der Suche nach einer Vervollständigung von Einsteins beiden Revolutionen gelernt wurde.*

* Zu weiteren Ausführungen über diesen Punkt siehe meine Bücher *Im Universum der Zeit* und *The Singular Universe and the Reality of Time*, in Zusammenarbeit mit Roberto Mangabeira Unger.

Daraus folgt, dass die Quantenmechanik keine Theorie des ganzen Universums sein kann, weil auch sie festgelegte Elemente beinhaltet. Diese umfassen die Observablen des Systems und verschiedene Beziehungen, in denen sie stehen, sowie die Struktur, die Wahrscheinlichkeiten hervorbringt.*

Das impliziert, dass es keine Wellenfunktion des Universums gibt, weil es keinen Beobachter außerhalb des Universums gibt, der es messen könnte. Der Quantenzustand ist und bleibt eine Beschreibung eines Teils des Universums.

Wir versuchen also, die Quantentheorie dadurch zu vervollständigen, dass wir Hintergrundstrukturen eliminieren. Das erreichen wir, indem wir den Hintergrund offenlegen, ihn auftauen und ihm eine Dynamik verleihen. Mit anderen Worten, anstatt die Gravitation zu quantisieren, versuchen wir, die Quanten in die Gravitation einzubinden. Darunter verstehen wir den Prozess der Identifikation und des Auftauens derjenigen Aspekte der Quantentheorie, die willkürlich und festgelegt sind, indem wir sie dynamischen Gesetzen unterwerfen. Umgekehrt betrachtet, hoffen wir, die faszinierenden Eigenschaften der Quantenphysik als Folgen dessen zu verstehen, dass das Universum in zwei Teile aufgespalten wurde: das System, das wir beobachten, und alles Übrige, einschließlich des Beobachters und seiner Messinstrumente.

Eng verknüpft mit der Hintergrundunabhängigkeit ist eine andere Schlüsselidee, nämlich *dass die Observablen physikalischer Theorien Beziehungen beschreiben sollten.*

Leibniz, Mach und Einstein lehrten uns, absolute Begriffe von Raum und Zeit von relationalen zu unterschieden. Wir sagen, dass die Lage im Raum absolut ist, wenn es eine unveränderliche Bedeutung dessen gibt, wo sich etwas befindet. Eine relative Lage wird durch die Beziehung zu etwas anderem definiert. Drei Häu-

* Technisch gesprochen, die Observablenalgebra und das Skalarprodukt.

serblocks südlich des Supermarkts ist eine relative Lage. Entsprechend hat eine absolute Zeit eine Bedeutung ohne Bezug auf irgendetwas anderes, während eine relationale Zeit immer durch ihre Beziehung zu einem anderen Ereignis oder einer Menge von Ereignissen definiert ist.

Das führt zu unserem zweiten Prinzip:

2. Raum und Zeit sind relational.
Eine relationale Observable oder Eigenschaft ist eine solche, die eine Beziehung zwischen zwei Entitäten beschreibt. In einer Theorie ohne Hintergrundstrukturen sollten alle Eigenschaften, die sich auf die Lage im Raum oder in der Zeit beziehen, relational sein. Hintergrundunabhängige Theorien sprechen durch relationale Observablen zu uns über die Natur.

Das dritte Prinzip sagt uns, dass nichts ausgelassen wird.

3. Prinzip der kausalen Vollständigkeit.
Wenn eine Theorie vollständig ist, hat alles, was im Universum geschieht, eine Ursache, die in einem oder mehreren früheren Ereignissen besteht. Es ist nie der Fall, dass die Kette der Ursachen auf etwas außerhalb des Universums zurückführt.

Unser nächstes Prinzip wurde von Einstein in seinen Aufsätzen zur allgemeinen Relativitätstheorie eingeführt.

4. Prinzip der Reziprozität.
Dieses Prinzip besagt, dass, wenn ein Objekt A auf einen zweiten Gegenstand B wirkt, B auch auf A zurückwirken muss.

Es gibt noch eines von diesen Prinzipien, und es ist sowohl raffiniert als auch leistungsfähig.

5. Prinzip der Identität des Ununterscheidbaren.
Dieses Prinzip besagt, dass beliebige zwei Objekte, die genau dieselben Eigenschaften haben, tatsächlich dasselbe Objekt sind.

Wenn wir sie in eine Reihenfolge bringen, haben wir fünf eng miteinander verknüpfte Prinzipien:

1. Das Prinzip der Hintergrundunabhängigkeit
2. Das Prinzip, dass Raum und Zeit relational sind
3. Das Prinzip der kausalen Vollständigkeit
4. Das Prinzip der Reziprozität
5. Das Prinzip der Identität des Ununterscheidbaren

Diese Prinzipien sind alle Aspekte eines einzigen Prinzips, das Leibniz als das *Prinzip des zureichenden Grundes* bezeichnete. Es besagt, dass jedes Mal, wenn wir einen Aspekt des Universums identifizieren, der anscheinend anders sein könnte, wir bei weiterer Untersuchung einen rationalen Grund entdecken werden, warum er so und nicht anders ist.

Beispielsweise scheint es unter der Voraussetzung des gegenwärtigen Erkenntnisstands, dass der Raum mehr oder weniger als drei Dimensionen haben könnte. (Damit meine ich die drei großen Dimensionen, die wir um uns herum sehen; hypothetische winzige »eingerollte« Dimensionen, die nur auf einer subatomaren Größenskala wahrnehmbar wären, fallen nicht hierunter.) Das ist deshalb so, weil alle unsere gegenwärtigen Theorien, einschließlich der allgemeinen Relativitätstheorie und der Quantenmechanik, in einer Welt mit einer anderen Anzahl räumlicher Dimensionen ebenfalls einen Sinn ergäben. Leibniz' Prinzip des zureichenden Grundes empfiehlt uns, dass das wohl deshalb so ist, weil unsere gegenwärtigen Theorien unvollständig sind. Wir müssen danach streben, unsere Theorien zu vervollständigen, und ein Zeichen des Erfolgs wird darin bestehen, wenn wir herausfinden, warum die Anzahl der großen räumlichen Dimensionen drei ist.*

Leibniz glaubte, dass wir eine rationale Erklärung für jede augenscheinliche Wahl entdecken könnten, die Gott anscheinend bei der Schöpfung des Universums getroffen hat. Er sprach von dem Zustand, in dem dieses Verständnis erreicht werden würde, als einem solchen, in dem man einen »zureichenden Grund« hat. Sein Prinzip des zureichenden Grundes besagt, dass das Universum sich völlig verstehen lässt.

Jedes der Prinzipien, die ich formuliert habe, drückt diese Idee aus. Beispielsweise könnten wir fragen, warum das Universum dort entstand, wo es ist, und nicht zehn Meter weiter links. Aber alles wäre genauso geschehen, also kann das keine sinnvolle Frage sein. Daher sind absolute Positionen sinnlos; nur relative Positionen haben einen Sinn. Ein Naturwissenschaftler, der danach strebt, rational zu sein, muss Relationist sein.

Unsere Theorien drücken diese Prinzipien zwar nur unvollständig aus, aber im Lauf der Zeit hat es einen deutlichen Trend zu Theorien hin gegeben, die mehr erklären. Jedes Mal, wenn wir eine Eigenschaft der Welt auf eine solche Weise erklären, die die Wahlmöglichkeiten begrenzt, die ein Schöpfer gehabt haben mag, eliminieren wir einen Teil der Willkürlichkeit, die wir zuvor in der Gestaltung der Welt erblickten. In dem Maße, wie wir die Welt besser verstehen, scheint sie uns rationaler zu sein. Das geschieht jedes Mal, wenn wir eine verborgene Einheit entdecken. Ein gutes Beispiel dafür ist Maxwells Entdeckung, dass Licht, Elektrizität und Magnetismus keine getrennten Phänomene sind, sondern verschiedene Aspekte einer einzigen Kraft.

---

* Die Stringtheorie leistet das nicht; stattdessen legt sie die Gesamtzahl der Dimensionen einfach fest, einschließlich möglicher mikroskopischer Dimensionen. Das könnte in Ordnung sein, wenn es uns nicht unendliche Wahlmöglichkeiten für die Geometrie und Anzahl dieser angenommenen winzigen Dimensionen an die Hand gäbe.

Diese Entdeckung zeigt uns, dass eine Welt nicht existieren könnte, die zwar Magnetismus, aber keine elektrischen Kräfte aufweist. Und wir verstehen, dass jede Welt mit Elektrizität und Magnetismus auch Licht enthalten muss.

Ich weiß zwar nicht, ob ein vollständiges Verständnis der Natur je erreicht werden wird. Aber ich glaube, dass es unser Ziel sein sollte, immer zu einem vollständigeren Verständnis fortzuschreiten, was bedeutet, dass wir immer weniger Arbitrarität und mehr Rationalität anstreben. Folglich würde ich vorschlagen, dass wir nach *immer zureichenderen Gründen* suchen.

Ich glaube, dass der Fortschritt der Naturwissenschaft durch solche Zuwächse unseres Naturverständnisses gemessen wird.

Die spezielle Relativitätstheorie ist eine Verbesserung gegenüber der Newton'schen Physik, und die allgemeine Relativitätstheorie ist eine Verbesserung gegenüber beiden, indem sie eine rein relationale Raumzeit-Geometrie zugrunde legt. Wir können auch sagen, dass die Quantenmechanik das Prinzip der Reziprozität besser erfüllt als die Newton'sche Mechanik, aber dass die Führungswellentheorie dem zureichenden Grund noch näher kommt, weil sie Dinge erklärt, die die Quantenmechanik unerklärt lässt, wie beispielsweise, warum Einzelereignisse an einem bestimmten Ort und zu einer bestimmten Zeit stattfinden.

Aber, wie bereits erwähnt, erfüllt die Führungswellentheorie ein anderes unserer Prinzipien nicht: Einsteins Prinzip der Reziprozität. Die Führungswelle lenkt das Teilchen, aber das Teilchen wirkt nicht auf die Welle zurück. Daher haben wir noch einen gewissen Weg vor uns.

Das Prinzip des zureichenden Grundes sagt uns, dass wir etwas Besseres erreichen können.

Wie sollen wir uns in dieser neuen Welt von Beziehungen Raum und Zeit vorstellen? Zuvor zog ich eine Lektion aus einem Überblick über Ansätze zu den Grundlagen der Quantentheorie, nämlich dass *Raum und Zeit nicht beide fundamental sein können.*

Nur eines von beiden kann auf der tiefsten Ebene des Verständnisses vorhanden sein; das andere muss emergent und kontingent sein. Die Nichtlokalität der Verschränkung scheint uns letztlich zu diesem Schluss zu zwingen, was zu einer Spannung zwischen realistischen Ansätzen der Quantenmechanik und der speziellen Relativitätstheorie führt. Letztere vereinheitlicht Raum und Zeit zur Raumzeit, die in individuellen Quantenprozessen überschritten wird, wie die experimentellen Tests der Bell'schen Einschränkung nahelegen. Daher würde ich gerne vorschlagen, dass die Spannung dadurch aufgelöst wird, dass wir ein Element des Paares *Raum/Zeit* als fundamental ansehen, während das andere eine emergente und angenäherte Beschreibung ist und letztlich eine Art von Illusion. Aus vielen Gründen, von denen einige hier oder anderenorts[72] beschrieben wurden, entscheide ich mich dafür, mich auf die Hypothese zu konzentrieren, dass die Zeit fundamental, während der Raum emergent ist.

Mit Prinzipien kommen wir bis an diesen Punkt. Der nächste Schritt besteht darin, Hypothesen zu formulieren. Ich schlage drei Hypothesen dazu vor, was jenseits der Raumzeit und der Quantenwelt liegt.

Die Zeit, und zwar im Sinne der Verursachung, ist fundamental. Das bedeutet, dass der Prozess, durch den zukünftige Ereignisse aus gegenwärtigen Ereignissen hervorgehen, fundamental ist.

Die Zeit ist irreversibel. Der Prozess, durch den zukünftige Ereignisse aus gegenwärtigen Ereignissen entstehen, kann nicht rückwärtslaufen. Sobald ein Ereignis geschehen ist, kann es nicht ungeschehen gemacht werden.*

---

* Ein Ereignis kann von einem zweiten Ereignis gefolgt werden, das die Wirkung des ersten umkehrt, aber dann haben wir zwei Ereignisse; das ist nicht äquivalent zu einer Raumzeit, in der keines von beiden geschah.

> ***Der Raum ist emergent.*** Fundamental betrachtet, gibt es keinen Raum. Es gibt Ereignisse, und diese verursachen andere Ereignisse. Es gibt also Kausalbeziehungen. Diese Ereignisse bilden ein Netzwerk aus Beziehungen. Der Raum entsteht als eine grobkörnige und angenäherte Beschreibung des Netzwerks aus Beziehungen zwischen Ereignissen.

Das bedeutet, dass Lokalität emergent ist. Nichtlokalität muss folglich ebenfalls emergent sein.

Wenn Lokalität nicht absolut ist, wenn sie das kontingente Ergebnis einer Dynamik ist, wird sie Mängel und Ausnahmen aufweisen. Und tatsächlich scheint das auch der Fall zu sein: Wie sollten wir sonst die Nichtlokalität der Quanten verstehen, insbesondere die nichtlokale Verschränkung? Diese Phänomene, würde ich vermuten, sind Überbleibsel der raumlosen Beziehungen, die dem Urstadium innewohnen, bevor der Raum entsteht. Durch das Postulat, dass der Raum emergent ist, gewinnen wir die Möglichkeit, die Nichtlokalität der Quanten als Konsequenz von Mängeln zu erklären, die bei dieser Emergenz auftreten.[73]

Die Kombination einer fundamentalen Zeit und eines emergenten Raumes impliziert, dass es eine fundamentale Gleichzeitigkeit geben könnte. Auf einer tieferen Ebene, auf der der Raum verschwindet, aber die Zeit fortbesteht, lässt sich dem Begriff des *Jetzt* eine universelle Bedeutung verleihen. Wenn die Zeit fundamentaler als der Raum ist, dann ist die Zeit während des Urstadiums, in dem der Raum sich in ein Netzwerk aus Beziehungen auflöst, global und universal. Der Relationalismus in der Form, in der die Zeit wirklich und der Raum emergent ist, ist die Lösung des Konflikts zwischen Realismus und Relativität.

Geben wir dieser Version des Relationalismus einen Namen, der die Wirklichkeit und Irreversibilität der Zeit und die Fundamentalität des Flusses der gegenwärtigen Momente unterstreicht. Nennen wir ihn *temporalen Relationalismus*. Wir können ihn mit dem *äternalistischen Relationalismus* kontrastieren, der die Hypothese untersucht, dass der Raum fundamental, aber die Zeit emergent ist.

Relationale verborgene Variablen

Wir suchen also eine Vervollständigung der Quantenmechanik, die hintergrundunabhängig und relational ist und die eine Welt zum Rahmen hat, in der die Zeit fundamental und der Raum emergent ist. Wenn sie verborgene Variablen beinhaltet, müssen diese Beziehungen zwischen Teilchen ausdrücken. Die verborgenen Variablen geben uns also keine vollständigere Beschreibung eines individuellen Elektrons; sie müssen Beziehungen beschreiben, die zwischen einem Elektron und anderen Elektronen bestehen. Diese Beziehungen können wir als *relationale verborgene Variablen* bezeichnen.

Was ist eigentlich relationaler als das tiefste und subtilste der Quantenrätsel, nämlich die Verschränkung? Eine relationale Formulierung der Quantenphysik wird damit beginnen, die Verschränkung an die erste Stelle zu setzen. Wenn, wie wir angenommen haben, der Raum emergent ist, muss die Entfernung im Raum sich aus fundamentaleren Beziehungen ableiten. Vielleicht ist diese fundamentalere Beziehung, aus der der Raum entsteht, die Verschränkung.*

Die verborgenen Variablen der Führungswellentheorie sind die Bahnen der Teilchen. Sie sind nicht relational; sie geben

* Das ist keine neue Idee; wie ich in Kapitel 9 bemerkt habe, erwähnte sie Roger Penrose als Begründung für sein Modell der Spin-Netzwerke in den frühen 1960er-Jahren.

uns eigentlich einfach nur mehr Informationen über jedes der Teilchen, einzeln genommen. In der Führungswellentheorie gibt es jedoch schon eine große Dosis Relationalismus. Das lässt sich an der Tatsache ablesen, dass für ein System von mehr als einem Teilchen die Wellenfunktion sich nicht im gewöhnlichen Raum befindet, sondern im Konfigurationsraum des Gesamtsystems, das aus mehreren Teilchen besteht. Wie ich in Kapitel 8 erklärte, ist das notwendig, um die Verschränkung zu berücksichtigen.

Ich formulierte die Vorstellung einer relationalen Theorie verborgener Variablen, einschließlich der Hypothese, dass der Raum von fundamentaleren Beziehungen abgeleitet ist, schon früh in meiner Laufbahn. Im Jahr 1983 schrieb ich eine Formulierung einer relationalen Theorie verborgener Variablen auf;[74] das war die erste von mehreren derartigen Bemühungen.[75]

Meine Theorie von 1983 beruhte auf einer einfachen Idee. Angenommen, man hat ein System von Teilchen im Raum. In einer absoluten Beschreibung kodiert man die Lage jedes Teilchens einzeln, indem man Raumkoordinaten angibt. Diese Koordinaten sind absolut; sie beziehen sich auf einen Beobachter außerhalb des Systems – für Newton war das Gott selbst. In einer relationalen Beschreibung könnte man nur die relativen Entfernungen zwischen jedem Teilchenpaar benutzen. Diese Entfernungen hängen nicht mehr vom Bezug auf einen Beobachter außerhalb des Systems ab.

Zwischen jedem Teilchenpaar gibt es eine relative Entfernung. Folglich lassen sich die relativen Entfernungen als Zahlentabelle repräsentieren. Der Eintrag »zehn nach unten und 47 hinüber« gibt den Abstand zwischen dem 10. und dem 47. Teilchen an. Eine andere Bezeichnung für eine solche Zahlentabelle ist Matrix. In meiner Theorie relationaler verborgener Variablen waren die verborgenen Variablen eine solche Matrix. Meine Theorie von 1983 verwendete eine große Matrix komplexer Zahlen, um

$$\begin{bmatrix} 6 & 8 & 1 & 5 \\ 1 & 10 & 16 & 3 \\ 21 & 0 & 9 & 61 \\ 4 & 15 & 201 & 7 \end{bmatrix}$$

Abbildung 11: Eine Matrix ist eine Zahlentabelle, die aus Zeilen und Spalten besteht.

ein System vieler Teilchen zu beschreiben, die sich in einem zweidimensionalen Raum befinden. Wenn die Anzahl der Teilchen groß war, wurden die Wahrscheinlichkeiten der Bewegung der Teilchen annähernd durch die Schrödinger'sche Gleichung beschrieben.

Inzwischen gibt es mehrere Vorschläge, die über die Quantenwelt hinausgehen, indem sie mit der Führungswellentheorie beginnen und die Wellenfunktion gegen eine tiefere Struktur eintauschen, die anhand von Matrizen beschrieben wird. Relationale Theorien verborgener Variablen, die auf Matrizen beruhen, wurden außerdem von Stephen Adler[76] und Artjom Starodubtsev vorgeschlagen.[77]

Eine Matrix ordnet jedem Teilchenpaar eine Zahl zu. Eine andere Struktur, die das tut, ist ein Graph, der eine einfache Struktur ist, welche aus Punkten besteht, die durch Linien miteinander verbunden sind. Jedes Punktepaar ist entweder durch eine Linie verbunden oder nicht. Wir können dem Paar eine Eins zuordnen, wenn seine Bestandteile miteinander verbunden sind, und eine Null, wenn sie es nicht sind, und dann haben wir eine Matrix, die dieselbe Struktur repräsentiert.

Graphen und Matrizen sind somit Möglichkeiten, um die Hypothese auszudrücken, dass die fundamentalen seinsfähigen Eigenschaften, die der Physik zugrunde liegen, ein Netzwerk aus Beziehungen sind. Diese Beziehungen können die Verschränkungen und Nichtlokalität der Quanten ausdrücken.

Es gibt kein reineres Modell eines Systems aus Beziehungen als einen Graphen oder ein Netzwerk. Interessanterweise sind Netzwerke in denjenigen Ansätzen der Quantengravitation allgegenwärtig, die mit dem Prinzip der Hintergrundunabhängigkeit übereinstimmen. Sie umfassen die Loop-Quantengravitation, Kausalmengen und kausale dynamische Beziehungen. Das legt zwei aufregende Vertiefungen unserer Hypothesen nahe: Erstens, der Raum entsteht aus dem fundamentalen Netzwerk. Zweitens, die Quantenphysik entsteht aus nichtlokalen Interaktionen, die übrig bleiben, wenn der Raum auftaucht.

Doch Netzwerke passen nicht gut in den Raum, wenn »in der Nähe« im emergenten Raum »in der Nähe« im Netzwerk entsprechen soll. Der Grund dafür ist einfach: Betrachten wir zwei Punkte im Graphen, von denen jeder einem Punkt im emergenten Raum entspricht. Angenommen, sie sind im Raum weit voneinander entfernt und ebenfalls weit entfernt auf dem Graphen. Aber jetzt fügen wir dem Graphen eine Verbindung hinzu, die diese beiden Punkte direkt miteinander verbindet. Plötzlich sind sie Nachbarn auf dem Graphen, aber immer noch weit voneinander entfernt, wenn man sie im Sinne des emergenten Raumes betrachtet.

In unserer Arbeit mit Fotini Markopoulou haben wir solche Verbindungen *Lokalitätsdefekte* genannt. Sie sehen wie enge Wurmlöcher aus. Wir zeigten, dass sie in der Loop-Quantengravitation weit verbreitet sein werden.[78] Das führte uns zu einem anderen Aufsatz, in dem wir die Quantenmechanik daraus ableiteten, dass wir über die nichtlokalen Interaktionen mittelten, die sich aus solchen Lokalitätsdefekten ergeben können.[79] Etwas iro-

(A)

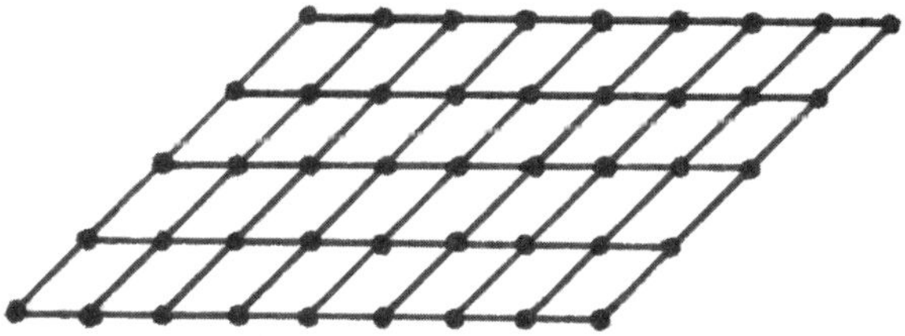

(B)

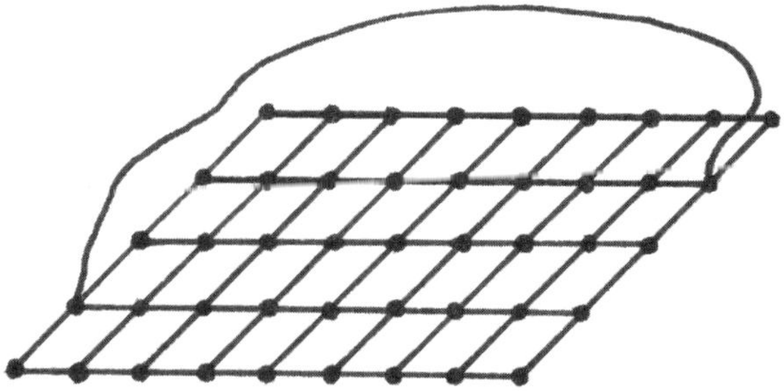

Abbildung 12: Gestörte Lokalität. (A) Ein Gitter aus Punkten, eingebettet in den Raum, den wir als lokal bezeichnen, weil Punkte, die weit voneinander entfernt sind, im Sinne von Schritten auf dem Gitter, auch weit voneinander in dem Raum entfernt sind, in den sie eingebettet sind. (B) Durch Hinzufügen einer neuen Verbindung, die weit voneinander entfernte Punkte miteinander verknüpft, zerstören wir die Lokalität, weil die miteinander verbundenen Punkte immer noch räumlich weit voneinander entfernt, aber auf dem Gitter nur einen Schritt voneinander weg sind.

nisch nannten wir das »Quantentheorie aufgrund der Quantengravitation«.*

Ich bin Richard Feynman zwar nur ein paar Mal begegnet, aber bei zwei Gelegenheiten war er so freundlich, mich nach meiner Arbeit zu fragen. Jedes Mal reagierte er gleich. Er hörte auf-

* Juan Maldacena und Leonard Susskind haben seitdem eine Variante dieser Idee eingeführt, die sie als ER = EPR bezeichnen, wobei ER für eine Einstein-Rosen-Brücke steht, die ein Wurmloch ist, welche zwei Punkte miteinander verbindet, die im Raum weit voneinander entfernt sind (»Cool Horizons for Entangled Black Holes«, arXiv:1306.0533).

merksam zu und legte dann nahe, dass die Idee, die ich ihm auseinandersetzte, nicht verrückt genug war, um eine Chance zu haben, dass sie auch funktioniert. Was er wohl damit meinte, war, dass meine Idee nicht tief genug ging. Jedenfalls habe ich diesen Eindruck von meinen früheren Versuchen, eine relationale Theorie verborgener Variablen auf der Grundlage von Matrizen und Netzwerken zu konstruieren. Sie lösen das Problem der Vervollständigung der Quantenmechanik zwar auf einer technischen Ebene, aber in anderer Hinsicht sind sie mangelhaft. Eine Möglichkeit, diese Mängel festzustellen, besteht darin, dass die Schrödinger-Gleichung nur dann als Vorhersage der Theorie herauskommt, wenn man die Unvollkommenheiten ausbügelt und an den Gleichungen feilt.

Um der relationalen Vorstellung näher auf den Grund zu gelangen, können wir zu Leibniz zurückgehen und uns von ihm anregen lassen. Leibniz skizzierte eine rein relationale Sichtweise des Universums in einem kleinen Buch, der *Monadologie*[80], die er 1714 verfasste. Da unser Interesse nur darin besteht, von Leibniz Anregungen zu bekommen, liegt uns nichts daran, seine Vision haargenau zu reproduzieren. Es steht uns frei, sein Buch auf kreative Weise falsch zu interpretieren. Folgendes ist eine solche lockere Lesart der *Monadologie*.

Wir werden die Elemente eines relationalen Modells des Universums als Naden bezeichnen, weil sie nur teilweise mit Leibniz' Elementen übereinstimmen, die er Monaden nannte. Naden besitzen zwei Arten von Eigenschaften: intrinsische Eigenschaften, die zu jeder individuellen Nade gehören, und relationale Eigenschaften, die von mehreren Naden abhängen. Ein nadisches Universum lässt sich als Graph darstellen, wobei die relationalen Eigenschaften durch Bezeichnungen auf den Verbindungen dargestellt sind, die Paare von Naden miteinander verknüpfen.

Es ist kein Zufall, dass dieses Bild insoweit mit der Beschreibung der Welt übereinstimmt, die von der Loop-Quantengravitation gegeben wird. Dieser Theorie zufolge wird ein Weltzustand durch einen Graphen mit Bezeichnungen darauf beschrieben.

Jede Nade hat eine *Perspektive auf das Universum*, die ihre Beziehungen zur übrigen Welt zusammenfasst. Eine Möglichkeit, über die Perspektiven zu sprechen, ist durch Nachbarschaften (oder Zonen) des Graphen gegeben. Sprechen wir über die Perspektive einer Nade namens Sam. Betrachten wir diejenigen Naden, die im Graphen einen Schritt weit von Sam entfernt sind: Sie sind die ersten oder nächsten Nachbarn. Die erste Nachbarschaft besteht aus Sam und ihren nächsten Nachbarn zusammen mit den Relationen, die sie miteinander teilen, welche auf den Verbindungen zwischen ihnen angegeben sind.

Um Sams zweite Nachbarschaft zu konstruieren, fügen wir die Naden hinzu, die sich zwei Schritte weit von ihr weg befinden, und all ihre Relationen zueinander und zu ihren Nachbarn, die einen Schritt weit entfernt sind (und die auch dazugehören). Und so weiter. Diese Nachbarschaften stellen Sams Perspektiven auf ihr Universum dar.

Wir können Sams Perspektiven mit den Perspektiven einer anderen Nade vergleichen, nennen wir sie Sue. Sam und Sue haben identische erste und zweite Nachbarschaften, was bedeutet, dass wir sie nicht voneinander unterscheiden könnten, wenn wir nur so weit sehen können.

Aber postulieren wir, dass unser relationales nadisches Universum Leibniz' Prinzip der Identität des Ununterscheidbaren gehorcht. Dann müssen Sams und Sues Nachbarschaften sich an irgendeinem Punkt unterscheiden; andernfalls hätten sie identische Perspektiven, was durch dieses Prinzip verboten wird.

Das impliziert, dass es eine bestimmte Anzahl von Schritten geben muss, in denen sich die beiden Nachbarschaften unterscheiden. Wir nennen diese Anzahl die *Unterscheidung* von Sue und Sam.

Leibniz postulierte, dass das wirkliche Universum sich von

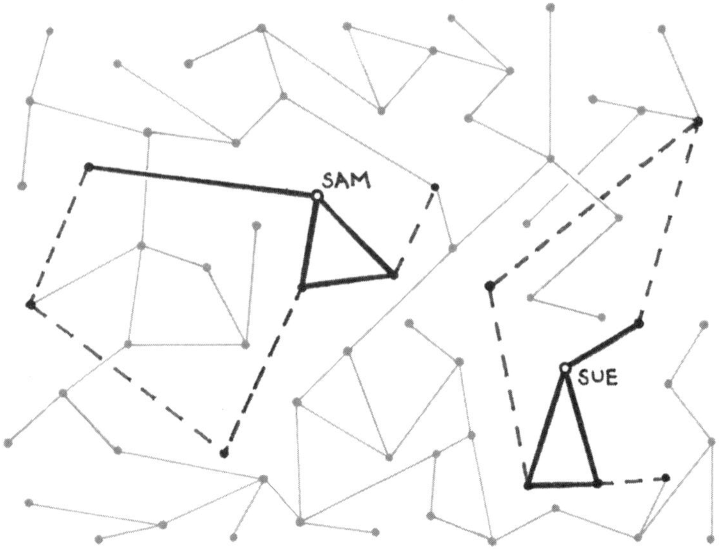

Abbildung 13: Die erste und zweite Nachbarschaft von Sam und Sue, bestimmt durch die Konnektivität des Graphen, durch den sie gekennzeichnet sind, sind zwar identisch, aber die dritten und höheren Nachbarschaften unterscheiden sie.

vielen möglichen Universen dadurch unterscheidet, dass es »so viel Vollkommenheit wie möglich besitzt«. Wenn wir die poetische oder allegorische Bedeutung davon abstreifen, dann postuliert Leibniz, dass es eine gewisse beobachtbare Größe gibt, die im wirklichen Universum größer als in allen anderen möglichen Universen ist. Das ist bestürzend modern, da es eine Methode zur Formulierung von Naturgesetzen vorwegnimmt, die später entwickelt wurde und erst im 20. Jahrhundert Früchte trug. Die Größe, die maximiert wird und die Leibniz als »Vollkommenheit« bezeichnete, nennen wir *Wirkung*.

Feynman betonte gern, dass eine schöne Eigenschaft der Naturgesetze darin besteht, dass sie auf mehrere unterschiedliche Weisen formuliert werden können. Zunächst scheinen diese ganz verschieden zu sein, aber wenn man sie besser kennt, sieht man ein, dass sie alle äquivalent zueinander sind. Ich kann dies anhand von Newtons Bewegungsgesetzen und der Schwerkraft veranschaulichen. Diese Gesetze beschreiben die Bewegungen der Planeten, Monde und anderer Körper im Sonnensystem. Eine Möglichkeit, die Gesetze zu beschreiben, besteht in der Angabe dessen, wie die Positionen dieser Körper sich mit der Zeit ändern. Üblicherweise tut man das dadurch, dass man ihre Beschleunigungen der Summe der Gravitationskräfte gleichsetzt, die von den anderen Körpern ausgehen, geteilt durch die Massen.

Aber eine weitere Möglichkeit, dieselben Gesetze anzugeben, besteht darin, eine Menge von Größen zu bestimmen, die unveränderlich sind und sich nicht mit der Bewegung der Planeten ändern, wie zum Beispiel ihre Gesamtenergie. Eine dritte Möglichkeit, die äquivalent zu den ersten beiden ist, besteht darin zu sagen, dass die Planeten sich so bewegen, dass eine bestimmte Größe so groß wie möglich gemacht wird. Diese nennen wir Wirkung;* Leibniz bezeichnete sie als Vollkommenheit.

Leibniz sagt uns, was in die »Vollkommenheit« eingeht. Er bestimmte eine Welt mit »so viel Vollkommenheit wie möglich« als eine solche, die »so viel Vielfalt wie möglich aufweist, aber mit der größtmöglichen Ordnung.«

Was meint Leibniz hier mit »Vielfalt«? Ich glaube, er meinte, dass die Perspektiven der verschiedenen Monaden sich so weit wie möglich voneinander unterscheiden sollten. Mit der Maximierung der Vollkommenheit meint Leibniz, dass wir die Vielfalt unterschiedlicher Perspektiven maximieren sollten.

Von diesem Bild angeregt, konstruierten Julian Barbour und ich numerische Maße der Vielfalt, die einem Relationssystem innewohnt.[81] Wir bemerkten, dass man mit steigender Vielfalt weniger Information braucht, um jede Perspektive herauszugreifen und von den anderen zu unterscheiden. Das heißt, unter sonst gleichen Bedingungen ziehen wir Welten vor, in denen

---

* Genauer, das Negative der Wirkung.

jedes Nadenpaar Nachbarschaften besitzt, die sich schon bei einer kleinen Anzahl von Schritten voneinander unterscheiden.

In Leibniz' Augen musste der zureichende Grund auf eine Vorstellung der maximalen Vollkommenheit gegründet werden:

> Und dieser Grund kann nur in der *Übereinstimmung* oder in den Vollkommenheitsgraden gefunden werden, welche jene Welten enthalten. … Nun bewirkt diese *Verbindung* oder diese Anpassung aller geschaffenen Dinge untereinander und eines jeden mit allen anderen, daß jede einfache Substanz Bezüge hat, welche alle anderen ausdrücken, und daß sie also ein lebendiger immerwährender Spiegel des Universums ist.

Anschließend sucht er nach einer Metapher, um dies zu beschreiben, und kommt auf die unterschiedlichen Ansichten einer Stadt.

> Und wie dieselbe Stadt von unterschiedlichen Seiten betrachtet als eine andere erscheint und wie perspektivisch vervielfältigt ist, so geschieht es auch durch die unendliche Vielheit der einfachen Substanzen, daß es ebenso viele unterschiedliche Universen gibt, die gleichwohl nur die Perspektiven eines einzigen sind, je nach den verschiedenen Gesichtspunkten jeder Monade.[82]

Das ist tatsächlich eine Metapher, die Jane Jacobs geschätzt haben würde, da sie die Vorstellung einer städtischen Vielfalt erfasst, die von ihr verfochten und seither von Philosophen des Stadtwesens, wie zum Beispiel Richard Florida, behandelt wurde.

Diese Stadtmetapher stellt die Inspiration für eine Hypothese darüber dar, wie Raum und Lokalität zusammenbrechen. Wenn Sie neben mir stehen und wir beide in die Ferne schauen, haben wir aufgrund unserer Nähe ähnliche Perspektiven des übrigen Universums. Unsere Perspektiven können nicht identisch sein, weil wir nicht zusammenfallen können, und zwar sowohl aufgrund von Paulis Ausschlussprinzip als auch der Identität des Ununterscheidbaren. Aber je näher wir beieinanderstehen, umso ähnlicher sind unsere Perspektiven.

Weil wir nahe beieinander sind, können wir leicht miteinander interagieren und je näher wir beieinanderstehen, umso höher ist auch die Wahrscheinlichkeit, dass wir durch einen Austausch von Quanten, wie beispielsweise Photonen, miteinander interagieren. Das meinen wir im Grunde, wenn wir sagen, dass physikalische Wechselwirkungen lokal sind.

Aber angenommen, wir betrachten dies umgekehrt. Was wäre, wenn wir mit hoher Wahrscheinlichkeit gerade deshalb miteinander interagieren, weil unsere Perspektiven ähnlich sind? Angenommen, die Wahrscheinlichkeit unserer Interaktion nimmt mit steigender Ähnlichkeit unserer Perspektiven zu und nimmt ab, wenn unsere Perspektiven sich zu unterscheiden beginnen.

Wenn das stimmt, dann ist die fundamentale Beziehung, die bestimmt, wie häufig wir miteinander interagieren, dadurch charakterisiert, wie ähnlich unsere Perspektiven sind – und die Entfernung im Raum leitet sich davon ab.

Für große, klobige Dinge wie wir selbst, die aus einer riesigen Anzahl von Atomen bestehen, ist das in etwa alles. Aber erwägen wir, was es für Atome bedeutet, ähnliche Perspektiven zu haben. Atome haben viel weniger Freiheitsgrade und damit auch weniger relationale Eigenschaften. Daher können Atome, die räumlich weit voneinander entfernt sind, dennoch ähnliche Nachbarschaften haben, einfach deshalb, weil es ungemein viel weniger Konfigurationen gibt, die ihre lokalen Nachbarschaften annehmen können. Das deutet darauf hin, dass vielleicht ähnliche Atome, die dieselben Bestandteile und ähnliche Umgebungen aufweisen, gerade deshalb miteinander interagieren, weil sie ähnliche Perspektiven haben.

Diese Interaktionen wären äußerst nichtlokal. Aber in meiner jüngsten Arbeit habe ich gezeigt, dass das die Grundlage der Quantenphysik sein könnte.[83]

Betrachten wir ein Wasserstoffatom in einem Wassermolekül, das vor mir in der Luft tanzt. Es besitzt eine erste Nachbarschaft, die aus einem Sauerstoffatom besteht, und eine zweite Nachbarschaft, die aus dem ganzen Molekül besteht. Dasselbe gilt für jedes Wasserstoffatom in einem Wassermolekül überall im Universum. Ich werde also meinem relationalen Instinkt trauen und den verrückten Schritt des Postulats unternehmen, dass all diese Atome miteinander interagieren, eben weil ihre Perspektiven ähnlich sind. Genauer werde ich postulieren, dass die Interaktionen die Wirkung haben, die Unterschiede zwischen den Perspektiven dieser Atome zu vergrößern. Diese Vergrößerung setzt sich fort, bis das System die Vielfalt der Perspektiven maximiert hat, die die Atome auf das Universum einnehmen.

In einem jüngeren Aufsatz zeigte ich, dass die Hypothese der maximalen Vielfalt zur Schrödinger-Gleichung führt und damit zur Quantenmechanik. Das ist deshalb so, weil es eine mathematische Ähnlichkeit zwischen der Vielfalt und Bohms Quantenkraft gibt. Infolgedessen wirkt Bohms Quantenkraft so, dass die Vielfalt eines Systems erhöht wird. Das geschieht dadurch, dass die Nachbarschaften all der verschiedenen Teilchen so verschieden voneinander wie möglich gemacht werden.

Diesem Ansatz zufolge beziehen sich die Wahrscheinlichkeiten in der Quantenmechanik auf ein Ensemble, dass wirklich existiert, das Ensemble aller Systeme mit ähnlichen Perspektiven. Das ist insofern ein wirkliches Ensemble, als die Elemente nicht in unserer Vorstellung angesiedelt sind; jedes von ihnen ist ein Teil der natürlichen Welt. Dies stimmt mit dem Prinzip der kausalen Vollständigkeit und Reziprozität überein.

Das war die Grundlage einer relationalen Theorie verborgener Variablen, die ich vorschlug und als die *Wirkliche-Ensemble-Formulierung der Quantenmechanik* bezeichnete. Im Ausgang von ihr konnte ich die Schrödinger'sche Formulierung der Quantenmechanik von einem Prinzip ableiten, das die Vielfalt maximiert, die in wirklichen Ensembles von Systemen mit ähnlichen Perspektiven auf das Universum vorhanden ist.

Auf der technischen Seite macht diese Theorie Anleihen bei der Theorie vieler miteinander interagierender klassischer Universen, die ich im letzten Kapitel beschrieben habe, nur kommt das Ensemble ähnlicher Systeme nicht von anderen Universen, die parallel zu unserem eigenen sind; stattdessen handelt es sich um ähnliche Systeme, die sich in weit entfernten Regionen unseres eigenen einzigen Universums befinden.

Dieser Theorie zufolge entstehen die Phänomene der Quantenphysik aus einem kontinuierlichen Zusammenspiel zwischen den ähnlichen Systemen, aus denen ein Ensemble besteht. Die Partner eines Atoms in meinem Wasserglas sind über das ganze Universum ausgebreitet. Der Indeterminismus und die Unbestimmtheiten der Quantenphysik ergeben sich aus der Tatsache, dass wir diese verschiedenen Systeme nicht steuern oder beobachten können. Diesem Bild zufolge ist ein Atom ein Quantenteilchen, weil es viele nahezu identische Kopien von sich selbst besitzt, die über das ganze Universum verbreitet sind.

Ein Atom mit seiner Nachbarschaft hat deshalb viele Kopien, weil es nahe bei der kleinstmöglichen Größenskala liegt. Es lässt sich einfach beschreiben, da es nur wenige Freiheitsgrade hat. In einem großen Universum wird es viele Beinahe-Kopien haben.

Große, makroskopische Systeme wie Katzen, Maschinen oder wir selbst weisen im Gegensatz dazu eine enorme Komplexität auf, für deren Beschreibung man eine große Menge an Informationen braucht. Selbst in einem sehr großen Universum haben solche Systeme keine nahen oder genauen Kopien. Daher gehören Katzen, Maschinen und Sie und ich zu keinem Ensemble. Wir sind Mengen mit einem einzigen Element, ohne dass es etwas gäbe, das ähnlich genug wäre, um mit ihm anhand von nichtlokalen Wechselwirkungen zu interagieren. Folglich erfahren wir keine Zufälligkeiten der Quantenwelt. Das ist eine Lösung des Messproblems.

Diese Theorie ist neu und wie jede neue Theorie höchstwahrscheinlich falsch. Eine positive Eigenschaft von ihr ist, dass sie höchstwahrscheinlich experimentell überprüft werden kann. Sie beruht auf der Idee, dass Systeme mit einer sehr großen Anzahl von Kopien im Universum sich entsprechend der Quantenmechanik verhalten, weil sie durch nichtlokale Interaktionen mit ihren Kopien ständig randomisiert werden.

Ich habe dargelegt, dass große komplexe Systeme keine Kopien besitzen und daher auch nicht den Zufälligkeiten der Quantenwelt unterliegen. Aber können wir mikroskopische Systeme herstellen, die aus einer kleinen Anzahl von Atomen bestehen und ebenfalls keinerlei Kopien im Universum haben? Solche Systeme würden der Quantenmechanik nicht gehorchen, obwohl sie mikroskopisch sind.

Wir sind in der Lage, genau das zu tun, indem wir die Werkzeuge der Quanteninformationstheorie verwenden. Tatsächlich sollte ein hinreichend großer Quantencomputer in der Lage sein, Zustände hervorzubringen, die hinreichend viele verschränkte Qubits enthalten, dass es sehr unwahrscheinlich ist, dass sie irgendwelche natürlichen Kopien anderswo im beobachtbaren Universum besitzen. Dies deutet darauf hin, dass die Theorie wirklicher Ensembles falsifiziert werden kann, indem man einen großen Quantencomputer baut, der genauso funktioniert, wie von der Quantenmechanik vorhergesagt wird.

Die Wissenschaft macht Fortschritte, wenn wir falsifizierbare Theorien erfinden, auch wenn das Ergebnis ist, dass sie falsifiziert werden. Die Wissenschaft fährt sich fest, wenn Theoretiker nichtfalsifizierbare Theorien erfinden.

Und wie steht es mit Systemen, die nur eine kleine Zahl von Kopien aufweisen? Diese verhalten sich weder quantenmechanisch noch deterministisch. Sie werden wohl ein neuartiges Verhalten zeigen, das weder klassisch noch quantenmechanisch ist. Dadurch erhalten wir weitere Möglichkeiten, um diese neue Theorie zu testen.*

Das Präzedenzprinzip

Die Theorie wirklicher Ensembles hängt davon ab, dass ein System in der Lage ist, andere Systeme, die ihm ähnlich sind, zu erkennen und mit ihnen zu interagieren, und zwar in dem Sinne, dass sie eine ähnliche Perspektive auf das Universum von Relationen haben, unabhängig davon, wo sie sich im Universum befinden. Dieser Hypothese zufolge ist die Ähnlichkeit oder der Unterschied der Perspektiven grundlegender als der Raum; der Raum entsteht, um die grobe Ordnung zu beschreiben, die durch die Ähnlichkeit der Perspektiven erzeugt wird. Zwei Systeme können miteinander interagieren, wenn ihre Perspektiven ähnlich genug sind. Häufig spiegelt das die Tatsache wider, dass sie in Raum und Zeit benachbart sind, aber nicht immer, und es sind die letzteren Fälle, die den Quantenphänomenen zugrunde liegen.

---

* Dieser Formulierung wirklicher Ensembles zufolge ist die Information der Wellenfunktion eines Quantensystems über das gesamte Universum ausgebreitet und in den Konfigurationen der Kopien kodiert. Eine Schlüsselfrage ist, wie viele Kopien ein System haben muss, damit die in den Kopien kodierte Information angemessen ist, um die Information zu reproduzieren, die in der Wellenfunktion steckt. Diese Information nimmt exponentiell mit der Anzahl von Teilchen des Quantensystems zu. Aber die Anzahl von Kopien eines Systems, die das Universum wahrscheinlich enthält, nimmt rasch mit der Anzahl von Teilchen ab, aus denen das System besteht. Folglich gibt es eine Größe eines Systems, jenseits von welcher die Information in den Kopien nicht ausreicht, mit der Folge, dass entweder die Quantenmechanik versagt oder dieser Ansatz falsch ist. Ich vermute, dass selbst bescheidene Quantencomputer diese Grenze überschreiten werden.

Was geschieht, wenn wir diesen Gesichtspunkt auf Systeme zu verschiedenen Zeitpunkten anwenden? Könnte ein System mit Systemen in der Vergangenheit interagieren, die ähnliche Perspektiven haben? Wenn das möglich ist, können wir den Einfluss der Vergangenheit auf die Gegenwart nutzen, um ein neues Verständnis der Naturgesetze zu finden. Das führt zu einer neuen Idee, die ich als *Präzedenzprinzip* bezeichne.[84]

Um es in einfachen Begriffen zu erklären, ist es hilfreich, eine operationale Terminologie zu verwenden, nach der ein Quantenprozess durch drei Schritte definiert wird. Der erste ist seine Präparierung, die den Anfangszustand bestimmt. Anschließend haben wir eine Entwicklung, während der er sich entsprechend Regel 1 in der Zeit verändert. Am Ende haben wir eine Messung, die von Regel 2 regiert wird. Wir haben zwar mehrere Wahlmöglichkeiten im Hinblick darauf, was wir messen, aber welche wir auch wählen, so sind doch mehrere verschiedene Ergebnisse möglich. Die Quantenmechanik sagt voraus, dass die Wahrscheinlichkeiten dieser verschiedenen Ergebnisse von der Präparierung, der Entwicklung und der Wahl dessen abhängen werden, was wir messen. Wenn wir die Kräfte kennen, die auf das System während der Entwicklung einwirken, können wir die Regeln 1 und 2 verwenden, um die Wahrscheinlichkeiten der verschiedenen Ergebnisse vorherzusagen.

Man glaubt gewöhnlich, dass, sobald die Umgebung des Systems fixiert wird, Regel 1 das System in der Zeit so entwickelt, wie es die fundamentalen Gesetze diktieren. Diese Gesetze werden als unveränderlich in der Zeit angenommen. Daher können wir Folgendes sagen. Für jedes Quantensystem, das wir in der Gegenwart untersuchen und das durch eine bestimmte Präparierung, eine Entwicklung und Messung definiert wird, gibt es eine Reihe ähnlicher Systeme in der Vergangenheit. Diese sind ähnlich in dem Sinne, dass sie dieselbe Präparierung, Entwicklung und Messung wie unser gegenwärtiges System hatten. Nun impliziert die Tatsache, dass die Gesetze sich nicht ändern, dass die Wahrscheinlichkeiten für verschiedene Ergebnisse sich ebenfalls nicht ändern.

Daher können wir sagen, dass

*die Wahrscheinlichkeiten dafür, dass unterschiedliche Ergebnisse aus dem gegenwärtigen Experiment hervorgehen, dieselben sind, wie wenn wir zufällige Ergebnisse aus der Menge vergangener ähnlicher Fälle herausgegriffen hätten.**

Dies können wir als das *Gesetz der Präzedenzfälle* bezeichnen.

Nun würde ich gerne einen einfachen, aber radikalen Vorschlag machen. Das Gesetz der Präzedenzfälle wird üblicherweise so verstanden, dass es sich aus der Existenz unveränderlicher Gesetze ergibt. Aber in Wirklichkeit ist dieses Gesetz der Präzedenzfälle alles, was wir an Gesetzen brauchen. Wir können postulieren, dass es kein Gesetz außer dem Gesetz der Präzedenzfälle gibt. Anstelle der oben stehenden Formulierung postulieren wir, dass

die Wahrscheinlichkeiten für unterschiedliche Ergebnisse im gegenwärtigen Experiment dadurch zustande kommen, dass man zufällige Ergebnisse aus der Menge vergangener ähnlicher Fälle herausgreift.

Damit postuliere ich, dass ein physikalisches System Zugang zu den Ergebnissen von Systemen mit ähnlichen Präparierungen, Entwicklungen und Messungen in seiner Vergangenheit besitzt (wir bezeichnen diese kurz als »ähnliche Systeme«). Unsere Hypothese ist folglich:

---

* Das heißt, diejenigen mit derselben Präparierung, Entwicklung und Messung.

Wenn ein physikalisches System mit einer Wahl zwischen Messergebnissen konfrontiert ist, wird es ein zufälliges Ergebnis aus der Menge ähnlicher Systeme in der Vergangenheit herausgreifen.

Dieses Gesetz der Präzedenzfälle garantiert, dass die Gegenwart die meiste Zeit der Vergangenheit insofern ähnlich sein wird, als die Wahrscheinlichkeiten für die verschiedenen möglichen Ergebnisse desselben Experiments unverändert sein werden.

Wenn das richtig ist, ist der Anschein, dass Atome durch unveränderliche Gesetze regiert werden, eine Illusion, die durch die Tatsache erzeugt wird, dass das Universum alt und groß genug ist, damit es reichlich Präzedenzfälle für die meisten Situationen gibt, in denen sich ein Atom befindet.

Aber was ist, wenn es keine Präzedenzfälle gibt? Was, wenn wir einen Quantenzustand präparieren, der bisher nie in der Geschichte des Universums existiert hat? Wenn wir ihn messen, wie bestimmen wir sein Ergebnis, wenn es keine vergangenen ähnlichen Bezugsfälle gibt?

Auf diese Frage weiß ich keine Antwort. Sie könnte und, so hoffe ich, wird eine Frage für die Experimentalphysik sein. Der landläufige Glaube an ein zeitloses fundamentales Gesetz hat keine Schwierigkeiten damit, eine Vorhersage zu machen, indem das bekannte Gesetz auf die neue Situation angewandt wird. Wenn die Experimente diese Antwort immer bestätigen, können wir ableiten, dass das Präzedenzprinzip falsch ist. Wenn jedoch Präzedenz der Schlüssel für Gesetzesartigkeit ist, dann wird die Reaktion auf eine neue Situation, auf einen neuen Quantenzustand, neu sein.

Nach vielen Wiederholungen baut sich die Präzedenz auf, und es wird keine Überraschungen mehr geben. Doch der Übergang von Neuigkeit zu Präzedenz sollte für die experimentelle Forschung offen sein.

Der Ort für solche Forschungen besteht wahrscheinlich ebenfalls in Labors, in denen Experimentatoren verschränkte Zustände mehrerer Atome präparieren. Solche Zustände werden ab einem bestimmten Punkt bald komplex genug sein, dass man sicher schließen könnte, dass sie keine Präzedenzfälle in der Geschichte des Universums haben. Daher sollte es schon sehr bald möglich sein, das Präzedenzprinzip experimentell zu prüfen und vielleicht den Prozess zu entdecken, durch den sich die Präzedenz aufbaut.

Fünfzehn

Eine kausale Perspektiventheorie

Jeder von uns Theoretikern hat seine oder ihre Verbindlichkeiten: die Vermutungen über die Natur, auf die man seine Karriere zu verwetten bereit ist. Persönlich bin ich Realist, Relationalist und tatsächlich auch ein Relationalist in Bezug auf die Zeit. Ich glaube, dass die Quantenmechanik unvollständig ist, und mein Ziel ist es, eine realistische Theorie gemäß den Prinzipien des zeitlichen Relationalismus zu konstruieren, die als gleichzeitige Vervollständigung der Quantenmechanik und der allgemeinen Relativitätstheorie bestehen kann. Ich habe die Hoffnung, dass diese Theorie nicht nur die Rätsel der Grundlagen der Quantentheorie lösen, sondern auch zur Entdeckung der richtigen Quantentheorie der Gravitation führen sowie Rätsel der Kosmologie und Elementarteilchenphysik behandeln wird, die sich aus der scheinbaren Freiheit des Universums ergeben, sowohl Gesetze als auch Anfangsbedingungen zu wählen.

In diesem Schlusskapitel möchte ich einen Pfad beschreiben, den wir einschlagen könnten, um dieses Ziel zu erreichen, und Ihnen dann etwas über einige ganz neue Arbeiten erzählen, die uns ein paar Schritte auf diesem Weg weiterbringen.

Es handelt sich um eine Nadentheorie von der Art, die ich beschrieben habe, mit zwei zusätzlichen Ideen. Erstens nehmen wir Leibniz' Idee ernst, dass das, was in einer rein relationalen Beschreibung der Welt wirklich ist, die Perspektiven sind, die jede Nade auf das übrige Universum einnimmt. Die Perspektiven repräsentieren das Wirkliche nicht; sie *sind* das, was wirklich ist. Das bedeutet, dass die Perspektiven selbst die dynamischen Freiheitsgrade sind, die Hauptfiguren unserer Geschichte. Dadurch rücken unsere Naden näher an das heran, was Leibniz als Monaden bezeichnete (obwohl es immer noch einige Unterschiede gibt).

Aber was entspricht den Naden in der Welt, die uns vertraut ist, und worin bestehen ihre Perspektiven?

Wenn wir eine Entsprechung zur allgemeinen Relativitätstheorie haben wollen, ist es natürlich anzunehmen, dass die Naden Ereignisse sind. In der Relativitätstheorie sind Ereignisse Dinge, die an einem einzelnen Ort und zu einer bestimmten Zeit geschehen. Sie sind für das Weltbild der allgemeinen Relativitätstheorie grundlegend. Man kann sie sich als Momente vorstellen, wenn sich etwas an einem bestimmten Ort verändert: Beispielsweise machen zwei aufeinanderstoßende Teilchen ein Ereignis aus. Eine Welt, die aus Ereignissen besteht, ist eine Welt, in der »werden« fundamentaler ist als »sein«.

Wenn die Naden Ereignisse sind, was beschreiben dann die Relationen zwischen ihnen? Die knappe Antwort ist: Verursachung. Ereignisse verursachen andere Ereignisse.

Jedes Ereignis ist in die Geschichte des Universums durch Relationen zu anderen Ereignissen verwoben, die ausdrücken, welche Ereignisse eine Ursache von welchen anderen sein könnten. Diese *Kausalrelationen* zeichnen die Geschichte von Veränderungsprozessen auf.

Der allgemeinen Relativitätstheorie können wir entnehmen, wie diese Relationen funktionieren. Vorausgesetzt, dass Ursachen sich nur mit Lichtgeschwindigkeit oder weniger schnell ausbreiten können, sagen wir, dass ein Ereignis B in der *kausalen Vergangenheit* eines anderen Ereignisses A liegt, wenn eine physikalische Ursache mit Lichtgeschwindigkeit oder langsamer von

B nach A gewandert sein könnte. Wenn diese Relation gilt, dann können die Bedingungen bei B einen Beitrag zur Verursachung der Bedingungen bei A geleistet haben.

Unter derselben Bedingung sagen wir auch, dass A in der *kausalen Zukunft* von B liegt.

Wenn zwei beliebige Ereignisse A und B gegeben sind, verlangen wir gewöhnlich von der allgemeinen Relativitätstheorie, dass nur eine der folgenden drei Möglichkeiten wahr sein muss. Entweder A befindet sich in der kausalen Zukunft von B, oder B ist in der kausalen Zukunft von A, oder sie sind kausal unverbunden, weil kein Signal, das sich mit Lichtgeschwindigkeit oder langsamer bewegt, vom einen zum anderen gewandert sein könnte. Dadurch werden geschlossene kausale Schleifen ausgeschlossen, in denen A sowohl in der kausalen Zukunft als auch in der kausalen Vergangenheit von B ist. Exotische Geschichten mit geschlossenen kausalen Schleifen sind zwar ein schöner Gegenstand der Spekulation, aber sie werfen Rätsel und Paradoxien auf. Ich sehe keinen Grund zu der Annahme, dass geschlossene kausale Schleifen ein Teil der Natur sind, vor allem da ich annehmen möchte, dass die Verursachung fundamental und fundamental irreversibel ist.*

* Manche Relativitätstheoretiker weisen auf die Existenz von Lösungen der Einstein'schen Gleichungen hin, die geschlossene kausale Schleifen aufweisen. Ich glaube nicht, dass das irgendeine Beweiskraft hat, weil das Universum durch höchstens eine Lösung der allgemeinen Relativitätstheorie beschrieben wird, und diese Lösung muss nicht jedes exotische Verhalten zeigen, das bei anderen Lösungen vorkommt. Genauer gesagt, sind diejenigen Lösungen, die geschlossene kausale Schleifen aufweisen (unter anderem eine Lösung, die von dem großen Logiker Kurt Gödel vorgeschlagen wurde), insofern sehr besonders, als sie eine starke Symmetrie aufweisen. Wenn wir das Prinzip der Identität des Ununterscheidbaren voraussetzen, dann sind Lösungen mit Symmetrien ausgeschlossen. Diese Lösungen sind außerdem instabil und kollabieren beim leisesten Hauch einer Störung zu Singularitäten.

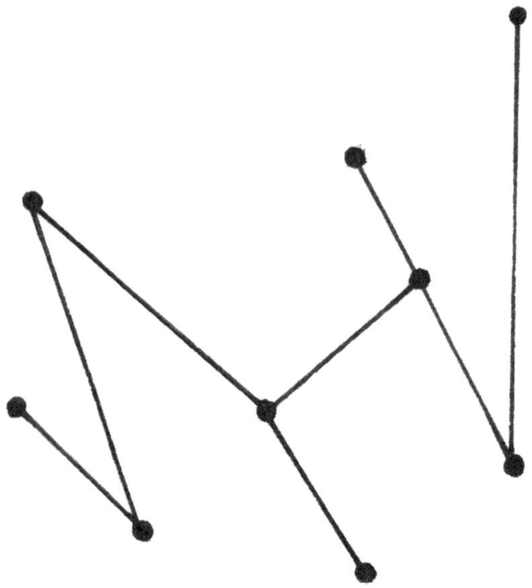

Abbildung 14: Eine Menge diskreter Ereignisse, die durch kausale Verknüpfungen miteinander verbunden sind.

Wenn wir sagen, worin die Kausalrelationen zwischen jedem Ereignispaar bestehen, beschreiben wir das Universum anhand seiner *Kausalstruktur*.

Der allgemeinen Relativitätstheorie zufolge besteht die Raumzeit aus einer kontinuierlichen Unendlichkeit von Ereignissen. Stattdessen folge ich einigen der Pioniere der Quantengravitation, die annehmen, dass die Naden eine diskrete Menge fundamentaler Ereignisse sind. Diskret bedeutet, dass sie gezählt werden können, ob die Zählung nun endlich oder unendlich ist. Außerdem verlangen wir, dass selbst dann, wenn ihre Gesamtzahl unendlich ist, es eine endliche Zahl innerhalb jedes endlichen Raumvolumens und jedes endlichen Zeitintervalls gibt. Dadurch werden die Dinge sehr vereinfacht.

Als Mindestbedingung wollen wir den Naden Kausalrelationen zuschreiben. Sie funktionieren genau wie Kausalrelationen in der allgemeinen Relativitätstheorie. Wenn zwei beliebige Naden A und B gegeben sind, ist entweder A in der kausalen Zukunft von B oder B ist in der kausalen Zukunft von A, oder sie sind kausal unverbunden. Eine Menge von Naden zusammen mit ihren Kausalrelationen ist ein Modell davon, wie eine diskrete oder Quanten-Raumzeit aussehen könnte.

Da die Naden eine diskrete Menge sind, sind ihre Kausalrelationen ebenfalls diskret. Wir können in diskreten kausalen Schritten vorwärts und rückwärts zählen. Jede Nade hat ihre unmittelbare kausale Vergangenheit, die aus denjenigen Naden besteht, die einen Schritt zurück von ihr in der Vergangenheit liegen.

Daher liegt es nahe, sich Naden im Sinne einer Abstammungsmetapher vorzustellen. Nade C könnte zwei Eltern haben, A und B; dann können wir uns C als das Ereignis vorstellen, das durch die Begegnung zweier Ursachen bestimmt wird, eine von A und eine von B. Wenn wir die Herkunft von C durch A und B auf ihre Eltern zurück und über diese hinaus verfolgen, erhalten wir ein Netzwerk aus Ursachen, das sich tief in die Vergangenheit hinein erstreckt. C könnte wiederum zwei Nachkommen haben, D und E, die von C beeinflusst werden.

An diesem Punkt haben wir eine Möglichkeit atemberaubender Einfachheit vor uns. Wir können annehmen, dass die Ereignisse, die die Weltgeschichte ausmachen, im Grunde nur diese Kausalbeziehungen aufweisen. Alle anderen Entitäten und alle anderen Eigenschaften in der Natur sollten sich aus einer großen, aber diskreten Menge von Ereignissen ableiten lassen, deren einzige Eigenschaft darin besteht, welche Ereignisse welche anderen verursachen. Dieser radikale Vorschlag wurde von Rafael Sorkin[85] gemacht und in enger Zusammenarbeit mit einer Gruppe von Freunden und Enthusiasten entwickelt. Sie bezeichnen ihn als *Kausalmengentheorie*.

Eine Kausalmenge ist einfach eine diskrete Menge, auf der nur Kausalrelationen definiert sind, die die Bedingung erfüllen, dass ein Ereignis nie seine eigene Ursache ist. Außerdem verlangt man, dass, wenn zwei beliebige Ereignisse A und B gegeben sind, nur eine endliche Anzahl von Ereignissen sich sowohl in der kausalen Zukunft von B als auch in der kausalen Vergangenheit von A befindet.

Ich bewundere den Ehrgeiz und die radikale Reinheit der Kausalmengentheorie. Sie ist eine völlig relationale Beschreibung der Raumzeit, in der jedes Ereignis ausschließlich durch seinen Ort im Netzwerk der Kausalrelationen bestimmt ist.

Eine sehr günstige Eigenschaft ist, dass die Geometrie der Raumzeit sich in guter Näherung durch eine Kausalmenge erfassen lässt. Das geschieht durch eine Methode, die analog dazu ist, wie Umfragen unserer politischen Ansichten durchgeführt werden. Anstatt jedermann nach seiner Meinung zu befragen, werden die Meinungen einer kleinen, zufällig ausgewählten Stichprobe erfasst. Auf ähnliche Weise kann man eine Zufallsstichprobe von Ereignissen in einer Raumzeit ziehen und ihre Kausalrelationen untereinander aufzeichnen. Man verliert zwar eine Menge Informationen, aber wenn man ein Ereignis pro festgelegtes Raumvolumen und festgelegte Zeiteinheit herausgreift, erhält man eine Repräsentation der Kausalrelationen, die bis zu diesem Größenmaßstab hinab genau ist.

Doch Sorkin und seine Mitarbeiter nehmen an, dass auch das Umgekehrte der Fall ist. Sie glauben, dass die Geschichte des Universums im tiefsten Grunde eine diskrete Kausalmenge ist, aus der in einem hinreichend großen Maßstab die Illusion einer kontinuierlichen Raumzeit entsteht. Ebenso wie eine Flüssigkeit als kontinuierlich erscheint, aber tatsächlich aus diskreten Atomen besteht, würden die Ereignisse der Kausalmenge die Atome der Raumzeit konstituieren.

Ein großer Erfolg der Kausalmengentheorie besteht darin, dass sie den groben Wert der kosmologischen Konstante vorhersagte. Sorkin leitete diese Vorhersage ab, bevor die kosmologische Konstante gemessen wurde.[86] Es war der einzige Ansatz der Quantengravitation, dem das gelang.

Die Kausalmengenhypothese ist eine von mehreren konkurrierenden Hypothesen über die Eigenschaften von Raumzeitatomen. Im Vergleich zu den anderen, wie beispielsweise den Spinschaum-Modellen, genießt sie den großen Vorteil ihrer äußersten Einfachheit, insofern die einzigen Eigenschaften von Ereignissen ihre Kausalbeziehungen sind. Dadurch werden die möglichen Formen, die ein fundamentales Gesetz von Raumzeitatomen annehmen könnte, stark reduziert.

Diese radikale Einfachheit steckt auch hinter einem ganz erheblichen Hindernis, das sich für diesen Ansatz stellt und als das *inverse Problem* bezeichnet wird. Wie ich bereits sagte, können wir unter Voraussetzung einer kontinuierlichen Raumzeit ihre Ereignisse leicht stichprobenartig erfassen, um ein kausales Netz zu finden. Aber das Umgekehrte ist fast nie der Fall. In der Welt möglicher Kausalmengen liefern fast keine eine annähernde Beschreibung einer Raumzeit mit drei Raumdimensionen. Das lässt es so erscheinen, als ob es an einer Raumzeit mehr gibt als eine grobe Beschreibung eines Netzwerks von Kausalrelationen.

Die Quantengravitation oder das Problem der Auffassung der Raumzeit innerhalb der Quantentheorie hat sich gewiss als gewaltige Herausforderung erwiesen. Es ist hilfreich, wenn man die Herausforderung, die Atome der Raumzeit zu entdecken, dadurch ins rechte Licht rückt, dass man sie mit der Geschichte der Vermutung vergleicht, dass die Materie aus Atomen besteht.

Im Fall der Materie waren die Herausforderungen, mit denen die Anhänger der Atomhypothese im neunzehnten und frühen zwanzigsten Jahrhundert konfrontiert waren, zweierlei. Erstens mussten sie die Grundgesetze entdecken, die die Atome regieren. Zweitens mussten sie von diesen Grundgesetzen die groben Eigenschaften ableiten, die die Materie unserer Wahrnehmung zufolge besitzt. Sie mussten verstehen, wie die Illusionen von Festkörpern, Flüssigkeiten und Gasen sich als Folgen aus den grundlegenderen Atomgesetzen ergaben. Die Theoretiker der Quantengravitation stehen vor denselben beiden Herausforderungen.

Wir sollten zwei Lektionen aus der Geschichte der ursprünglichen Atomhypothese beachten. Die erste ist, dass Fortschritte bei der ersten Herausforderung – der Entdeckung der Gesetze der Atomphysik – erst dann gemacht wurden, als wir über Experimente verfügten, die nachweisen konnten, dass Atome wirklich existierten, und uns einige ihrer Eigenschaften offenbaren konnten.

Die Geschichte lehrt uns auch, dass die zweite Herausforderung – die Ableitung der Masseneigenschaften der verschiedenen Aggregatzustände der Materie – leichter zu bewältigen sein könnte als die erste. Ein halbes Jahrhundert, bevor wir begannen, wirkliche Fortschritte bei der Entdeckung der Gesetze der Atomphysik zu machen, hatten ein paar Pioniere bereits wesentliche Fortschritte bei der zweiten Herausforderung gemacht. Der Grund dafür ist, dass das Verhalten von Materie in großen Massen anscheinend nicht sehr stark von den Einzelheiten der Atomphysik abhängt. Man musste nur wissen, dass es Atome gibt und dass sie durch Kräfte interagieren, die kurze Reichweiten haben (d. h. nur über kurze Entfernungen wirken konnten).

Diese Lektion haben sich einige Theoretiker der Quantengravitation zu Herzen genommen, die versuchen, das Gesetz, das die Raumzeit regiert, auf einer makroskopischen Skala abzuleiten, nämlich der allgemeinen Relativitätstheorie, und zwar aus einfachen Hypothesen über die Atome der Raumzeit. Pionierarbeit in dieser Richtung leistete Ted Jacobson[87], und sie wurde von beträchtlichem Erfolg gekrönt. Dadurch wird es wahrscheinlich, dass die bekannten Gesetze der Physik, die auf Größenskalen operieren, die wir beobachten können – und die viel größer als die fundamentale Planckskala sind –, nicht sehr stark von den Gesetzen abhängen, die die Atome der Raumzeit regieren.

Das ist schlecht, weil es bedeutet, dass die bekannten Gesetze nur wenige Hinweise enthalten, die helfen könnten, die wirklich fundamentalen Gesetze zu entdecken. Tatsächlich scheint es nur zwei Hinweise zu geben. Der erste hat damit zu tun, wie Informationen durch die Raumzeit fließen, und besteht in Folgendem: Um die allgemeine Relativitätstheorie aus den Eigenschaften hypothetischer Atome der Raumzeit abzuleiten, muss man postulieren, dass es eine Maximalrate gibt, mit der Informationen durch eine Oberfläche im Raum fließen können. Diese Rate des Informationsflusses kann nicht größer als der Inhalt dieser Oberfläche sein, wenn er in fundamentalen Planck-Einheiten zusammengezählt wird.* Das wird als die (schwache[88]) *holografische Hypothese* bezeichnet.**

Wenn diese holografische Hypothese fundamental ist, dann muss es sinnvoll sein, von einem Informationsfluss bis hinunter zu den winzigen Größenskalen zu sprechen, wo die Quantengravitation wirkt. Aber Information ist Einfluss, was durch die Bestimmung zum Ausdruck kommt, dass sie die Unterscheidung ist, die einen Unterschied ausmacht. Ein Informationsfluss bestimmt daher (oder hängt ab von) eine(r) kausale(n) Struktur. Somit verlangt die holografische Hypothese, dass wir eine Kausalstruktur brauchen, um die Informationsflüsse zu leiten oder auszudrücken. Das ist ein Grund für die Überzeugung, dass die Kausalstruktur fundamental ist.

Der zweite Hinweis besteht darin, dass wir die Energieflüsse durch dieselben Oberflächen verfolgen müssen, um die allge-

---

* Diese fundamentalen Flächeneinheiten sind gleich dem Produkt aus Newtons Gravitationskonstante und Plancks Konstante.

** Für weitere Angaben zu dieser holografischen Hypothese siehe mein Buch *Three Roads to Quantum Gravity*.

meine Relativitätstheorie Jacobsons Argument zufolge abzuleiten. Dies deutet darauf hin, dass Energie eine fundamentale Größe ist, die bis hinab zur Ebene der Fundamentalereignisse einen Sinn ergibt. Die große Einsicht Jacobsons ist folglich, erkannt zu haben, dass die Gleichungen der allgemeinen Relativitätstheorie im tiefsten Grunde eine Beziehung zwischen Energieflüssen und Informationsflüssen kodieren, wobei beide Flüsse von der Kausalstruktur geleitet werden.

Aufgrund des ersten Hinweises bevorzuge ich die Hypothese, dass die Geschichte des Universums eine Menge von Ereignissen und ihre Kausalrelationen enthält, das heißt, dass das Universum eine Kausalmenge ist. Aber aufgrund des inversen Problems glaube ich nicht an die radikale Hypothese, der zufolge die einzigen Eigenschaften, die Ereignisse aufweisen, Kausalrelationen sind. Ich bin zwar bereit zu glauben, dass die Kausalrelationen die einzigen notwendigen relationalen Eigenschaften sind, aber ich glaube, es muss weitere Eigenschaften geben, die den Ereignissen intrinsisch sind. Der zweite Hinweis führt mich zu dem Postulat, dass unter diesen intrinsischen Eigenschaften Ereignisse mit Energie ausgestattet sind, die zwischen ihnen fließt und ihren Kausalrelationen folgt.

Ich würde also vorschlagen, dass jedes Ereignis einen bestimmten Energiebetrag besitzt und dass diese Energie durch Kausalbeziehungen von vergangenen auf zukünftige Ereignisse übertragen wird. Die Energie eines Ereignisses ist die Summe der Energien, die es von den Ereignissen in seiner unmittelbaren kausalen Vergangenheit empfängt. Diese Energie wird aufgeteilt und auf Ereignisse in seiner unmittelbaren kausalen Zukunft übertragen. Auf diese Weise wird das Gesetz der Energieerhaltung, dem zufolge Energie nie erzeugt oder zerstört wird, befolgt.

Die spezielle Relativitätstheorie sagt uns, dass Energie mit dem Impuls vereinheitlicht ist, weshalb auch der Impuls von vergangenen auf zukünftige Ereignisse übertragen werden sollte. In Zusammenarbeit mit Marina Cortês erfand ich ein Kausalmengenmodell, das Energie- und Impulsflüsse beinhaltet, die wir als *energetische Kausalmenge* bezeichnen.[89]

Einem energetischen Kausalmengenmodell zufolge besteht die Geschichte des Universums aus Ereignissen, die jeweils die Ursachen zukünftiger Ereignisse sind, auf die sie eine bestimmte Energie und einen bestimmten Impuls übertragen. Aber im Grunde gibt es keine Raumzeit; es gibt bloß die diskrete Menge von Ereignissen, die durch Kausalrelationen miteinander verbunden sind, wobei die Ereignisse und Relationen mit Energie und Impuls ausgestattet sind.

Ein erster Erfolg dieses Ansatzes bestand in einer Lösung des inversen Problems. Zumindest in einfachen Fällen, in denen Raum und Zeit jeweils eine einzige Dimension haben, konnten wir die Entstehung der Raumzeit direkt aus den energetischen Kausalmengenmodellen ableiten.

Es ist an der Zeit, über Energie zu sprechen.

Jede der bedeutenden Theorien der Physik, von der Newton'schen Physik bis zur allgemeinen Relativitätstheorie und der Quantenfeldtheorie, weist Bewegungsgleichungen auf, die angeben, wie eine bestimmte Entität sich in der Zeit verändert. Für Newton ist diese Entität die Position eines Teilchens, während sie für die Quantenfeldtheorie der Wert eines Feldes an jedem Punkt im Raum ist. Es ist äußerst bedeutsam, dass all diese Bewegungsgleichungen eine gemeinsame Struktur teilen. Es gibt eine Konfigurationsvariable – die Positionen der Teilchen oder die Werte der Felder. Dann gibt es bestimmte zusätzliche dynamische Größen, die deshalb so genannt werden, weil sie in die Gesetze eingehen, die angeben, wie die Teilchen sich bewegen oder wie die Felder schwingen. Die wichtigsten davon sind Impuls und Energie.

Jedes Teilchen ist Träger eines bestimmten Energie- und Impulsbetrags. Wenn zwei Teilchen miteinander interagieren, tauschen sie einen Teil ihrer Energie und ihres Impulses aus. Das eine mag ein wenig gewinnen, während das andere ein wenig verliert, solange die Gesamtenergie und der Gesamtimpuls erhalten bleiben.

Die Struktur dieser Theorien ist immer dieselbe: Es gibt zwei Grundgleichungen. Die erste gibt an, wie sich die Positionen der Teilchen in der Zeit verändern, und zwar auf eine Weise, die vom Impuls der Teilchen abhängt.* Die zweite Gleichung gibt an, wie sich der Impuls in der Zeit verändert, und das hängt von den Positionen der Teilchen ab. Die beiden Größen, Position und Impuls, sind also miteinander verflochten; die Veränderung der einen hängt von der anderen ab. Wir nennen zwei Größen, die auf diese Weise miteinander verknüpft sind, dual. Position und Impuls sind dual. Ebenso wie die elektrischen und Magnetfelder.

Meines Erachtens ist die Tatsache, dass dieses Muster dualer Gleichungen in der Physik universal ist, eine tiefe Eigenschaft der Natur. Außerdem ist es auf die Physik beschränkt. Andere Wissenschaften beschreiben zwar auch Systeme, die sich in der Zeit ändern, wie zum Beispiel Computer oder Ökosysteme oder Märkte oder Organismen. Sie haben jeweils ihre Gleichungen. Aber in keinem dieser Fälle weisen die Gleichungen diese duale Struktur mit Konfigurationsvariablen, Impulsen und Energie auf, wobei die letzteren beiden insgesamt erhalten bleiben. Das ist ein Grund, weshalb ich nicht der Meinung bin, es sei besonders hilfreich, sich vorzustellen, dass das physikalische Universum ein Computer sei.

Die Impulserhaltung ist auch aus einem weiteren Grund wich-

---

* Im Falle Newtons ist der Impuls eines Teilchens proportional zu seiner Geschwindigkeit. Die Proportionalitätskonstante ist die Masse.

tig. Sie erklärt das Trägheitsprinzip, das das tiefste Prinzip der Physik ist, das bisher postuliert wurde.

Warum gibt es diese Dualität, die Konfigurations- und Impulsvariablen beinhaltet? Warum ist die Welt so, dass Energie und Impuls erhalten bleiben? Auf diese Fragen gibt es eine alte Antwort, die auf einem tiefgründigen Theorem von Emmy Noether beruht, das sie 1915 bewies. Es beinhaltet den Begriff der Symmetrie, die eine Transformation ist, welche ein System auf eine bestimmte Art verändert, sodass dadurch die Bewegungsgesetze nicht verändert werden. Drehungen sind Symmetrien, ebenso wie Translationsbewegungen im Raum und in der Zeit. Solange das gesamte System gemeinsam gedreht oder einer Translationsbewegung unterzogen wird, sind die Bewegungsgesetze davon nicht betroffen. Noethers Theorem besagt, dass *es für jede Symmetrie in der Natur, die auf einer kontinuierlich variierenden Transformation beruht, eine Erhaltungsgröße gibt.* Räumliche Symmetrie impliziert, dass der Impuls erhalten bleibt. Zeitliche Symmetrie erklärt die Erhaltung der Energie.*

Das deutet darauf hin, dass der Raum fundamental ist, während Energie und Impuls emergente Eigenschaften des Raumes sind und seine Symmetrien widerspiegeln. Das ist zwar eine geläufige Ansicht, aber ich glaube, dass das Umgekehrte der Wahrheit näherkommt.

Obwohl Noethers Theorem eine echte Einsicht widerspiegelt, kann es nicht für eine fundamentale Theorie gelten. Das ist deshalb so, weil wir verlangen, dass die fundamentale Theorie das Prinzip der Identität des Ununterscheidbaren erfüllt. Aber dieses Prinzip impliziert, dass es in der Natur keine Symmetrien gibt. Man stelle sich einen Körper vor, der unter einer Drehbewegung invariant ist, wie beispielsweise eine Kugel oder einen Zylinder. Die Tatsache, dass er symmetrisch ist, bedeutet, dass er durch

---

* Und die Rotationssysmmetrie impliziert die Erhaltung des Drehimpulses.

eine Drehung nicht verändert wird. Das heißt, ein Beobachter kann den Unterschied zwischen dem Körper vor und nach der Drehung nicht angeben. Aber das ist deshalb so, weil es auf dem Körper Kreise aus Punkten gibt, die alle miteinander identisch sind. Ebenso ist eine unendlich lange Gerade unter einer Translationsbewegung entlang ihrer Länge invariant, weil unter einer solchen Translationsbewegung jeder Punkt auf einen anderen Punkt mit identischen Eigenschaften abgebildet wird. In jedem Fall sehen wir, dass die Existenz einer Symmetrie bedeutet, dass es verschiedene Punkte mit identischen Eigenschaften gibt, wodurch das Prinzip verletzt wird.

Symmetrien sind Eigenschaften fixierter Hintergründe, und das Vorkommen einer Symmetrie in einer Theorie ist ein deutliches Zeichen dafür, dass die Theorie hintergrundabhängig ist. Eine Symmetrie ist eine Operation, die das System, das wir untersuchen, einer Translationsbewegung unterzieht oder es dreht, und zwar relativ zum Hintergrund, der unverändert bleibt. Symmetrien charakterisieren ein System, das von einem umfassenderen Universum isoliert wurde, und entstehen aus dem, was bei dieser Isolierung ignoriert wurde.

Wir haben postuliert, dass die fundamentale Theorie hintergrundunabhängig ist, was bedeutet, dass es keine Symmetrien gibt. Das wiederum bedeutet, dass wir Energie und Impuls und ihre Erhaltung nicht so verstehen können, dass sie aus den Eigenschaften des Raumes entstehen. Aber wir müssen immer noch erklären, warum Energie und Impuls die allgegenwärtige Rolle spielen, die sie in der Struktur der Gleichungen der Physik haben.

Darüber hinaus haben wir angenommen, dass der Raum auf der grundlegenden Ebene der Natur nicht vorhanden, sondern emergent ist. Wenn wir also wollen, dass Energie und Impuls eine Rolle in der Physik spielen, scheint es keine Alternative dazu zu geben, sie an den Anfang zu setzen.

Was wir wollen, ist eine Umkehrung von Noethers Theorem, die annimmt, dass Energie und Impuls und ihre Erhaltung fundamental sind, und die uns die Bedingungen angibt, unter denen der Raum als eine angenäherte Beschreibung von Subsystemen des Ganzen entstehen kann.

Es bleibt uns also ein Bild übrig, in dem Kausalrelationen, Energie und Impuls fundamental sind. Energetische Kausalmengen sind eine Ausarbeitung dieses Bildes.

Die energetischen Kausalmengenmodelle verwirklichen die Prinzipien und Hypothesen des zeitlichen Relationalismus, die ich im vorangehenden Kapitel innerhalb eines konkreten Rahmens eingeführt habe. Diesen Prinzipien zufolge ist die Zeit im Sinne des kontinuierlichen Werdens des gegenwärtigen Augenblicks für die Natur fundamental. Tatsächlich ist unser Erleben des Vergehens der Zeit das Einzige, das wir von der Welt wahrnehmen, was wirklich fundamental ist. Alles andere, einschließlich des Eindrucks, dass es unveränderliche Gesetze gibt, ist angenähert und emergent. Diese Sichtweise und die Argumente dafür wurden während einer langen Zusammenarbeit mit Roberto Mangabeira Unger entwickelt. Eine wichtige Folgerung daraus ist, dass die Naturgesetze sich in der Zeit entwickeln, anstatt zeitlos zu sein. Dadurch wird die unter Physikern verbreitete Überzeugung umgekehrt, dass die Zeit in den fundamentalsten Gesetzen nicht vorkommt, sondern vielmehr aus diesen Gesetzen entsteht. Stattdessen argumentieren wir dafür, dass die Zeit im Sinne des gegenwärtigen Augenblicks und seines Vergehens fundamental ist, während die Gesetze emergent sind und der Veränderung unterliegen.

Marina Cortês beharrte darauf, dass die Gesetze auf der fundamentalsten Ebene in zweierlei Hinsicht irreversibel sein müssen. Erstens sind die Gesetze nicht dieselben, wenn man die Richtung der Zeit umkehrt. Wenn man ein Video eines gesetzmäßigen Prozesses aufnimmt, erhält man keinen weiteren gesetzmäßigen Prozess, wenn man es rückwärts abspielt. Das widerspricht direkt einer weit verbreiteten Überzeugung, dass die Naturgesetze unverändert bleiben, wenn man die Richtung der Zeit umkehrt.

Aber alle bekannten fundamentalen Gesetze, einschließlich der Quantenmechanik, der allgemeinen Relativitätstheorie und des Standardmodells, sind unter einer solchen Zeitumkehrung invariant.* Es muss fundamentalere Gesetze geben, die nicht reversibel sind. Dadurch entstehen zwei Herausforderungen: Erstens, können wir Kandidaten für ein irreversibles fundamentales Gesetz entwerfen? Zweitens, könnte es geschehen, dass reversible Gesetze als eine Annäherung an fundamentalere irreversible Gesetze entstehen? Das waren die Fragen, zu deren Beantwortung energetische Kausalmengenmodelle entworfen wurden.

Cortês pochte auch auf einen tieferen Sinn, in dem eine Theorie, die Ereignisse als primär auffasst, irreversibel ist. Ein Ereignis ist etwas, das geschieht. Wie wir oben sagten, kann etwas, sobald es geschieht, nicht *ungeschehen* gemacht werden. Die Wirkung eines Ereignisses kann jedoch umgekehrt werden. Wenn ein Ereignis A in B verändert, kann auf es ein Ereignis folgen, das B wieder in A ändert. Aber das ergibt eine Geschichte mit zwei Ereignissen. Sobald ein Ereignis geschehen ist, liegt es in der Vergangenheit, und diese Tatsache kann durch ein zukünftiges Ereignis nicht ausgelöscht werden, auch wenn dieses zukünftige Ereignis die Wirkung des ursprünglichen Ereignisses umkehrt.

Dieser Gedanke führte uns dazu, das Vergehen der Zeit als einen Prozess zu betrachten, durch den neue Ereignisse ständig aus gegenwärtigen Ereignissen erzeugt werden. Obwohl wir dem Wort »Zeit« unterschiedliche Bedeutungen geben mögen,

* Für die Experten: eine CPT-Transformation.

postulierten wir, dass das Vergehen der Zeit einen aktiven Schöpfungsprozess ausdrückt und dass diese »Tätigkeit der Zeit« die Schöpfung neuer Ereignisse ist, eines nach dem anderen.

Genauer entwarfen wir mehrere Modelle zum Zwecke einer konkreten Realisierung unserer Prinzipien und Hypothesen. In einem Modell, das wir untersuchten, wird jedes Ereignis von zwei »Elternereignissen« erzeugt und wird dann seinerseits zum Elternteil zweier »Kindereignisse«.

In jeder Phase des Prozesses gibt es eine Vorhut von Ereignissen, die erzeugt wurden, aber erst noch alle ihre Kinder hervorbringen müssen. Diese Ereignisse machen das aus, was wir als »Gegenwart« bezeichnen, da sie die Ereignisse sind, die noch einen Einfluss auf die Zukunft haben.

Dieser Prozess der kontinuierlichen Entstehung von Ereignissen erzeugt eine Geschichte.

Sobald ein Ereignis sein volles Kontingent an Kindern hat, spielt es vielleicht keine direkte Rolle mehr für die Erzeugung der Zukunft, weshalb wir sagen, dass es in der Vergangenheit liegt. Jedes vergangene Ereignis besitzt eine kausale Vergangenheit, die aus denjenigen früheren Ereignissen besteht, die es direkt oder indirekt beeinflusst haben. Seine kausale Zukunft ist die kontinuierlich wachsende Menge von Ereignissen, die es direkt oder indirekt beeinflusst. Somit hat die Vergangenheit die Struktur einer Kausalmenge.

Anschließend fügten wir Energie und Impuls hinzu und machten unser Modell einer wachsenden Zukunft zu einer energetischen Kausalmenge. Jedes Ereignis besitzt eine Gesamtenergie und einen Gesamtimpuls, die die Summe der Impulse und Energien ihrer Eltern sind. Sie werden aufgeteilt und an ihre Kinder weitergegeben.

Um dieses Modell zu vervollständigen, müssen wir zwei Fragen beantworten. Wie trifft der Prozess, der neue Ereignisse aus gegenwärtigen Ereignissen erzeugt und den wir als die Tätigkeit der Zeit bezeichnet haben, eine Wahl in Bezug darauf, welche Paare gegenwärtiger Ereignisse die nächsten Eltern eines neuen Ereignisses sein werden? Zweitens, wie verteilen Ereignisse Energie und Impuls auf ihre Kinder? Um diese Fragen zu beantworten, müssen wir eine Regel für die Schöpfung neuer Ereignisse vorschreiben.

Bei der Wahl dieser Regel wurden wir von zwei der Prinzipien geleitet, die ich an früherer Stelle formuliert habe. Die Theorie sollte hintergrundunabhängig sein, was in diesem Zusammenhang bedeutet, dass die verschiedenen Ereignisse nur durch dynamisch erzeugte Strukturen benannt oder bezeichnet oder voneinander unterschieden werden sollten. Darüber hinaus sollten sich diese Strukturen nicht auf die Reihenfolge beziehen, in der die Ereignisse erzeugt wurden. Diese Erfordernisse sind erfüllt, wenn Ereignisse nur durch die Struktur ihrer kausalen Vergangenheiten bezeichnet oder beschrieben werden.

Dadurch liegt es nahe, die Identität des Ununterscheidbaren als unser zweites Prinzip in Anschlag zu bringen. Wenn Ereignisse durch ihre kausalen Vergangenheiten unterschieden werden, dann muss die kausale Vergangenheit jedes Ereignisses einzigartig sein. Die Regel für die Erzeugung von Ereignissen sollte dann sicherstellen, dass jedes Ereignis, das sie erzeugt, eine kausale Vergangenheit besitzt, die sich von allen anderen unterscheidet, die bisher erzeugt worden sind.

In den Modellen, die ich gemeinsam mit Cortês untersuchte, fanden wir zwei sehr interessante Ergebnisse. Das erste, das schon erwähnt wurde, besteht darin, dass das inverse Problem insofern gelöst zu sein scheint, als eine Raumzeit entsteht, auf die die Ereignisse und ihre Kausalrelationen abgebildet werden können. Außerdem stellten wir fest, dass die Systeme in einer sehr zeitasymmetrischen und ungeordneten Phase anfingen, die sich zu einer geordneten und annähernd zeitsymmetrischen Phase entwickelte.*

Somit zogen wir eine wichtige Lehre aus den energetischen Kausalmengenmodellen, nämlich dass die zeitreversiblen Gesetze aus fundamentaleren, irreversiblen Gesetzen entstehen können. Das widerspricht der Art und Weise, wie die meisten Physiker sich Irreversibilität vorstellen.

Im letzten Kapitel begannen wir mit fünf Prinzipien, die alle verschiedene Ausdrucksweisen von Leibniz' Prinzip des zureichenden Grundes sind, und drei Hypothesen, die den fundamentalen und irreversiblen Charakter der Zeit und im Kontrast dazu die emergente und kontingente Natur des Raumes ausdrücken. Die Theorie, die wir suchen und die Einsteins Zwillingsrevolutionen vervollständigen würde, ist meiner Überzeugung nach der konsistente Ausdruck all dieser Prinzipien und Hypothesen. Aber bevor wir dorthin gelangten, führten wir mehrere Modelle ein, die nicht als vollständige Theorie gemeint waren, sondern vielmehr als Erforschungen einiger ihrer möglichen Aspekte, indem wir nur eine Teilmenge der Prinzipien anwandten.

Die Formulierung wirklicher Ensembles ist eine relationale Theorie verborgener Variablen. Sie ist keine vollständige Anwendung der Prinzipien, da sie in einem fixierten Hintergrund von Zeit und Raum angesiedelt ist, aber ansonsten nimmt sie das Prinzip der Identität des Ununterscheidbaren äußerst ernst, wenn sie postuliert, dass zwei Ereignisse, die dieselbe Perspektive

* Einige Jahre später interpretierten wir dieses zweiphasige Verhalten im Sinne der Dynamik einer allgemeinen Klasse deterministischer dynamischer Systeme mit einer endlichen Anzahl möglicher Zustände. Solche Systeme entwickeln sich zu Zyklen, und die zwei Phasen sind die Phase der Konvergenz zu einem Zyklus, gefolgt von zyklischem Verhalten. Aber ein Zyklus ist reversibel, weil jedes Ereignis ein einziges Kind und ein einziges Elternteil besitzt.

auf das Universum besitzen, miteinander identifiziert werden müssen. Anschließend postulierte ich, dass der Grund dafür, dass zwei Körper stärker miteinander interagieren, wenn sie einander räumlich näher sind, de facto darin besteht, dass ihre Perspektiven auf das übrige Universum ähnlich sind. Das heißt, ich schlage vor, das Prinzip der Lokalität dadurch zu erklären, dass es aus einem tieferen Prinzip der Ähnlichkeiten von Perspektiven entsteht. Um sicherzustellen, dass die Identität des Ununterscheidbaren realisiert wird, führen wir eine Kraft zwischen Subsystemen ein, die danach strebt, ihre Unterschiedenheit zu steigern oder die Gesamtmannigfaltigkeit zu maximieren. Das führt, wie ich an früherer Stelle darlegte, zu einer Ableitung der Quantenmechanik.

Energetische Kausalmengenmodelle sind Modelle diskreter oder Quantenuniversen, die die Hypothesen erforschen, die wir über Raum und Zeit aufstellten. Insbesondere verkörpern sie die Idee, dass es keinen Hintergrundraum oder eine Hintergrundraumzeit gibt. Stattdessen nehmen sie eine aktive, irreversible Vorstellung von Zeit und Verursachung sowie von Energie und Impuls als fundamental an. Raumzeit und Raum sind emergent und kontingent.

Der nächste Schritt besteht darin, diese beiden Modelle miteinander zu verknüpfen, wodurch wir eine relationale Theorie verborgener Variablen erhalten, die ebenfalls hintergrundunabhängig ist und die die Hypothese realisiert, dass Raum und Lokalität emergent sind.

Diese beiden Modelle begannen als getrennte Forschungsprogramme, aber sie teilten ein Motiv, nämlich die zentrale Rolle, die die Ähnlichkeiten und Unterschiede zwischen Ereignissen spielen. Beide Modelle nehmen diese als fundamental an, während die Lokalität zu einem zufälligen und emergenten Aspekt der Natur zurückgestuft wird. Es wurde mir langsam klar, dass es sich dabei um verschiedene Perspektiven auf ein einziges Bild handelte, und daher setzte ich mich an einem Sommertag hin und schlug ein neues Notizbuch auf, um zu sehen, ob ich die vollständige Geschichte erzählen könnte.

Es war sofort klar, dass die Hauptfigur dieser neuen Geschichte die Perspektive ist. Das heißt, die grundlegenden Variablen sind nichts anderes als die Perspektiven des Universums, von jedem Ereignis aus gesehen. Also begann ich, einen Physikansatz zu entwerfen, dem zufolge diese Perspektiven fundamental sind, anstatt aus einer grundlegenderen Struktur abgeleitet. Nach dieser neuen Sichtweise beinhalten die Grundgesetze unmittelbar nur die Perspektiven und ihre Unterschiede. Diese Theorie bezeichne ich als *kausale Perspektiventheorie*.[90]

Die Perspektive eines Ereignisses ist nichts anderes als die Informationen, die ihm aus seiner kausalen Vergangenheit zur Verfügung stehen. Die Perspektive auf die Vergangenheit eines Ereignisses ist wie der Himmel; es ist das, was man sieht, wenn man um sich blickt. Da die Lichtgeschwindigkeit endlich ist, bedeutet um sich zu blicken, in die eigene Vergangenheit zu blicken.

Die Perspektive eines Ereignisses, wie ich den Begriff verwende, ist völlig real und hat nichts mit Meinungen zu tun.* Der Theorie zufolge, die ich beschreibe, ist das reale und Objektive in der Welt die Information, die bei jedem Ereignis zur Verfügung steht und die Geschichte der Welt ausmacht, indem sie zu diesem Ereignis aus seiner kausalen Vergangenheit kommt.

Schauen Sie nach oben! Ihre Perspektive auf die Welt ist wie ein Film, der auf eine zweidimensionale Kugel projiziert wird, die wir als Himmel bezeichnen. Die Perspektive eines Ereignisses in einem Modell mit drei (emergenten) Raumdimensionen wird

* Ich möchte den Leser warnen, sich nicht vom umgangssprachlichen Verständnis einer »Perspektive« (oder Ansicht) irreführen zu lassen, dem zufolge sie für eine subjektive Meinung einer Person steht.

dann als zweidimensionale Kugel repräsentiert werden, die wir als den Himmel des Ereignisses bezeichnen. Was ein Ereignis auf seinem Himmel sieht, sind die Ereignisse, die direkt in seiner kausalen Vergangenheit liegen. Genauer sieht es die Energie und den Impuls, die von jedem seiner Elternereignisse ausgehen. Jedes Elternteil zeigt sich als farbiger Punkt auf dem Himmel dieses Ereignisses. Jeder dieser Punkte stellt ein Quantum von Energie und Impuls dar, das aus einem vergangenen Ereignis stammt. Der Ort jedes Punktes auf dem Himmel verzeichnet die Richtung des Impulses, während die Farbe die Größe der erhaltenen Energie anzeigt.

Der nächste Schritt ist einfach: Nehmen wir an, dass alles, woraus das Universum besteht, diese Himmel sind – jeder ist die Perspektive eines bestimmten Ereignisses. Anstatt die Perspektiven aus den Kausalrelationen zu konstruieren, kehren wir die Dinge um und leiten die Kausalrelationen und alles andere aus den Perspektiven ab. Das kann deshalb funktionieren, weil die Information, die in der Gesamtheit der Perspektiven enthalten ist, ausreicht, um die Kausalrelationen und somit die vollständige Geschichte zu rekonstruieren.

Wie in der Theorie wirklicher Ensembles umfassen die Gesetze die Anforderung, dass die Vielfalt all dieser Perspektiven maximiert wird. Das hat den analogen Effekt, dass es zur Quantenkraft führt. Anhand dessen lässt sich die Quantenmechanik als Annäherung an die Theorie ableiten.

Folgendes ist eine Zusammenfassung dieser Theorie in einem Satz: Das Universum besteht aus nichts anderem als Perspektiven auf es selbst, jede stammt von einem Ereignis aus seiner Geschichte, und die Gesetze wirken so, dass diese Perspektiven so unterschiedlich wie möglich werden.

Ab diesem Punkt geht die Geschichte im Wesentlichen wie bei der Theorie wirklicher Ensembles weiter. Ähnliche Perspektiven interagieren miteinander infolge des Mandats, sich in Richtung auf immer größere Vielfalt zu entwickeln. Das führt zur Entstehung des Raumes und der Lokalität in diesem Raum. Auch die Nichtlokalität entsteht als Interaktionen, die im emergenten Raum weit voneinander entfernt, aber im Hinblick auf die Ähnlichkeit ihrer Perspektiven benachbart sind. Schließlich ergibt sich die Quantenmechanik wie in der Formulierung wirklicher Ensembles aus diesen nichtlokalen Interaktionen als angenäherte Beschreibung der Perspektivendynamik.

Die kausale Perspektiventheorie ist folglich ein Weg zur Vervollständigung der Quantenmechanik. Sie ist eine realistische Vervollständigung, da sie eine Theorie seinsfähiger Eigenschaften ist, die die Perspektiven selbst sind. Am wichtigsten ist jedoch, dass sie beweist, dass eine einzige fundamentale Theorie gleichzeitig eine Vervollständigung der Quantenmechanik und ein atomares Modell der Raumzeit sein kann. Sie kann die Emergenz von sowohl Lokalität als auch Nichtlokalität, der Raumzeit und der Quantenmechanik erklären.

Diese Theorie stellt trotzdem nur einen Teil der ganzen Geschichte dar, und es gibt noch viel an ihr zu erforschen, aber sie ist eine Möglichkeit, wie die Welt sein könnte.

Für uns Realisten kann die Quantenmechanik nicht das letzte Wort sein. Es gibt immer noch viel zu entdecken. Trotzdem bleibe ich zuversichtlich, dass die Natur verstehbar ist. Ich bin optimistisch, dass die universelle Macht des Denkens, die jeder von uns besitzt, im Verein mit unseren gewaltigen Einbildungskräften und unserer Fähigkeit, neue Ideen zu erfinden, ausreichen wird, um das Universum zu verstehen. Besondere Hoffnung hege ich für eine Zukunft, in der unsere individuellen Kräfte durch unsere Teilnahme an der wissenschaftlichen Gemeinschaft mit dieser kombiniert und durch sie diszipliniert werden. Obwohl ich zeitweise aufgrund unseres Mangels an entscheidenden Fortschritten in der Grundlagenphysik in den letzten fünfzig Jahren tief frustriert bin, bin ich langfristig optimistisch. Ich bin zuversichtlich, dass unsere Nachkommen in der Zukunft weitaus mehr über die Natur wissen werden als wir.

Außerdem bin ich sicher, dass die Antwort auf die Fragen, die uns nahezu ein Jahrhundert lang geplagt haben, einfach sein und anhand eleganter Hypothesen und Prinzipien der Art ausgedrückt werden, die ich hier angeführt habe. Es wäre wirklich eine glückliche Fügung, wenn wir in unserer Ideenbibliothek bereits die Antwort darauf hätten, wie Einsteins beide Revolutionen vervollständigt werden könnten. Aber wenn das nicht der Fall ist, zweifle ich nicht daran, dass unsere Nachkommen eine Antwort finden werden, solange wir das große Abenteuer der Naturwissenschaft lebendig erhalten.

Nachwort/Revolutionen

Eigennotiz

Die Wahrheit ist da draußen.

– Akte X

Man sollte nie nie nie nie … nie aufgeben.

– David Gross

Einstein hat uns gesagt, dass wir Naturwissenschaftler Opportunisten sind, die zum Zwecke der Entdeckung, wie die Natur funktioniert, bereitwillig Regeln verletzen und die wissenschaftliche Methode zurechtbiegen. Jeder Naturwissenschaftler ist wie ein Unternehmer, der eine bestimmte Kapitalmenge zum Investieren besitzt; für einen theoretischen Physiker besteht dieses Kapital hauptsächlich aus Zeit und Aufmerksamkeit. Die wichtigsten Entscheidungen, die wir treffen, beziehen sich darauf, welche Probleme wir bearbeiten und welche Ansätze wir wählen. Welchen neuen Aufsatz studieren wir, zu welchen Konferenzen reisen wir und, sobald wir dort sind, welche Vorträge hören wir uns an? Die Belohnungen sind verschiedenartig: der Nervenkitzel des Entdeckens, die Bewunderung der Kollegen und Studenten und außerdem die eigene Karriere, Stellenangebote und Gehalt.

Wenn man nur daran interessiert ist, die bekannten Gesetze der Physik anzuwenden, um unsere Einschätzung dessen zu erweitern, wie die Natur funktioniert, ist dies eine großartige Zeit, Physiker zu sein. Schöne Entdeckungen erleuchten den Weg in der Theorie kondensierter Materie, und wir betreiben wirkliche Astronomie, indem wir Gravitationswellen verwenden, um das Universum zu sehen. Diese Paradigmen funktionieren. Stetiger Fortschritt in der Mathematik treibt Fortschritte in der mathematischen Physik an, wobei wirklich brillante Leute den Weg zu einem besseren Verständnis der mathematischen Strukturen unserer etablierten und entstehenden Theorien bereiten. Die Fortschritte bei experimentellen Techniken sind ebenfalls beeindruckend, wobei das Moore'sche Gesetz sich darin auszahlt, die Reichweite und Präzision astronomischer Beobachtungen exponentiell zu steigern. An keiner dieser Erscheinungen ist irgendetwas auszusetzen, außer dass nur ein kleiner Teil davon sich um die großen Grundlagenrätsel kümmert. Erst wenn wir versuchen, das Projekt der Entdeckung der Grundgesetze und -prinzipien voranzubringen, scheinen wir auf der Stelle zu treten.

Im gegenwärtigen Augenblick gibt es in der Grundlagenphysik und Kosmologie eigentlich nur zwei mögliche Wetten. Entweder wetten wir darauf, dass wir alle Grundprinzipien kennen, oder wir wetten, dass Grundideen und -prinzipien fehlen. Die hauptsächlichen Forschungsprogramme wie beispielsweise die Theorie der kosmischen Inflation, die Stringtheorie oder die Loop-Quantengravitation sind alles Wetten darauf, dass wir die Grundprinzipien der Grundlagenphysik kennen. Mit beachtenswerten Ausnahmen nehmen Leute, die auf diesen Gebieten tätig sind, als gegeben an, dass die Grundprinzipien der Quantentheorie und der Relativitätstheorie korrekt sind und für die neue Theorie gelten. Viele derjenigen, die außerhalb dieser Programme arbeiten, tun das, weil sie darauf wetten, dass es viel mehr zu entdecken gibt. Menschen wie ich, die zum Teil beides tun, sichern sich nach allen Seiten ab.

Im Hinblick auf die Quantenmechanik stehen wir vor derselben Wahl. Entweder wir wetten, dass wir eine vollständige Theorie in Händen halten und sie nur besser verstehen müssen, oder wir wetten, dass die Theorie in wichtigen Hinsichten unvollständig ist. Die Kopenhagener Interpretation, die operationalen Interpretationen, die Everett'sche Quantenmechanik und so weiter sind alles verschiedene Weisen zu wetten, dass wir alles Wichtige über Quantenphänomene wissen. Jeder, der sich ausschließlich auf einen der realistischen Vorschläge konzentriert, wie beispielsweise die Führungswellentheorie oder den spontanen Kollaps, wettet darauf, dass sich seine Lieblingstheorie als die korrekte Vervollständigung der Quantenmechanik erweisen wird. In beiden Fällen setzt die Wette voraus, dass wir alle Prinzipien kennen, die notwendig sind, um die Natur zu verstehen.

Wie steht es um diejenigen von uns, die überzeugt sind, dass eine Vervollständigung notwendig ist, aber nicht davon überzeugt sind, dass irgendeiner der gut untersuchten Vorschläge den Klang der Wahrheit aufweist? Wie sollen wir wetten?

Bis jetzt fielen meine Wetten auf beide Seiten dieser Trennlinien. Meine erfolgreichsten Wetten benutzten Ideen und technische Werkzeuge aus der Elementarteilchenphysik, um Probleme der Quantengravitation zu lösen. Das war einer der Wege, die zur Loop-Quantengravitation führten. Aber von Zeit zu Zeit schrieb ich auch Aufsätze, die über meine Bemühungen berichteten, relationale Theorien verborgener Variablen zu entwerfen. Und der allerbeste meiner frühen Aufsätze war ein Versuch, das Trägheitsprinzip mit den Grundlagen der Quantentheorie zu verknüpfen. Im Lauf der Jahre erweiterte ich meine Bemühungen um die Grundlagen auf das Landscape-Problem, was zu meiner Arbeit über das Wesen der Zeit führte. Aber die Arbeit meines

Brotverdiensts bleibt die Quantengravitation, sowohl die Phänomenologie der Theorie als auch die Loop-Quantengravitation.

Ein Buchprojekt ist eine Art von Psychotherapie, das einen dazu zwingt, die eigenen verworrenen Gedanken und Intuitionen zu prüfen und sie zu ihren logischen Folgerungen hin zu entwickeln. Nun, da ich ein Buch geschrieben habe, das dafür argumentiert, dass eine radikal neue Theorie notwendig ist, um die Grundlagenprobleme in der Physik und Kosmologie zu lösen, was fange ich damit an? Verfolge ich weiterhin dasselbe abgesicherte Programm, oder gehe ich aufs Ganze bei dem Versuch, die wirklichen Probleme zu lösen?

Um zu wetten, dass die Wahrheit etwas bislang Unentdecktes erfordert, müssen wir nach dieser unbekannten Vervollständigung suchen. Wir können nicht einfach an einer Küstenlinie hinuntersegeln und an einer anderen hinauf. Wir segeln nach Westen: aus der Sichtweite des Landes heraus, indem wir unserem eigenen Kompass folgen oder der besten Reproduktion davon, die wir aus den Hinweisen zusammenschustern können, die wir ernst nehmen.

Es gibt keine vernünftigere Wette als die, dass unser gegenwärtiges Wissen unvollständig ist. In jedem Zeitalter der Vergangenheit war unser Wissen unvollständig; warum sollte unsere Zeit anders sein? Sicherlich sind die Rätsel, mit denen wir zu tun haben, zumindest ebenso gewaltig wie irgendwelche in der Vergangenheit. Aber fast niemand wettet in dieser Richtung. Das verblüfft mich.

Ich vermute, für viele Physiker ist es schwer, sich vorzustellen, dass wir uns nicht nahe am Ende unserer Suche nach den endgültigen Naturgesetzen befinden. Wir sind in einer Kultur aufgewachsen, in der es immer darum geht, die richtige Antwort zu haben, und wir verdanken unsere Laufbahn der Tatsache, dass wir diejenigen Wissenschaftler waren, die diese Antworten hatten. Aber ich habe immer ein Bild davon im Kopf gehabt, wie viel mehr die Menschen in der Zukunft wissen werden und wie albern unsere Wissensansprüche für sie aussehen werden. Dadurch bin ich wahrscheinlich zu einem weniger wirksamen Befürworter meiner eigenen Ideen geworden.

Was fangen wir also mit den teilweise erfolgreichen Erfindungen wie beispielsweise der Loop-Quantengravitation an? Zunächst ist die Entdeckung einer neuen möglichen Richtung, die unvollständig und ohne experimentelle Bestätigung ist (mit anderen Worten, äußerst verletzlich durch Kritik, wie es die meisten neuen Theorien bei ihrer Geburt sind), unsere Zeit und Konzentration wirklich wert. Dieses X, wie unvollständig es auch formuliert sein mag, ist etwas, das einfach wahr sein oder ein Teil der Wahrheit sein könnte, auch wenn es keine positiven Belege gibt, und es lohnt sich bestimmt, dieses X ein Jahrzehnt zu prüfen. Aber nach mehr als einem Dritteljahrhundert, während dessen viele ein ganzes Berufsleben ausfüllende Bemühungen nicht in der Lage waren, das *Es könnte wahr sein* irgendwie näher an das *Es muss wahr sein* zu führen, ist es da nicht an der Zeit weiterzugehen? Vielleicht meinen Sie, dass ich nur die Polemik aus den Stringkriegen wiederhole, aber ich denke mit großem Mitgefühl an alle von uns, deren Jahre harter Arbeit nicht in der Lage waren, die Durchbrüche zu erzielen, von denen wir fantasierten. Mich selbst eingeschlossen; vor allem mich.

Warum schreiben wir immer mehr Aufsätze über Ansätze, deren Mängel jahrzehntelang offensichtlich waren, und fast keine Aufsätze, die neue Vervollständigungen der Quantenmechanik vorschlagen? Das geschieht nicht aus einem Mangel an Anteilnahme und Interesse, denn jede Person, von der ich weiß, dass sie über die Grundlagen der Quantentheorie arbeitet, hat den riskanten Pfad deshalb gewählt, weil sie leidenschaftlich daran interessiert ist, wie die Natur das Messproblem und die anderen Rätsel löst.

Ich zumindest bin es müde, über die Einzelheiten und relativen Verdienste der vorhandenen Ansätze zu streiten und über die scharfsinnigen Reparaturversuche, die erfunden werden, um eine Idee zu retten, die ganz offensichtlich aus Mangelhaftigkeit zusammenbricht. Daher muss ich eine Entscheidung treffen: Entweder bleibe ich auf dem gegenwärtigen Weg, der auf dem Gipfel jenes niedrigen Hügels jenseits des nächsten Dorfes enden wird, oder ich begebe mich hinab in die Sümpfe, um auf unbekannten Pfaden auf der Suche nach unentdeckten Bergen umherzustolpern. Wenn ich den Sumpfpfad einschlage, werde ich zwar nahezu sicher scheitern, aber ich hoffe, Berichte, die von Interesse sind, zurückzuschicken und diejenigen wenigen anderen anzuregen, die intuitiv die Kosten unserer Unwissenheit, des zu frühen Aufgebens der Suche spüren.

Auch wenn ich davon überzeugt bin, dass wir etwas ganz Neues brauchen, habe ich nur eine geringe Vorstellung davon, wie man nach wissenschaftlicher Wahrheit suchen könnte außer dadurch, dass man auf einem bestehenden Forschungsprogramm aufbaut und einen hoch entwickelten Werkzeugsatz und eine ebensolche Methodologie verwendet. Das ist die Forschung, die gelehrt, anerkannt, finanziell unterstützt und von der akademischen Gemeinschaft belohnt wird. Eine Gemeinschaft, wie ich hinzufügen möchte, deren aktiver Bestandteil man sein muss, damit die eigene Arbeit von Leuten ernst genommen wird, die über genügend Wissen verfügen, um sie zu bewerten. Was würde ich in meine Forschungsvorhaben schreiben, wenn sich meine Ideen nicht in der Sprache eines bereits existierenden und weithin befolgten Forschungsprogramms ausdrücken ließen? Welche Probleme stelle ich meinen Doktoranden, wenn sie nicht etwas berechnen sollen, indem sie Werkzeuge verwenden, die innerhalb eines bestimmten Rahmens entwickelt wurden? Sage ich meinen Studenten, dass sie am Morgen aufwachen, Kaffee machen, ein leeres Notizbuch aufschlagen und es anstarren sollen, bis ein zerzauster Engel mit einer Offenbarung kommt?

Sollte ich selbst so etwas tun? Wie viele Tage, Wochen, Monate, Jahre, wie viele inkohärente vollgekritzelte Seiten ertrage ich, bevor ich aufgebe?

Es ist nicht nur so, dass der Versuch, eine ganz neue Physik zu entwerfen, für meine Laufbahn riskant ist und meiner emotionalen Stabilität schadet. Ich weiß nicht einmal, wie ich anfangen soll. Fast niemand von denen, die noch leben, hat das getan, so wie es die Revolutionäre von vor einem Jahrhundert taten. Meiner Erfahrung nach gibt es wenig, das so angsteinflößend ist, wie wenn man die Grundprinzipien beiseitelegt, die die Grundlage unseres Verständnisses davon bilden, was unsere Stellung in der Natur ist – fühlt es sich nicht gerade deshalb tröstlich an, sie zu kennen?

Es ist gewiss leichter, innerhalb eines bestehenden Rahmens zu arbeiten, die Grenzen dessen zu testen, was wir sozusagen von innen kennen. Wir können dies tun, während wir gegenüber den Grundprinzipien unvoreingenommen sind und Ausschau halten nach neuen Gelegenheiten, diese Prinzipien zu modifizieren oder auch neue einzuführen. Noch wichtiger ist es, auf der Lauer nach neuen Gelegenheiten dafür zu bleiben, Theorien durch Experimente und Beobachtungen zu überprüfen. Das habe ich den größten Teil meiner Karriere über getan, und ich wage zu sagen, dass das auch für viele gilt, die über die wesentlichen Ansätze arbeiten, zum Beispiel über die Stringtheorie oder die Loop-Quantengravitation. Was wir dafür präsentieren müssen, ist eine Sammlung schöner Resultate, die zu der wahren Geschichte führen können oder nicht, und, was besonders wertvoll ist, ein paar Vorschläge für neue Prinzipien, einschließlich des holografischen Prinzips und des Prinzips der relativen Lokalität. Aber bei allem gebührendem Respekt gegenüber denen von uns, die die meiste Zeit in vernünftige Ansätze für die Entwicklung vernünftiger Theorien investierten, scheint es dieses Mal nicht gereicht zu haben.

Ich habe mir stets gesagt, dass ich solche Risiken später eingehen werde – nachdem ich mein Doktorat gemacht habe, nachdem ich meine Zeit als Postdoc beendet habe, nachdem ich eine Lehrkörperstelle erhalten habe, nach meiner Anstellung auf Lebenszeit. Aber selbst ranghohe, berühmte Professoren mit Lebenszeitstellen müssen sich um Forschungsgelder bewerben, und es gibt immer jenen schicken Preis, der den Höhepunkt der Karriere markiert oder jenen bequemen und angesehenen Lehrstuhl. Also warten wir einfach bis zur Pensionierung. Dann werden wir frei sein, die großen Risiken einzugehen. Nun, als jemand, der sich diesem Zeitpunkt nähert, kann ich berichten, dass das Einzige, was man als Gewissheit erlebt, während die eigenen fünfziger und sechziger Jahre vorbeieilen, wobei jeder Tag mit einem Plan voller Seminare, Fakultätsversammlungen, der Arbeit mit Studenten, Unterricht, Prüfungsausschüssen, Flugzeugen, Hotels und Konferenzvorträgen ausgefüllt ist, darin besteht, dass man nicht unsterblich ist.

Vielleicht hängt also alles von einem brillanten Studenten irgendwo ab, der arrogant ist, wie es der junge Einstein war, der aber hinreichend talentiert ist, um die wesentlichen Punkte von allem, was wir erreicht haben, in sich aufzunehmen, bevor er sie beiseitefegt und zuversichtlich einen Neubeginn wagt.

Ein Freund sagte mir einst, dass die akademische Welt nach dem Vorbild von Klöstern gebildet wurde, die entworfen wurden, um das alte Wissen zu verewigen, während sie dem neuen Widerstand leisteten. Selbst nach Jahrzehnten in dem System bin ich erstaunt darüber, wie die Feinmechanik dieses Prozesses funktioniert. Es lohnt sich nicht, mit der Logik des akademischen Ruhmes zu streiten, die jeden wissenschaftlichen Erfolg mit Ablenkungen belohnt, die es schwieriger machen, mehr Wissenschaft zu treiben, während gewaltige Negativanreize dafür erlassen werden, dass man die Politur des eigenen Vermächtnisses zurückstellt, um neue Herausforderungen anzunehmen.

Die akademische Welt ist hervorragend dafür geeignet, das zu fördern, was Thomas Kuhn als Normalwissenschaft bezeichnete. Das ist großartig, bis es lange überfällig wird, eine Revolution zu vollenden.

Meines Wissens sind nur wenige aus Zufall über eine wichtige Entdeckung gestolpert; die meisten wirklichen Durchbrüche wurden nach vielen Jahren harter, unbefriedigender Arbeit gefunden. Feynman sagte, um etwas Neues zu entdecken, müsse man sich die Zeit nehmen, um jeden möglichen Fehler auf dem Weg zu machen. Und er hat es bestimmt gewusst.

Daher habe ich keine bessere Antwort, als mich dem leeren Notizbuch zu widmen. Wir haben Vorbilder. Einstein hat es getan. Bohr hat es getan. De Broglie, Schrödinger und Heisenberg haben es getan, ebenso wie Bohm und Bell. Jeder von ihnen fand einen Weg von dieser leeren Seite zu einer grundlegenden Entdeckung, die unser Verständnis dessen erweiterte, wie die Natur funktioniert. Man beginne damit aufzuschreiben, was man getrost für sicheres Wissen hält. Man frage sich, welches der Grundprinzipien des gegenwärtigen Kanons die kommende Revolution überleben soll. Das ist die erste Seite. Dann blättere man wieder auf eine leere Seite um und beginne zu denken.

Danksagung

Dieses Buch stellt ein Leben des Ringens mit den Rätseln der Grundlagen der Quantentheorie dar, und ich habe zuallererst Herbert Bernstein für seinen revolutionären Erstsemesterkurs in Quantenmechanik zu danken, dafür, dass er mich in seinem Kurs Klausuren benoten ließ, um sicherzustellen, dass ich lernte, wie man Probleme löst, und für viele Jahre der Freundschaft seit damals. Im Aufbaustudium hatte ich das Glück, bei Abner Shimony studieren zu können, der ein Vorbild für alle von uns war, die die Strenge und Tiefe der Philosophie an die Überprüfung der Grundlagenprobleme der Physik herantragen wollten. Dafür habe ich Hilary Putnam zu danken, der mir sagte, dass Abner in der Lage sei, meine Fragen zur Quantentheorie zu beantworten, die er nicht beantworten konnte.

Während des Aufbaustudiums und in den Jahren danach hatte ich das Glück, einigen der wirklich tiefen Denker, die uns immer noch inspirieren, zu begegnen und mit ihnen zu sprechen: Steve Adler, Yakir Aharonov, Bryce DeWitt, Cécile DeWitt-Morette, Freeman Dyson, Paul Feyerabend, Richard Feynman, Jim Hartle, Gerard 't Hooft, Chris Isham, Edward Nelson, Roger Penrose, Leonard Susskind, John Archibald Wheeler und Eugene Wigner.

Kurz nach dem Empfang meiner Doktorwürde begegnete ich Julian Barbour, der mich in Leibniz und Mach einführte und seitdem mein Mentor und Führer zur relationalen Philosophie gewesen ist. Meine philosophische Ausbildung wurde durch Gespräche mit David Albert, Harvey Brown, Jim Brown, Jeremy Butterfield, Jenann Ismael und Steve Weinstein, unter vielen, fortgesetzt. Henrique Gomes, Simon Saunders, Roderich Tumulka, Antony Valentini und David Wallace waren besonders unterstützend, indem sie Entwürfe lasen und kommentierten und geduldig erklärten, was ich falsch verstanden hatte. Alle verbleibenden Fehler gehen jedoch auf mein Konto.

Dann möchte ich sehr gerne denen danken, die durch unsere gemeinsame Arbeit an Grundlagenproblemen zu Freunden geworden sind: Stephon Alexander, Giovanni Amelino-Camelia, Abhay Ashtekar, Eli Cohen, Marina Cortês, Louis Crane, John Dell, Avshalom Elitzur, Laurent Freidel, Sabine Hossenfelder, Ted Jacobson, Stuart Kauffman, Jurek Kowalski-Glikman, Andrew Liddle, Renate Loll, João Magueijo, Roberto Mangabeira Unger, Fotini Markopoulou und Carlo Rovelli.

Das Buch wurde durch Rückmeldungen von Krista Blake, Saint Clair Cemin, Dina Graser, Jaron Lanier und Donna Moylan stark verbessert. Ich möchte mich auch bei Kaća Bradonić für die Illustrationen und für viele kluge und hilfreiche Vorschläge zum Text bedanken.

Für hilfreiche Gespräche und Korrespondenzen über spezifische Punkte muss ich Jim Baggott, Julian Barbour, Freeman Dyson, Olival Freire, Stuart Kauffman, Michael Nielsen, Philip Pearle, Bill Poirier, Carlo Rovelli und John Stachel danken. Alexander Blum und Jürgen Renn halfen mir dabei, eine wahre Geschichte der Geschichte der Quantenmechanik zu erzählen.

Ich bin äußerst dankbar dafür, zu einer dynamischen Gemeinschaft am Perimeter-Institut für theoretische Physik zu gehören, die sich auf Grundlagenphysik konzentriert und mir eine Heimat und ein Umfeld für meine Arbeit gibt. Zusätzlich zu den bereits erwähnten Personen habe ich über die Jahre hinweg unermesslich viel gelernt von Gemma De las Cuevas, Bianca Dittrich, Fay

Dowker, Chris Fuchs, Lucien Hardy, Adrian Kent, Rafael Sorkin, Rob Spekkens und vielen anderen. Ich möchte Mike Lazaridis, Howard Burton und Neil Turok dafür danken, mich in dieses lebenslange Abenteuer einzubeziehen, und möchte außerdem Michael Duschenes und dem ganzen Personal des Perimeter-Instituts für ihre intelligente und engagierte Arbeit Dank aussprechen.

Ich bin dankbar für mehrere Kurse mit Studenten bis zurück zu »Nature Loves to Hide« (Die Natur liebt es, sich zu verbergen) am Hampshire College, die verschiedene Versionen einer Quantenphysik für einen Dichterkurs absolviert haben, während dessen ich die hier verwendeten pädagogischen Strategien getestet habe. Vor Kurzem erklärte sich Camilla Singh dazu bereit, ein Testfall in einem Experiment zu sein, in dem Quantenmechanik für Künstler unterrichtet wurde.

John Brockman, Katinka Matson und Max Brockman waren meine Literaturagenten und Freunde über die vielen Jahre hinweg, seitdem ich Bücher schreibe. Scott Moyers, Christopher Richards und Thomas Penn sind großartige Lektoren gewesen, und ich bin ihnen besonders dankbar dafür, darauf zu bestehen, dass ich ein besseres Buch schreiben konnte, als mir bewusst war. Ich bin stolz, zu den vielen Autoren zu gehören, die von dem kritischen Blick von Louise Dennys profitiert haben.

Schließlich verdanke ich alles Dina Graser und Kai Smolin, die mich durch all die Höhen und Tiefen dieses Projekts hindurch unterstützt haben.

Anmerkungen

Vorwort

1 J. S. Bell, »On the Einstein Podolsky Rosen Paradox«, *Physics* 1, Nr. 3 (November 1964): S. 195–200.

Kapitel 1: Die Natur liebt es, sich zu verbergen

Motto Albert Einstein, »A Reply to Criticisms«, in: P. A. Schillp (Hg.), *Albert Einstein: Philosopher-Scientist*, 3. Aufl., (Peru, IL: Open Court Publishing, 1988).

2 Einstein an Max Born, 4. Dezember 1926, in: *Albert Einstein, Max Born, Briefwechsel 1916–155, kommentiert von Max Born*, Frankfurt/M.; Berlin: Ullstein, 1986, S. 129.

Kapitel 2: Quanten

3 Tom Stoppard, *Arcadia: A Play*, Uraufführung am Royal National Theatre, London, 13. April 1993; 1. Akt, 1. Szene (New York: Farrar, Straus und Giroux, 2008), S. 9; dt.: *Arkadien*, übers. v. F. Günther, Köln: Projekt, 1993, S. 14.

Kapitel 4: Wie Quanten miteinander teilen

Motto John Archibald Wheeler, *Quantum Theory and Measurement*, hg. v. J. A. Wheeler und W. H. Zurek (Princeton: Princeton University Press, 1983): S. 194.

4 Albert Einstein, Boris Podolsky und Nathan Rosen, »Can Quantum-Mechanical Description of Physical Reality Be Considered Complete?«, *Physical Review* 47, Nr. 10 (15. Mai 1935): S. 777–780.

5 Alain Aspect, Philippe Grangier und Gérard Roger, »Experimental Tests of Realistic Local Theories via Bell's Theorem«, *Physical Review Letters* 47, Nr. 7 (August 1981): S. 460–463; Alain Aspect, Jean Dalibard und Gérard Roger, »Experimental Test of Bell's Inequalities Using Time-Varying Analyzers«, *Physical Review Letters* 49, Nr. 25 (Dezember 1982): S. 1804–1807.

6 Niels Bohr, »Can Quantum Mechanical Description of Physical Reality Be Considered Complete?«, *Physical Review* 48, Nr. 8 (Oktober 1935): S. 696–702.

7 Simon Kochen und E. P. Specker, »The Problem of Hidden Variables in Quantum Mechanics«, *Journal of Mathematics and Mechanics* 17, Nr. 1 (Juli 1967): S. 59–87; John S. Bell, »On the Problem of Hidden Variables in Quantum Mechanics«, *Reviews of Modern Physics* 38, Nr. 3 (Juli 1966): S. 447–452.

Kapitel 6: Der Triumph des Antirealismus

Motto Christopher A. Fuchs und Asher Peres, »Quantum Theory Needs No ›Interpretation‹«, *Physics Today* 53, Nr. 3 (März 2000): S. 70f., https://doi.org/10.1063/1.883004.

8 J. J. O'Connor und E. F. Robertson, »Louis Victor Pierre Raymond duc de Broglie«, http:// www-history.mcs.st-andrews.ac.uk/Biographies/Broglie.html.

9 Louis de Broglie, Interview von Thomas S. Kuhn, Andre George und Theo Kahan, 7. Januar 1963, Mitschrift, Niels Bohr Library & Archives, American Institute of Physics, College Park, MD, https://repository.aip.org/islandora/object/nbla:272502.

10 Werner Heisenberg, *Das Naturbild der heutigen Physik* (Hamburg: Rowohlt, 1955): S. 12, 21.

11 Niels Bohr (1934), zitiert in Max Jammer, *The Philosophy of Quantum Mechanics: The Interpretations of Quantum Mechanics in Historical Perspective* (New York: John Wiley and Sons, 1974): S. 102.

Kapitel 7: Die Herausforderung des Realismus: de Broglie und Einstein

12 Guido Bacciagaluppi und Antony Valentini, *Quantum Theory at the Crossroads: Reconsidering the 1927 Solvay Conference* (Cambridge, England: Cambridge University Press, 2009): S. 235.

13 Bacciagaluppi und Valentini, S. 487.

14 Grete Hermann, »Die naturphilosophischen Grundlagen der Quantenmechanik«, *Die Naturwissenschaften* 23, Nr. 42 (Oktober 1935): S. 718–721, doi:101007/BF01491142; Grete Hermann, »The Foundations of Quantum Mechanics in the Philosophy of Nature«, übers. mit einer Einführung von Dirk Lumma, *The Harvard Review of Philosophy* 7, Nr. 1 (1999): S. 35–44.

15 John Bell, »Interview: John Bell«, Interview von Charles Mann und Robert Crease, *Omni* 10, Nr. 8 (Mai 1988): S. 88.

16 N. David Mermin, »Hidden Variables and the Two Theorems of John Bell«, *Reviews of Modern Physics* 65, Nr. 3 (Juli 1993): S. 805f.

Kapitel 8: Bohm: Der Realismus macht noch einen Versuch

Motto Roderich Tumulka, »On Bohmian Mechanics, Particle Creation and Relativistic Space-Time: Happy 100th Birthday, David Bohm!« *Entropy* 20, Nr. 6 (Juni 2018): S. 462, arXiv:1804.08853v3.

17 David Bohm, »A Suggested Interpretation of Quantum Theory in Terms of ›Hidden‹ Variables, 1«, *Physical Review* 85, Nr. 2 (Januar 1952): S. 166–179.

18 Albert Einstein, zitiert in Wayne Myrvold, »On Some Early Objections to Bohm's Theory«, *International Studies in the Philosophy of Science* 17, Nr. 1 (März 2003): S. 7–24.

19 Albert Einstein, zitiert in E. David Peat, *Infinite Potential: The Life and Times of David Bohm* (New York: Basic Books, 1997): S. 132.

20 Albert Einstein, »Elementare Überlegungen zur Interpretation der Grundlagen der Quanten-Mechanik«, in: *Scientific Papers Presented to Max Born* (New York: Hafner, 1953): S. 33–40; zitiert in Myrvold.

21 Benjamin Cohen, »4 Things Einstein Said to Cheer Up His Sad Friend«, From the Grapevine, 13. Juni 2017, https://www.fromthegrapevine.com/lifestyle/einstein-bohm-letters-winner-auction-israel.

22 Werner Heisenberg, zitiert in Myrvold, »On Some Early Objections«, S. 12.

23 Olival Freire Jr., »Science and Exile: David Bohm, the Hot Times of the Cold War, and His Struggle for a New Interpretation of Quantum Mechanics«, *Historical Studies on the Physical and Biological Sciences* 36, Nr. 1 (September 2005): S. 1–34, https://arxiv.org/pdf/physics/0508184.pdf.

24 Bemerkt J. Robert Oppenheimer gegenüber Max Dresden, in: Max Dresden, *H. A. Kramers: Between Tradition and Revolution* (New York: Springer-Verlag, 1987): S. 133. Ebenfalls zitiert in F. David Peats *Infinite Potential: The Life and Times of David Bohm* (Reading, MA: Addison-Wesley, 1996), wo Peat diese Äußerung Dresdens »Bemerkungen auf dem Parkett bei der Tagung der American Physical Society in Washington im Mai 1989« zuschreibt. Dresden bestätigte diese Version in einem Interview mit dem Autor [Peat], das unmittelbar auf diese Sitzung folgte und in einem Brief an den Autor. (Zitat, S. 133; Anmerkung, S. 334.)

25 Peat, *Infinite Potential*, S. 133.

26 John Nash an J. Robert Oppenheimer, 10. Juli 1957, Institute for Advanced Study, Shelby White and Leon Levy Archives Center, https://www.ias.edu/ideas/2015/john-forbes-nash-jr.

27 Léon Rosenfeld an David Bohm, 30. Mai 1952, zitiert in Louisa Gilder, *The Age of Entanglement: When Quantum Physics Was Reborn* (New York: Alfred A. Knopf, 2008): S. 216f.

28 Antony Valentini, »Signal-Locality, Uncertainty and the Sub-Quantum-H-Theorem, 1«, *Physics Letters A* 156, Nr. 1–2 (Juni 1991): S. 5–11; »2«, *Physics Letters A* 158, Nr. 1–2 (August 1991): S. 1–8.

29 Antony Valentini und Hans Westman, »Dynamical Origin of Quantum Probabilities«, *Proceedings of the Royal Society of London A* 461, Nr. 2053 (Januar 2005): S. 253–272, arXiv:quant-ph/0403034; Eitan Abraham, Samuel Colin und Antony Valentini, »Long-Time Relaxation in Pilot-Wave Theory«, *Journal of Physics A: Mathematical and Theoretical* 47, Nr. 39 (September 2014): 5306, arXiv:1310.1899.

30 Antony Valentini, »Signal-Locality in Hidden-Variables Theories«, *Physics Letters A* 297, Nr. 5–6 (Mai 2002): S. 273–278.

31 Nicolas G. Underwood und Antony Valentini, »Anomalous Spectral Lines and Relic Quantum Nonequilibrium« (2016), arXiv:1609.04576; Samuel Colin und Antony Valentini, »Robust Predictions for the Large-Scale Cosmological Power Deficit from Primordial Quantum Nonequilibrium«, *International Journal of Modern Physics* D25, Nr. 6 (April 2016): 1650068, arXiv:1510.03508.

Kapitel 9: Der physikalische Kollaps des Quantenzustands

32 David Bohm und Jeffrey Bub, »A Proposed Solution of the Measurement Problem in Quantum Mechanics by a Hidden Variable Theory«, *Reviews of Modern Physics* 38, Nr. 3 (Juli 1966): S. 453–469.

33 Philip Pearle, »Reduction of the State Vector by a Nonlinear Schrödinger Equation«, *Physical Review D* 13, Nr. 4 (Februar 1976): S. 857–868.

34 Giancarlo Ghirardi, Alberto Rimini und Tullio Weber, »Unified Dynamics for Microscopic and Macroscopic systems«, *Physical Review D* 34, Nr. 2 (Juli 1986): S. 470–491.

35 Roderich Tumulka, »A Relativistic Version of the Ghirardi-Rimini-Weber Model«, *Journal of Statistical Physics* 125, Nr. 4 (November 2006): S. 821–840.

36 Roger Penrose, »Gravitational Collapse and Space-Time Singularities«, *Physical Review Letters* 14, Nr. 3 (Januar 1965): S. 57ff.

37 Stephen W. Hawking und Roger Penrose, »The Singularities of Gravitational Collapse and Cosmology«, *Proceedings of the Royal Society A* 314, Nr. 1519 (Januar 1970): S. 529–548.

38 R. Penrose, »Time-Asymmetry and Quantum-Gravity«, in: C. J. Isham, R. Penrose und D. W. Sciama (Hg.), *Quantum Gravity 2: A Second Oxford Symposium* (Oxford: Clarendon Press, 1981): S. 244; R. Penrose, »Gravity and State Vector Reduction«, in: R. Penrose und C. J. Isham (Hg.), *Quantum Concepts in Space and Time* (Oxford: Clarendon Press, 1986): S. 129; R. Penrose, »Non locality and Objectivity in Quantum State Reduction«, in: J. S. Anandan und J. L. Safko (Hg.), *Quantum Coherence and Reality: In Celebration of the 60th Birthday of Yakir Aharonov* (Singapur: World Scientific, 1995): S. 238; R. Penrose, *Shadows of the Mind: A Search for the Missing Science of Consciousness* (Oxford: Oxford University Press, 1994); dt.: *Schatten des Geistes*, übers. v. A. Ehlers (Heidelberg: Spektrum, Akad. Verl. 1995); R. Penrose, »On Gravity's Role in Quantum State Reduction«, *General Relativity and Gravitation* 28, Nr. 5 (Mai 1996): S. 581–600; I. Fuentes und R. Penrose; »Quantum State Reduction via Gravity, and Possible Tests Using Bose-Einstein Condensates«, in: S. Gao (Hg.), *Collapse of the Wave Function: Models, Ontology, Origin, and Implications* (Cambridge, England: Cambridge University Press, 2018): S. 187.

39 L. Diósi, »Models for Universal Redcution of Macroscopic Quantum Fluctuations«, *Physical Review A* 40, Nr. 3 (August 1989): S. 1165–1174; F. Károly-

házy, »Gravitation and Quantum Mechanics of Macroscopic Bodies«, *Il Nuovo Cimento A* 42, Nr. 2 (März 1966): S. 390–402; F. Károlyházy, A. Frenkel und B. Lukács, »On the Possible Role of Gravity in the Reduction of the Wave Function«, in: *Quantum Concepts in Space and Time*, S. 109–128.

40 S. Bose, A. Mazumdar, G. W. Morley, H. Ulbricht, M. Toros, M. Paternostro, A. A. Geraci, P. F. Barker, M. S. Kim und G. Milburn, »Spin Entanglement Witness for Quantum Gravity«, *Physical Review Letters* 119, Nr. 24 (Dezember 2017): 240401, arXiv:1707.06050; C. Marletto und V. Vedral, »Gravitationally Induced Entanglement between Two Massive Particles Is Sufficient Evidence of Quantum Effects in Gravity«, *Physical Review Letters* 119, Nr. 24 (Dezember 2017): 240402, arXiv:1804.11315.

41 Philip Pearle, »A Relativistic Dynamical Collapse Model«, *Physical Review D* 91, Nr. 10 (Mai 2015): 105012, arXiv:1412.6723.

42 Rodolfo Gambini und Jorge Pullin, »The Montevideo Interpretation of Quantum Mechanics: A Short Review«, *Entropy* 20, Nr. 6 (Februar 2015): S. 413, arXiv: 1502.03410.

43 Stephen L. Adler, »Gravitation and the Noise Needed in Objective Reduction Modes«, in: Mary Bell und Shan Gao (Hg.), *Quantum Nonlocality and Reality: 50 Years of Bell's Theorem* (Cambridge, England: Cambridge University Press, 2016): S. 390–399.

Kapitel 10: Magischer Realismus

Motto Bryce S. DeWitt, »Quantum Mechanics and Reality: Could the Solution to the Dilemma of Indeterminism Be a Universe in Which All Possible Outcomes of an Experiment Actually Occur?« *Physics Today* 23, Nr. 9 (September 1970): S. 155–165.

44 Hugh Everett III, »›Relative State‹ Formulation of Quantum Mechanics«, *Reviews of Modern Physics* 29, Nr. 3 (Juli 1957): S. 454–462.

Kapitel 11: Kritischer Realismus

45 David Deutsch, »Quantum Theory of Probability and Decisions«, *Proceedings of the Royal Society A* 455, Nr. 1988 (August 1999): S. 3129–3137, arXiv:quant-ph/ 9906015.

46 David Wallace, »Quantum Probability and Decision Theory, Revisited« (2002), arXiv:quant-ph/ 0211104; Wallace, »Everettian Rationality: Defending Deutsch's Approach to Probability in the Everett Interpretation«, *Studies in History and Philosophy of Science Part B: Studies in History and Philosophy of Modern Physics* 34, Nr. 3 (September 2003): S. 415–439, arXiv:quant-ph/0303050; Wallace, »Quantum Probability from Subjective Likelihood: Improving on Deutsch's Proof of the Probability Rule«, *Studies in History and Philosophy of Science Part B: Studies in History and Philosophy of Modern Physics* 38, Nr. 2 (Juni 2007): S. 311–332, arXiv:quant-ph/0312157; Wallace, »A Formal Proof of the Born Rule from Decision-Theoretic Assumptions« (2009),

arXiv:quant-ph/0906.2718; Simon Saunders, »Derivation of the Born Rule from Operational Assumptions«, *Proceedings of the Royal Society A* 460, Nr. 2046 (Juni 2004): S. 1771–1788, arXiv:quant-ph/0211138.

47 Lawrence S. Schulman, »Note on the Quantum Recurrence Theorem«, *Physical Review A* 18, Nr. 5 (November 1978): S. 2379–2380, doi:10.1103/PhysRevA.18.2379.

48 Steven Weinberg, »The Trouble with Quantum Mechanics«, *The New York Review of Books*, 19. Januar 2017, https:// www.nybooks.com/articles/2017/01/19/trouble-with-quantum-mechanics/.

Kapitel 12: Alternativen zur Revolution

49 Richard Feynman, »Simulating Physics with Computers«, Grundsatzrede, gehalten auf der MIT Physics of Computation Conference, 1981. Veröffentlicht in: *International Journal of Theoretical Physics* 21, Nr. 6–7 (Juni 1982): S. 467–488.

50 David Deutsch, »Quantum Theory, the Church-Turing Principle and the Universal Quantum Computer«, *Proceedings of the Royal Society A* 400, Nr. 1818 (Juli 1985): S. 97–117.

51 John Archibald Wheeler, »Information, Physics, Quantum: The Search for Links«, in: Shunichi Kobayashi et al. (Hg.), *Proceedings of the 3rd International Symposium: Foundations of Quantum Mechanics in the Light of New Technology, Tokyo, 1989* (Tokyo: Physical Society of Japan, 1990): S. 354–358.

52 John Archibald Wheeler, zitiert in: Paul Davies, *The Goldilocks Enigma*, auch erschienen unter dem Titel *Cosmic Jackpot* (Boston und New York: Houghton Mifflin, 2006): S. 281.

53 Christopher A. Fuchs und Blake C. Stacey, »QBism: Quantum Theory as a Hero's Handbook« (2016), arXiv:1612.07308.

54 Louis Crane, »Clock and Category: Is Quantum Gravity Algebraic?«, *Journal of Mathematical Physics* 36, Nr. 11 (Mai 1995): S. 6180–6193, arXiv:gr-qc/9504038; Carlo Rovelli, »Relational Quantum Mechanics«, *International Journal of Theoretical Physics* 35, Nr. 8 (August 1996): S. 1637–1678, arXiv:quant-ph/ 9609002; Lee Smolin, »The Bekenstein Bound, Topological Quantum Field Theory and Pluralistic Quantum Cosmology« (1995), arXiv:gr-qc/9508064.

55 Ruth E. Kastner, Stuart Kauffman und Michael Epperson, »Taking Heisenberg's Potentia Seriously« (2017), arXiv:1709.03595.

56 Julian Barbour, *The End of Time: The Next Revolution in Physics* (Oxford: Oxford University Press, 1999).

57 Henrique de A. Gomes, »Back to Parmenides« (2016, 2018), arXiv:1603.01574

Kapitel 13: Lehren

58 Ich bin Avshalom Elitzur und Eli Cohen für viele Diskussionen über diese Art von Fällen zu Dank verpflichtet.

59 Zu einer jüngeren Übersicht siehe Roderich Tumulka, »Bohmian Mechanics«, in: Eleanor Knox und Alastair Wilson (Hg.), *The Routledge Companion to the Philosophy of Physics* (New York: Routledge, 2018), arXiv:/1704.08017.

60 Yakir Aharonov und Lev Vaidman, »The Two-State Vector Formalism of Quantum Mechanics: An Updated Review«, in: J. Gonzalo Muga, Rafael Sala Mayato und Íñigno Egusquiza (Hg.), *Time in Quantum Mechanics*, 2. Aufl., Bd. 1, Lecture Notes in Physics 734 (Berlin und Heidelberg: Springer, 2008): S. 399–447, arXiv:quant-ph/0105101v2.

61 John G. Cramer, »The Transactional Interpretation of Quantum Mechanics«, *Reviews of Modern Physics* 58, Nr. 3 (Juli 1986): S. 647–687; Cramer, *The Quantum Handshake: Entanglement, Nonlocality and Transactions* (Cham, Schweiz: Springer International, 2016); Ruth E. Kastner, »The Possibilist Transactional Interpretation and Relativity«, *Foundations of Physics* 42, Nr. 8 (August 2012): S. 1094–1113.

62 Huw Price, »Does Time-Symmetry Imply Retrocausality? How the Quantum World Says ›Maybe‹«, *Studies in History and Philosophy of Science Part B: Studies in History and Philosophy of Modern Physics* 43, Nr. 2 (Mai 2012), S. 75–83, arXiv:1002.0906.

63 Rafael D. Sorkin, »Quantum Measure Theory and Its Interpretation«, in: Bei-Lok Hu und Da Hsuan Feng (Hg.), *Quantum Classical Correspondence: Proceedings of the 4th Drexel Symposium on Quantum Nonintegrability, Drexel University, Philadelphia, USA, 8.–11. September, 1994*, (Cambridge, MA: International Press, 1997): S. 229–251, arXiv:gr-qc/ 9507057.

64 Murray Gell-Mann und James B. Hartle, »Quantum Mechanics in the Light of Quantum Cosmology«, in: *Proceedings of the 3rd International Symposium: Foundations of Quantum Mechanics in the Light of New Technology, Tokyo, 1989*, S. 321–343; Gell-Mann und Hartle, »Alternative Decohering Histories in Quantum Mechanics«, in: K. K. Phua und Y. Yamaguchi (Hg.), *Proceedings of the 25th International Conference on High Energy Physics, 2.-8. August 1990, Singapur*, Bd. 1, S. 1303–1310 (Singapur und Tokyo: South East Asia Theoretical Physics Association and Physical Society of Japan, Vertrieb durch World Scientific, 1990); Gell-Mann und Hartle, »Time Symmetry and Asymmetry in Quantum Mechanics and Quantum Cosmology«, in: J. Halliwell, J. Pérez-Mercader und W. Zurek (Hg.), *Proceedings of the NATO Workshop on the Physical Origins of Time Asymmetry, Mazagón, Spanien, 30. September – 4. Oktober 1991* (Cambridge, England: Cambridge University Press, 1992), arXiv:gr-qc/9304023; Gell-Mann und Hartle, »Classical Equations for Quantum Systems«, *Physical Review D* 47, Nr. 8 (April 1993): S. 3345–3382, arXiv:gr-qc/9210010.

65 Robert B. Griffiths, »Consistent Histories and the Interpretation of Quantum Mechanics«, *Journal of Statistical Physics* 36, Nr. 1–2 (Juli 1984), S. 219–272; Griffiths, »The Consistency of Consistent Histories: A Reply to d'Espagnat«, *Foundations of Physics* 23, Nr. 12 (Dezember 1993): S. 1601–1610;

Roland Omnès, »Logical Reformulation of Quantum Mechanics, 1: Foundations«, *Journal of Statistical Physics* 53, Nr. 3–4 (November 1988): S. 893–932; Omnès, »Logical Reformulation of Quantum Mechanics, 2: Interferences and the Einstein- Podolsky-Rosen Experiment«, ebd., S. 933–955; Omnès, »Logical Reformulation of Quantum Mechanics, 3: Classical Limit and Irreversibility«, ebd., S. 957–975; Omnès, »Logical Reformulation of Quantum Mechanics, 4: Projectors in Semiclassical Physics«, *Journal of Statistical Physics* 57, Nr. 1–2 (Oktober 1989): S. 357–382; Omnès, »Consistent Interpretations of Quantum Mechanics«, *Reviews of Modern Physics* 64, Nr. 2 (April 1992): S. 339–382.

66 Fay Dowker und Adrian Kent, »On the Consistent Histories Approach to Quantum Mechanics«, *Journal of Statistical Physics* 82, Nr. 5–6 (März 1996): S. 1575–1646, arXiv:gr-qc/9412067.

67 Michael J. W. Hall, Dirk-André Deckert und Howard M. Wiseman, »Quantum Phenomena Modeled by Interactions between Many Classical Worlds«, *Physical Review X* 4, Nr. 4 (Oktober 2014): 041013, arXiv:1402.6144.

68 Benhui Yang, Wenwu Chen und Bill Poirier, »Rovibrational Bound States of Neon Trimer: Quantum Dynamical Calculation of All Eigenstate Energy Levels and Wavefunctions«, *Journal of Chemical Physics* 135, Nr. 9 (September 2011): 094306; Gérard Parlant, Yong-Cheng Ou, Kisam Park und Bill Poirier, »Classical-like Trajectory Simulations for Accurate Computation of Quantum Reactive Scattering Probabilities«, Gastbeitrag und Leitartikel, Sonderband zu Ehren von Jean-Claude Rayez, *Computational and Theoretical Chemistry* 990 (Juni 2012): S. 3–17.

69 Gerard 't Hooft, »Time, the Arrow of Time, and Quantum Mechanics« (2018), arXiv:1804.01383.

70 Lee Smolin, »Could Quantum Mechanics Be an Approximation to Another Theory?« (2006), arXiv:quant-ph/ 0609109.

71 Matthew F. Pusey, Jonathan Barrett und Terry Rudolph, »On the Reality of the Quantum State«, *Nature Physics* 8, Nr. 6 (Juni 2012): S. 475–478, arXiv:1111.3328.

Kapitel 14: Erstens, Prinzipien

72 Lee Smolin, *Im Universum der Zeit: Auf dem Weg zu einem neuen Verständnis des Kosmos*, übers. v. J. Schröder (München: DVA, 2014); Roberto Mangabeira Unger und Lee Smolin, *The Singular Universe and the Reality of Time: A Proposal in Natural Philosophy* (Cambridge, England: Cambridge University Press, 2015); Smolin, »Temporal Naturalism«, Gastbeitrag für einen Sonderband über Kosmologie und Zeit, *Studies in History and Philosophy of Science Part B: Studies in History and Philosophy of Modern Physics* 52, Nr. 1 (November 2015): S. 86–102, arXiv:1310.8539.

73 Fotini Markopoulou und Lee Smolin, »Disordered Locality in Loop Quantum Gravity States«, *Classical and Quantum Gravity* 24, Nr. 15 (Juli 2007): S. 3813–3824, arXiv:gr-qc/ 0702044.

74 Lee Smolin, »Derivation of Quantum Mechanics from a Deterministic Non-Local Hidden Variable Theory, I. The Two-Dimensional Theory«, IAS Vorabdruck PRINT-83-0802 (Princeton: Institute for Advanced Study, August 1983); Smolin, »Stochastic Mechanics, Hidden Variables and Gravity«, in: Roger Penrose und C. J. Isham (Hg.), *Quantum Concepts in Space and Time* (Oxford und New York: Clarendon Press/Oxford University Press, 1986).

75 Lee Smolin, »Matrix Models as Non-Local Hidden Variables Theories«, in: Avshalom C. Elitzur, Shahar Dolev und Nancy Kolenda (Hg.), *Quo Vadis Quantum Mechanics?*, The Frontiers Collection (Berlin und Heidelberg: Springer, 2005), S. 121–152; Smolin, »Non-Local Beables«, *International Journal of Quantum Foundations* 1, Nr. 2 (April 2015): S. 100–106, arXiv:1507.08576.

76 Stephen L. Adler, *Quantum Theory as an Emergent Phenomenon: The Statistical Mechanics of Matrix Models as the Precursor of Quantum Field Theory* (Cambridge, England: Cambridge University Press, 2004); Buchentwurf, *Statistical Dynamics of Global Unitary Invariant Matrix Models as Pre-Quantum Mechanics* (2002), arXiv:hep-th/ 0206120.

77 Artjom Starodubtsev, »A Note on Quantization of Matrix Models«, *Nuclear Physics B* 674, Nr. 3 (Dezember 2003): S. 533–552, arXiv:hep-th/0206097.

78 Markopoulou und Smolin, »Disordered Locality.«

79 Fotini Markopoulou und Lee Smolin, »Quantum Theory from Quantum Gravity«, *Physical Review D* 70, Nr. 12 (Dezember 2004): 124029, arXiv:gr-qc/0311059.

80 Gottfried Wilhelm Leibniz, *Monadologie und andere metaphysische Schriften* (Hamburg: Meiner, 2002).

81 Julian Barbour und Lee Smolin, »Extremal Variety as the Foundation of a Cosmological Quantum Theory« (1992), arXiv:hep-th/ 9203041.

82 Leibniz, *Monadologie*, Paragraf 57, in G. W. H. Leibniz, *Monadologie und andere metaphysische Schriften*, übers. v. U. J. Schneider (Hamburg: Meiner, 2002): S. 135.

83 Lee Smolin, »The Dynamics of Difference«, *Foundations of Physics* 48, Nr. 2 (Februar 2018): S. 121–134, arXiv:1712.04799; Smolin, »Quantum Mechanics and the Principle of Maximal Variety«, *Foundations of Physics* 46, Nr. 6 (Juni 2016): S. 736–758, arXiv:1506.02938; Smolin, »A Real Ensemble Interpretation of Quantum Mechanics«, *Foundations of Physics* 42, Nr. 10 (Oktober 2012): S. 1239–1261, arXiv:1104.2822.

84 Lee Smolin, »Precedence and Freedom in Quantum Physics« (2012), arXiv:1205.3707.

Kapitel 15: Eine kausale Perspektiventheorie

85 Luca Bombelli, Joohan Lee, David Meyer und Rafael D. Sorkin, »Space-Time as a Causal Set«, *Physical Review Letters* 59, Nr. 5 (August 1987): S. 521–524; Sorkin, »Spacetime and Causal Sets«, in: J. C. D'Olivo et al. (Hg.), *Relativity and Gravitation: Classical and Quantum* (Tagungsbericht der SILARG VII

Conference, abgehalten in Cocoyoc, Mexico, Dezember 1990), (Singapur: World Scientific, 1991): S. 150–173.

86 Maqbool Ahmed, Scott Dodelson, Patrick B. Greene und Rafael Sorkin, »Everpresent Lambda«, *Physical Review D* 69, Nr. 10 (May 2004): 103523, arXiv:astro-ph/ 0209274.

87 Ted Jacobson, »Thermodynamics of Spacetime: The Einstein Equation of State«, *Physical Review Letters* 75, Nr. 7 (August 1995): S. 1260, arXiv:gr-qc/ 9504004.

88 Fotini Markopoulou und Lee Smolin, »Holography in a Quantum Spacetime« (Oktober 1999), arXiv:hep-th/9910146; Smolin, »The Strong and Weak Holographic Principles«, *Nuclear Physics B* 601, Nr. 1–2 (Mai 2001): S. 209–247, arXiv:hep-th/0003056.

89 Marina Cortês und Lee Smolin, »The Universe as a Process of Unique Events«, *Physical Review D* 90, Nr. 8 (Oktober 2014): 084007, arXiv:1307.6167 [gr-qc]; Cortês und Smolin, »Quantum Energetic Causal Sets«, *Physical Review D* 90, Nr. 4 (August 2014): 044035, arXiv:1308.2206 [gr-qc]; Cortês und Smolin, »Spin Foam Models as Energetic Causal Sets«, *Physical Review D* 93, Nr. 8 (Juni 2014): 084039, arXiv:1407.0032; Cortês und Smolin, »Reversing the Irreversible: From Limit Cycles to Emergent Time Symmetry«, *Physical Review D* 97, Nr. 2 (Januar 2018): 026004, arXiv:1703.09696.

90 Smolin, »The Dynamics of Difference«, *Foundations of Physics* 48, Nr. 2 (2018): S. 121–134, arXiv:1712.04799.

Nachwort/Revolutionen: Eigennotiz

Motto David Gross, »Closing Remarks«, *Strings 2003 Conference*, Kyoto, Japan, 6.–11. Juli, 2003, Folie 17, https:// www.yukawa.kyoto-u.ac.jp/assets/contents/ seminar/archive/2003/str2003/talks/gross.pdf.

Glossar

Ansatz der konsistenten Geschichten: Eine Interpretation der Quantenmechanik, die auf der Zuweisung von Wahrscheinlichkeiten zu Mengen von Geschichten beruht, die miteinander dekohärent sind.

Antirealismus: Eine Philosophie, derzufolge es entweder keine objektive, universelle Wirklichkeit gibt, oder wenn es eine solche gibt, Menschen kein vollständiges Wissen über sie haben können.

Atom: Die elementare Einheit der Materie, die aus einem Kern besteht, der Protonen und Neutronen enthält und von Elektronen umgeben ist.

Ausschlussprinzip: Wurde von Wolfgang Pauli erfunden und besagt, dass keine zwei Fermionen sich im selben Quantenzustand befinden können.

Bayes'sche Wahrscheinlichkeit: Eine subjektive Wahrscheinlichkeit, die den Überzeugungsgrad einer Person im Hinblick auf etwas misst.

Bells Theorem: Besagt, dass in einer Welt, die lokal ist – in dem Sinne, dass die Wahl der Messungen, die im Hinblick auf ein bestimmtes System getroffen wird, niemals die Wahrscheinlichkeiten von Messergebnissen beeinflusst, die an einem entfernten System gewonnen werden –, bestimmte Korrelationen von Messungen durch eine Ungleichung eingeschränkt werden.

Diese Ungleichung wird experimentell verletzt. Wird auch als Bell'sche Relation oder als Bell'sche Einschränkung bezeichnet.

Beschleunigung: Die Änderungsrate der Geschwindigkeit.

Bohm'sche Mechanik: Ein anderer Name für die Führungswellentheorie.

De-Broglie-Bohm-Theorie: Eine andere Bezeichnung für die Führungswellentheorie, benannt nach ihren beiden Erfindern.

Dekohärenz: Der Prozess, durch den große Quantensysteme, die viele Freiheitsgrade enthalten und mit einer Umgebung in Kontakt stehen, die Zufallsfluktuationen einführt, ihre Welleneigenschaften verlieren angesichts der Tatsache, dass die Phasen der Wellen randomisiert werden, und deshalb als Teilchen erscheinen.

Determinismus: Die Philosophie, dass der zukünftige Zustand eines physikalischen Systems vollständig bestimmt wird durch die Gesetze der Physik, die auf den gegenwärtigen Zustand einwirken.

Diskretheit: Die Eigenschaft mancher Observablen von Quantensystemen, wie beispielsweise der Energie eines Atoms, nur solche Werte anzunehmen, die auf eine diskrete Liste beschränkt sind.

Drehimpuls: Eine Erhaltungsgröße, die den Betrag der Rotation oder Drehbewegung misst.

Einstein-Podolsky-Rosen-(EPR)-Zustand: Ein gemeinsamer Zustand von zwei Teilchen, der zwar keinerlei Information über die einzelnen Teilchen enthält, aber angibt, dass, wenn irgendeine Messung an beiden vorgenommen wird, die Ergebnisse einander entgegengesetzt sein werden. Wird auch als Gegenteilszustand bezeichnet.

Energie: Eine physikalische Größe, die ein Maß für die Aktivität eines Systems angibt, deren Wert über die Zeit hinweg erhalten bleibt. Energie nimmt mehrere Formen an und kann von der einen zur anderen umgewandelt werden, wobei der Gesamtwert immer erhalten bleibt.

Entropie: Ein Maß für die Unordnung eines physikalischen Systems, das mit der Information verknüpft ist, die in den genauen Werten seiner mikroskopischen Freiheitsgrade steckt.

Ereignis: In der Relativitätstheorie etwas, das an einem bestimmten Punkt des Raums und der Zeit geschieht.

Erhaltungsgröße: Eine Eigenschaft eines physikalischen Systems, deren Gesamtwert sich in der Zeit während der Entwicklung des Systems nie verändert. Beispiele sind Energie, Impuls und Drehimpuls.

Feld: Ein physikalisches System, das im Raum ausgebreitet ist und einen oder mehrere Freiheitsgrade pro Raumzeitpunkt enthält. Beispiele sind das elektrische Feld und das Magnetfeld.

Feldtheorie: Eine physikalische Theorie, die die Entwicklung von einem oder mehreren Feldern in der Zeit beschreibt. Ein Beispiel ist die Elektrodynamik, in der die Bewegungsgesetze der Felder als Maxwellgleichungen bezeichnet werden.

Freiheitsgrad: Eine variable Größe, die eine Hinsicht beschreibt, in der sich ein System ändern kann.

Führungswellentheorie: Der erste realistische Ansatz der Quantenmechanik, der 1927 von Louis de Broglie erfunden und 1952 von David Bohm wiedererfunden wurde. Eine vollständige Beschreibung eines individuellen Systems wird sowohl durch eine Welle als auch durch ein Teilchen angegeben, wobei das Teilchen von der Welle geführt wird.

Gegenteilszustand: Siehe Einstein-Podolsky-Rosen-Zustand.

Geschwindigkeit: Die Änderungsrate der Entfernung mit der Zeit.

Geschwindigkeitsvektor: Die Änderungsrate der Position in der Zeit.

Hintergrund: Ein wissenschaftliches Modell oder eine Theorie beschreibt oft nur einen Teil des Universums. Einige Merkmale des übrigen Universums werden eventuell als notwendig für die

Bestimmung der Eigenschaften desjenigen Teils des Universums einbezogen, der untersucht wird. Diese Merkmale werden als Hintergrund bezeichnet. Beispielsweise gehören Raum und Zeit in der Newton'schen Physik zum Hintergrund, weil sie für absolut gehalten werden.

Hintergrundabhängig: Eine Theorie, wie zum Beispiel die Newton'sche Physik, die von einem Hintergrund Gebrauch macht.

Hintergrundunabhängig: Eine Theorie, die das Universum nicht in einen modellierten Teil und alles Übrige aufspaltet, das als Teil des Hintergrunds betrachtet wird. Die allgemeine Relativitätstheorie gilt als hintergrundunabhängig, weil die Geometrie der Raumzeit nicht festgelegt ist, sondern sich im Lauf der Zeit ebenso wie jedes andere Feld entwickelt, z. B. das elektromagnetische Feld.

Holografisches Prinzip: Ein vermutetes Prinzip, das den Betrag der Information, die eine Oberfläche durchströmt, auf das Quadrat der Oberfläche in Planck'schen Einheiten begrenzt.

Impuls: Eine Größe, die für sich bewegende Teilchen definiert ist und bei Zusammenstößen so ausgetauscht wird, dass der Gesamtbetrag erhalten bleibt. In der Newton'schen Physik ist er gleich dem Produkt aus Masse und Geschwindigkeit.

Information: Ein Maß für den Aufbau eines Signals. Sie ist gleich der Anzahl von Ja-Nein-Fragen, die in dem Signal kodiert werden können.

Instrumentalismus: Ein Ansatz gegenüber der Wissenschaft, dem zufolge die Rolle der Theorie nur darin besteht, eine Beschreibung eines physikalischen Systems im Hinblick auf seine Reaktionen auf von außen auf es einwirkende Kräfte zu liefern, die von Messinstrumenten vermittelt werden.

Kausalität: Das Prinzip, dass Ereignisse von anderen Ereignissen in der Vergangenheit beeinflusst werden. Der Relativitätstheorie zufolge kann ein Ereignis einen kausalen Einfluss auf ein anderes Ereignis nur dann haben, wenn Energie oder

Information, die von dem einen gesendet werden, das andere erreichen.

Kausalmengentheorie: Ein Ansatz in Bezug auf die Quanten-Raumzeit, der auf der Hypothese beruht, dass die Weltgeschichte aus einer diskreten Menge fundamentaler Ereignisse und ihren Kausalrelationen besteht.

Kausalstruktur: Da es eine Maximalgeschwindigkeit gibt, mit der Energie und Information übertragen werden können, lassen sich die Ereignisse in der Geschichte des Universums im Sinne ihrer möglichen Kausalbeziehungen anordnen. Zu diesem Zweck gibt man für jedes Paar von Ereignissen an, ob das erste in der kausalen Zukunft des zweiten liegt oder umgekehrt oder ob es keine mögliche Kausalbeziehung zwischen ihnen gibt, weil kein Signal sich zwischen ihnen bewegt haben könnte. Eine solche vollständige Beschreibung definiert die Kausalstruktur des Universums.

Klassische Physik: Der Teil der Physik von Galilei bis zur allgemeinen Relativitätstheorie, vor der Quantentheorie.

Kochen-Specker-Theorem: Ein Theorem, das zeigt, dass die Quantenmechanik kontextuell ist, was bedeutet, dass der Wert einer Observablen von der Wahl abhängen kann, welche Messungen gleichzeitig vorgenommen werden.

Kollaps der Wellenfunktion: Das Postulat, dass unmittelbar nachdem ein Beobachter eine Messung vornimmt, die einen bestimmten Wert für eine Observable ergibt, ein Quantensystem den Quantenzustand annimmt, der mit diesem Wert verknüpft ist.

Komplementaritätsprinzip: Ein von Bohr vorgeschlagenes Prinzip, dem zufolge Quantensysteme unterschiedliche Beschreibungen zulassen, wie zum Beispiel als Teilchen und Welle, die einander widersprechen würden, wenn sie gleichzeitig gelten müssten. Jedes gegebene Experiment kann jedoch unter Verwendung der einen oder anderen beschrieben werden.

Kraft: In der Newton'schen Physik die Impulsänderung bei einem Zusammenstoß. Außerdem gleich der Beschleunigung eines Körpers mal seiner Masse.

Lokalität: Die Eigenschaft physikalischer Gesetze, dass Systeme nur direkt von dem beeinflusst werden, was sich räumlich und zeitlich in der Nähe befindet.

Loop-Quantengravitation: Ein Ansatz gegenüber der Quantengravitation, der auf der Quantisierung von Einsteins allgemeiner Relativitätstheorie beruht.

Masse: In der Newton'schen Physik ist die träge Masse ein Maß für die Quantität der Materie, das mit der Geschwindigkeit multipliziert eine Erhaltungsgröße ergibt, die als Impuls bezeichnet wird.

Matrix: Eine Zahlentabelle, die in Zeilen und Spalten angeordnet ist.

Matrizenmechanik: Ein Ansatz der Quantentheorie, bei dem Observablen durch Matrizen repräsentiert werden.

Newton'sche Physik: Ein Rahmen zur Beschreibung und Erklärung von Bewegungen, der von Isaac Newton erfunden und in seinem Buch *Principia Mathematica* von 1687 präsentiert wurde. Sie basiert auf drei Bewegungsgesetzen.

Nichtlokalität: Jedes Phänomen, das das Lokalitätsprinzip nicht erfüllt und somit die Übertragung von Einflüssen zwischen Systemen beinhaltet, die räumlich getrennt sind.

Operationalismus: Ein Ansatz des Instrumentalismus, bei dem man für ein physikalisches System eine Menge von Operationen angibt, die beinhalten, wie es präpariert und wie es gemessen werden soll.

Photon: Ein Quantum des elektromagnetischen Felds, das einen bestimmten Betrag an Energie überträgt, welcher proportional zur Frequenz des Felds ist.

Planck-Energie: Eine Energieeinheit, die durch die Multiplikation der Planck'schen Konstante *h* mit der Newton'schen Gravitationskonstante *G* und der Lichtgeschwindigkeit *c* in der richtigen Kombination miteinander entsteht, um eine bestimmte Energie zu ergeben. Sie ist gleich der Energie, die in einem Hunderttausendstel Gramm enthalten ist.

Planck-Länge: Die entsprechend konstruierte Längeneinheit; sie ist etwa zwanzig Zehnerpotenzen kleiner als ein Atomkern.

Planck-Masse: Die entsprechend konstruierte Masse, etwa ein Hunderttausendstel Gramm.

Planck'sche Konstante: Die fundamentale Größe, die die Größenskala bestimmt, auf der die Wirkungen der Quantenphysik von denen der Newton'schen Physik abweichen. Wird gewöhnlich als *h* dargestellt. Sie geht in die Beziehungen zwischen der Energie eines Quants und der Frequenz der mit diesem verknüpften Welle ein.

Quanten (N., Pl.): Die Teilchenseite der Welle-Teilchen-Dualität.

Quanten-Bayesianismus: Ein Ansatz in den Grundlagen der Quantentheorie, dem zufolge alle Verwendungen von Wahrscheinlichkeiten in der Quantenmechanik subjektive Wettwahrscheinlichkeiten sind.

Quantenfeldtheorie: Eine Quantentheorie von Feldern wie dem elektrischen Feld oder dem Magnetfeld. Eine solche Theorie ist anspruchsvoll, weil sie die spezielle Relativitätstheorie einbeziehen muss und weil sie eine unendliche Anzahl von Freiheitsgraden aufweist.

Quanten-Gleichgewicht: In einer Theorie verborgener Variablen, wie beispielsweise der Führungswellentheorie, ist die statistische Verteilung der Teilchen in einem Ensemble von Systemen willkürlich. Wenn sie gleich dem Quadrat der Wellenfunktion ist, wie es von der Born'schen Regel angegeben wird, sagt man, dass sich das System im Quanten-Gleichgewicht befindet.

Quantengravitation: Die Theorie, die die allgemeine Relativitätstheorie und die Quantenphysik miteinander verbindet.

Quantenkosmologie: Die Theorie, die das gesamte Universum in der Sprache der Quantentheorie zu beschreiben versucht.

Quantenmechanik: Die Theorie der Atome und des Lichts, wie sie in den 1920er-Jahren entwickelt wurde.

Quantenzustand: Eine vollständige Beschreibung eines einzelnen Systems entsprechend der Quantenmechanik.

Quantisieren (V.): Einen Algorithmus befolgen, der als Input eine klassische oder Newton'sche Theorie erhält und als Output eine entsprechende Quantentheorie liefert. Es ist bekannt, dass jeder solche Algorithmus äußerst nichteindeutig ist.

Realismus: Die Überzeugung, dass es eine objektive physikalische Welt gibt, deren Eigenschaften unabhängig von dem sind, was Menschen wissen oder für welche Experimente wir uns entscheiden. Realisten glauben außerdem, dass es kein prinzipielles Hindernis dafür gibt, vollständiges Wissen über diese Welt zu erlangen.

Regel 0: Die grundlegende dynamische Gleichung der Quantengravitation, die das Fehlen einer globalen oder universalen Zeit zum Ausdruck bringt. Wird auch als die Wheeler-DeWitt-Gleichung bezeichnet.

Regel 1: Die grundlegende dynamische Gleichung der Quantenmechanik, die beschreibt, wie Quantenzustände sich relativ zur Zeit entwickeln, gemessen durch Uhren außerhalb des Quantensystems. Wird auch als Schrödinger-Gleichung bezeichnet. Regel 1 erklärt, dass, wenn der Quantenzustand eines isolierten Systems zu einem bestimmten Zeitpunkt gegeben ist, es ein Gesetz gibt, das den genauen Quantenzustand dieses Systems zu jedem anderen Zeitpunkt vorhersagt.

Regel 2: Das Gesetz, das vorschreibt, wie ein Quantenzustand auf eine Messung reagiert, nämlich unmittelbar zu einem Zustand zu kollabieren, in dem die gemessene Größe einen genauen Wert aufweist, den Wert, den die Messung ergeben hat. Regel 2 erklärt, dass das Ergebnis einer Messung nur probabilistisch vorhergesagt werden kann. Aber danach ändert die Messung den Quantenzustand des gemessenen Systems, indem sie es in den Zustand versetzt, der dem Messergebnis entspricht. Das wird als Kollaps der Wellenfunktion bezeichnet.

Relationale Quantentheorie: Eine Interpretation der Quantentheorie, derzufolge der Quantenzustand eines Teilchens oder von irgendeinem Subsystem des Universums nicht absolut definiert ist, sondern nur in einem Kontext, der erzeugt wird durch das Vorhandensein eines Beobachters und durch eine Aufteilung des Universums in einen Teil, der den Beobachter enthält, und einen Teil, der denjenigen Teil des Universums enthält, aus dem der Beobachter Informationen erhalten kann. Die relationale Quantenkosmologie ist ein Ansatz der Quantenkosmologie, der behauptet, dass es nicht einen einzigen Quantenzustand des Universums gibt, sondern so viele Zustände, wie es solche Kontexte gibt.

Relationalismus: Die Philosophie, dass alle Eigenschaften elementarer Objekte oder Ereignisse aus Interaktionen zwischen Paaren oder größeren Gesamtheiten aus ihnen entstehen und folglich geteilte Eigenschaften messen.

Relativitätstheorie, allgemeine: Einsteins Gravitationstheorie von 1915, in der die Schwerkraft durch die Dynamik der Raumzeit-Geometrie ersetzt wird.

Relativitätstheorie, spezielle: Einsteins Theorie der Bewegung und des Lichts unter Abwesenheit der Schwerkraft von 1905.

Retrokausalität: Hypothetische Prozesse, in denen die Reihenfolge der Ursachen rückwärts zur allgemeinen Zeitrichtung verläuft.

Schrödinger-Gleichung: Siehe Regel 1.

Schrödingers Katzenexperiment: Ein Gedankenexperiment, bei dem Regel 1 impliziert, dass eine Katze sich in einer Superposition von zwei verschiedenen makroskopischen Zuständen befindet: lebendig und tot.

Spin: Das Drehmoment eines Elementarteilchens, das eine intrinsische Eigenschaft von ihm ist und nicht von seiner Bewegung abhängt.

Spin-Netzwerk: Ein Graph, dessen Kanten durch Zahlen bezeichnet werden, die Spins repräsentieren. In der Loop-Quantengravitation wird jeder Quantenzustand der Geometrie des Raumes durch ein Spin-Netzwerk repräsentiert.

Standardmodell der Elementarteilchenphysik: Eine Quantenfeldtheorie, die unser bestes Modell der Elementarteilchen und ihrer Interaktionen ist, außer im Hinblick auf die Gravitation.

Stringtheorie: Ein Ansatz der Quantengravitation, der auf der Hypothese beruht, dass die fundamentalen Dinge in der Welt eindimensional sind.

Symmetrie: Eine Operation, durch die ein physikalisches System umgebildet werden kann, ohne die Tatsache zu berühren, dass sein Zustand ein möglicher Zustand des Systems ist. Zwei Zustände, die durch eine Symmetrie miteinander verknüpft sind, haben dieselbe Energie.

Theorie des dynamischen Kollapses: Ein Vorschlag, dass der Kollaps der Wellenfunktion ein wirklicher physikalischer Prozess ist.

Unschärfeprinzip: Ein Prinzip in der Quantentheorie, dem zufolge es unmöglich ist, sowohl die Position als auch den Impuls (oder die Geschwindigkeit) eines Teilchens zu messen.

Verborgene Variable: Eine Eigenschaft oder ein Freiheitsgrad eines Quantensystems, die oder der nicht von der Quantenmechanik beschrieben wird, aber nötig ist, um die Beschreibung eines individuellen Systems zu vervollständigen.

Vergangenheit oder kausale Vergangenheit: Für ein bestimmtes Ereignis alle anderen Ereignisse, die es beeinflusst haben könnten, indem sie Energie oder Information an dieses Ereignis gesendet hätten.

Verschränkung: Eine Eigenschaft eines Quantenzustands von zwei oder mehr Systemen, wobei der Zustand eine Eigenschaft angibt, die diese Systeme miteinander teilen und die nicht bloß die Summe der Eigenschaften der einzelnen Teilchen ist. Der EPR- oder entgegengesetzte Zustand ist ein Beispiel für einen verschränkten Zustand.

Viele-Momente-Interpretation: Die Hypothese, dass das, was wirklich existiert, eine unermessliche Sammlung von Momenten ist, die alles enthalten, was in der Geschichte des Universums geschehen sein könnte.

Viele-Welten-Interpretation: Eine Interpretation der Quantentheorie, derzufolge die verschiedenen möglichen Ergebnisse der Beobachtung eines Quantensystems sich in verschiedenen Universen befinden, die alle irgendwie koexistieren.

Wellenfunktion: Eine Repräsentation des Quantenzustands eines Systems.

Wellenmechanik: Eine Form der Quantenmechanik von Erwin Schrödinger im Jahr 1926. Später wurde gezeigt, dass sie mit der Matrizenmechanik äquivalent ist.

Welle-Teilchen-Dualität: Ein Prinzip der Quantentheorie, dem zufolge man Elementarteilchen je nach Kontext sowohl als Teilchen als auch als Wellen beschreiben kann.

Zukunft: Die Zukunft oder kausale Zukunft eines Ereignisses besteht aus all jenen Ereignissen, die es beeinflussen kann, indem es Energie oder Informationen an sie sendet.

Zustand: In jeder physikalischen Theorie die Konfiguration eines Systems zu einem bestimmten Zeitpunkt.

Zweiter Hauptsatz der Thermodynamik: Er sagt aus, dass die Entropie eines isolierten Systems höchstwahrscheinlich zunimmt.

Weiterführende Literatur

Populäre Bücher der Erfinder der Quantenmechanik

Bell, J. S., *Speakable and Unspeakable in Quantum Mechanics*, 2. Aufl., Einleitung von Alain Aspect; zwei zusätzliche Aufsätze. Cambridge, England: Cambridge University Press, 2004; dt.: *Sechs mögliche Welten der Quantenmechanik*, übers. v. W. Köhler, München: Oldenbourg, 2012.

Bohm, David. *Wholeness and the Implicate Order*, London: Routledge and Kegan Paul, 1980. Neuauflage, London: Ark / Routledge, 2002; dt.: *Die implizite Ordnung: Grundlagen eines holistischen Weltbildes*, übers. v. K.-U. Möhring, München: Goldmann, 1987.

Bohr, Niels. *Atomic Physics and Human Knowledge*, New York: Science Editions, 1961. Neuauflage, Mineola, NY: Dover Publications, 2010; dt.: *Atomphysik und menschliche Erkenntnis*, Braunschweig: Viehweg, 1964.

Bohr, Niels. *Atomic Theory and the Description of Nature: Four Essays with an Introductory Survey*, Cambridge, England: Cambridge University Press, 1934, 1961. Neuauflage, 2011; dt.: *Atomtheorie und Naturbeschreibung*, Berlin: Springer, 1931.

Bohr, Niels. »Discussion with Einstein on Epistemological Problems in Atomic Physics«, in: Paul Arthur Schilpp (Hg.), *Albert Einstein: Philosopher-Scientist*, 3. Aufl., Library of Living Philosophers 7. Peru, IL: Open Court Publishing, 1988,

S. 199–242; dt.: »Diskussion mit Einstein über erkenntnistheoretische Probleme in der Atomphysik«, in: Paul Arthur Schilpp (Hg.), *Albert Einstein als Philosoph und Naturforscher*, übers. v. H. Hartmann, Stuttgart: Kohlhammer, 1955, S. 115–150.

Einstein, Albert, *Autobiographical Notes*, übersetzt und herausgegeben von Paul Arthur Schilpp. Zentenarausgabe Peru, IL: Open Court Publishing, 1999.

Einstein, Albert, *Ideas and Opinions*, Neuauflage, New York: Broadway Books, 1995; dt.: *Mein Weltbild*, Berlin: Ullstein: 1959.

Heisenberg, Werner, *Philosophical Problems of Quantum Physics*, 2. Aufl. Woodbridge, CT: Ox Bow Press, 1979.

Heisenberg, Werner, *Die physikalischen Prinzipien der Quantentheorie*, Leipzig: Hirzel, 1930.

Schrödinger, Erwin, *What Is Life?* Mit *Mind and Matter* und *Autobiographical Sketches*. Vorwort zu *What Is Life?* von Roger Penrose, Cambridge, England: Canto / Cambridge University Press, 1992; dt.: *Was ist Leben*, Bern: Francke, 1946.

Bücher zeitgenössischer Autoren

Barbour, Julian, *The End of Time: The Next Revolution in Our Understanding of the Universe*, New York: Oxford University Press, 1999.

Carroll, Sean, *The Big Picture: On the Origins of Life, Meaning, and the Universe Itself*, New York: Dutton, 2016.

Deutsch, David, *The Beginning of Infinity: Explanations that Transform the World*, New York: Viking, 2011.

Deutsch, David, *The Fabric of Reality: The Science of Parallel Universes – and Its Implications*, New York: Penguin Press, 1997.

Greene, Brian, *The Hidden Reality: Parallel Universes and the Deep Laws of the Cosmos*, New York: Alfred A. Knopf, 2011; dt.: *Die verborgene Wirklichkeit: Paralleluniversen und die Gesetze des Kosmos*, übers. v. S. Vogel, München: Pantheon, 2013.

Penrose, Roger, *The Emperor's New Mind: Concerning Computers, Minds, and The Laws of Physics*, Neuaufl., mit einem neuen Vorwort des Autors, Oxford und New York: Oxford University Press, 1999; dt.: *Computerdenken: die Debatte um künstliche Intelligenz, Bewußtsein und die Gesetze der Physik*, übers. v. M. Springer, Heidelberg: Spektrum, Akad. Verlag, 2002.

Penrose, Roger, *Shadows of the Mind: A Search for the Missing Science of Consciousness*, Oxford und New York: Oxford University Press, 1994; dt: *Schatten des Geistes: Wege zu einer neuen Physik des Bewusstseins*, übers. v. A. Ehlers, Heidelberg: Spektrum, Akad. Verlag, 1995.

Rovelli, Carlo, *The Order of Time*, New York: Riverhead Books, 2018. // *L'ordine del tempo*. Mailand: Adelphi Edizioni, 2017; dt.: *Die Ordnung der Zeit*, übers. v. E. Heinemann, Reinbek: Rowohlt, 2018.

Rovelli, Carlo, *Reality Is Not What It Seems: The Journey to Quantum Gravity*, New York: Riverhead Books, 2017. // *La realtà non è come ci appare: La struttura elementare delle cose*. Mailand: Raffaello Cortina Editore, 2014; dt.: *Die Wirklichkeit, die nicht so ist, wie sie erscheint: eine Reise in die Welt der Quantengravitation*, übers. v. E. Heinemann, Reinbek: Rowohlt, 2017.

Rovelli, Carlo, *Seven Brief Lessons on Physics*, New York: Riverhead Books, 2016. // *Sette brevi lezioni di fisica*. Mailand: Adelphi Edizioni, 2014; dt.: *Sieben kurze Lektionen über Physik*, übers. v. S. Vagt, Reinbek: Rowohlt, 2017.

Tegmark, Max, *Our Mathematical Universe: My Quest for the Ultimate Nature of Reality*, New York: Alfred A. Knopf, 2014; dt.: *Unser mathematisches Universum: auf der Suche nach dem Wesen der Wirklichkeit*, übers. v. H. Mania, Berlin: Ullstein, 2015.

Biografien von Schlüsselfiguren

Byrne, Peter, *The Many Worlds of Hugh Everett III: Multiple Universes, Mutual Assured Destruction, and the Meltdown of a Nuc-*

lear Family, Oxford und New York: Oxford University Press, 2010; dt. *Viele Welten: Hugh Everett III; ein Familiendrama zwischen Kaltem Krieg und Quantenphysik*, übers. v. A. Ehlers, Heidelberg u. a.: Springer, 2012.

Farmelo, Graham, *The Strangest Man: The Hidden Life of Paul Dirac, Mystic of the Atom*, New York: Basic Books, 2009, dt.: *Der seltsamste Mensch*, übers. v. R. Rössler, Berlin: Springer, 2018.

Gribbin, John, *Erwin Schrödinger and the Quantum Revolution*, Hoboken, NJ: John Wiley and Sons, 2013.

Hoffmann, Banesh, in Zusammenarbeit mit Helen Dukas. *Albert Einstein: Creator and Rebel*, New York: Viking Press, 1973; dt.: *Albert Einstein, Schöpfer und Rebell*, übers. v. Helen Dukas, Stuttgart: Belser, 1976.

Klein, Martin J. *Paul Ehrenfest, Vol. 1: The Making of a Theoretical Physicist*, New York: American Elsevier, 1970.

Overbye, Dennis, *Einstein in Love: A Scientific Romance.* New York: Penguin, 2000.

Pais, Abraham, *Niels Bohr's Times: In Physics, Philosophy, and Polity*, Oxford und New York: Clarendon Press / Oxford University Press, 1991.

Pais, Abraham, *Subtle is the Lord: The Science and the Life of Albert Einstein*, Oxford und New York: Oxford University Press, 1982. Neuauflage mit einem neuen Vorwort von Roger Penrose, 2005; dt.: *»Raffiniert ist der Herrgott«; Albert Einstein, eine wissenschaftliche Biographie*, übers. v. R. Sexl, Heidelberg: Spektrum, Akad. Verlag, 2009.

Peat, F. David, *Infinite Potential: The Life and Times of David Bohm*, Reading, MA: Addison-Wesley, 1997.

Geschichte der Quantenphysik

Bacciagaluppi, Guido und Antony Valentini, *Quantum Theory at the Crossroads: Reconsidering the 1927 Solvay Conference*, Cambridge und New York: Cambridge University Press, 2009.

Baggott, Jim, *The Quantum Story: A History in 40 Moments*, Oxford und New York: Oxford University Press, 2011.

Baggott, Jim, *Beyond Measure: Modern Physics, Philosophy, and the Meaning of Quantum Theory*. Oxford und New York: Oxford University Press, 2004.

Forman, Paul, »Weimar Culture, Causality, and Quantum Theory, 1918–1927: Adaptation by German Physicists and Mathematicians to a Hostile Intellectual Environment.« *Historical Studies in the Physical Sciences*, Bd. 3 (1971): S. 1–115. Forman erweiterte seine ursprüngliche Argumentation in: Forman, Paul. »*Kausalität, Anschaulichkeit* and *Individualität*, or How Cultural Values Prescribed the Character and the Lessons Ascribed to Quantum Mechanics.« in: Nico Stehr und Volker Meja (Hg.), *Society and Knowledge: Contemporary Perspectives in the Sociology of Knowledge and Science*, New Brunswick, NJ: Transaction Books, 1984, S. 333–347.

Gefter, Amanda. *Trespassing on Einstein's Lawn: A Father, a Daughter, the Meaning of Nothing, and the Beginning of Everything*, New York: Bantam Books, 2014.

Gilder, Louisa, *The Age of Entanglement: When Quantum Physics Was Reborn*, New York: Alfred A. Knopf, 2008.

Gribbin, John, *In Search of Schrödinger's Cat: Quantum Physics and Reality*, New York: Bantam Books, 1984; dt.: *Auf der Suche nach Schrödingers Katze: Quantenphysik und Wirklichkeit*, übers. v. F. Griese, München: Piper, 2004.

Jammer, Max, *The Philosophy of Quantum Mechanics: The Interpretations of Quantum Mechanics in Historical Perspective*, New York: John Wiley and Sons, 1974.

Kaiser, David, *How the Hippies Saved Physics: Science, Counterculture, and the Quantum Revival*. New York: W. W. Norton, 2011.

Kragh, Helge, *Quantum Generations: A History of Physics in the Twentieth Century*, Princeton: Princeton University Press, 1999. Neuauflage, 2002.

Kuhn, Thomas S., *Black-Body Theory and the Quantum Discontinuity, 1894–1912*, Chicago: University of Chicago Press, 1987.
Stone, A. Douglas, *Einstein and the Quantum: The Quest of the Valiant Swabian*, Princeton: Princeton University Press, 2013.

Aufsatzsammlungen

DeWitt, Bryce Seligman und Neill Graham (Hg.), *The Many Worlds Interpretation of Quantum Mechanics*. Princeton Series in Physics, Princeton: Princeton University Press, 1973. Neuauflage: Princeton Legacy Library, 2015.
Saunders, Simon, Jonathan Barrett, Adrian Kent und David Wallace (Hg.), *Many Worlds? Everett, Quantum Theory, and Reality*, Oxford: Oxford University Press, 2010.

Register

't Hooft, Gerard 247, 288 f., 361

A

Aharonov, Yakir 165, 361
Ähnliche Systeme 319, 322 ff.
Akademische Gemeinschaft 356
Allgemeine Relativitätstheorie 19, 38, 40–44, 49, 84 f., 112, 115, 124 f., 136, 184–192, 233, 294–301, 304 f., 312 f., 316, 327–331, 334 f., 337
Alternative Geometrie 298
Amerikanische kommunistische Partei 154, 162
Amplitude 189, 204, 221
Annahmen 15, 149 f., 227, 235
Ansatz konsistenter Geschichten 285
Antirealismus 21, 23, 25, 27 f., 60 f., 105 f., 108, 111, 113 ff., 116 f., 119–137, 148, 164
Arkadien (Stoppard) 48
Aspect, Alain 82, 84, 86, 287
Astronomie 352
Äternalistischer Relationalismus 307
Atomare Systeme (Wellenfunktion und) 190–193, 195–197, 201, 203 ff., 207, 211, 221 f., 235–238, 247, 270–291
Atombombe 154
Atome 12–16, 19–25, 33–39, 40, 48, 58 f., 61, 64, 73, 82, 84, 87–93, 95–103, 109–119, 114 f., 123 ff., 128–137, 144 ff., 148, 156 ff., 169–182, 187, 190 ff., 197 ff., 202, 200, 205, 208–211, 214 f., 230, 246, 257, 259, 274–279, 280, 282 f., 294, 317–319, 324 f., 349, 332–336, 349
Atomgesetze 334
Atomkrieg 237
Aufspaltung 205, 211, 236, 252, 255 f., 272
Ausschlussprinzip 317

B

Barbour, Julian 264–268, 315, 361 f.
Bateson, Gregory 252
Bayes'sche Wahrscheinlichkeiten 216 f., 220
Bell, John 28 f., 60, 76, 85, 87, 95, 150, 270
Berechnung (computation) 49, 105, 171, 185, 268, 284, 287
Bernstein, Herbert 28, 59, 61, 361
Beschleunigung 232, 315
Beugung 106, 123, 276
Bewegung 47, 54, 57, 112 f., 122, 124, 129, 133, 157, 164, 166 f., 192, 195, 209, 214, 276, 286, 309, 315
Bewusstsein 11, 13, 181, 234 f.
Beziehungen 57, 131, 135, 185, 220, 265, 300, 304, 306 ff., 310, 313
Biochemie 236
Biologie 33
Bohm, David 29, 85, 148–150, 153–167, 179, 185, 226, 239, 244, 289, 318, 359
Bohm'sche Mechanik *siehe* Führungswellentheorie
Bohr, Niels 21, 27, 29, 38–43, 61, 85, 116–120, 124–136, 141, 144 f., 147 f., 150, 155, 160, 164 f., 226, 261, 359
Boltzmann, Ludwig 110 ff.
Born, Max 39, 70, 122 ff., 128, 131, 133, 144, 157

Born'sche Regel 100, 143, 167, 203 f., 221, 225 f., 232, 236, 270, 285
Brown'sche Bewegung 113
Bub, Jeffrey 179
Buckyballs 58

C

Chruschtschow, Nikita 161
Codes 86, 245
Computer 48, 86, 245, 253 f., 338
Cortês, Marina 337, 341 f., 344, 362
Crane, Louis 255 f., 362
CSL *siehe* Kontinuierliche spontane Lokalisierung (CSL)

D

Dalibard, Jean 82
Das benachbarte Mögliche 264
Davisson, Clinton 122 f.
De Broglie, Louis 44, 120, 122–125, 130, 132, 134, 137, 142, 145–148, 150, 153, 155, 156 ff., 164 f., 167, 197, 244, 275, 289, 359
De Broglie, Maurice 120
De Broglie-Bohm-Theorie *siehe* Führungswellentheorie
Debye, Peter 123
Dekohärenz 202, 209–215, 272
Detektoren 92, 105
Determinismus 47 f., 132
Deterministische dynamische Systeme 345
Deutsch, David 208, 223 f., 227 f., 234, 245
DeWitt, Bryce 195, 202, 207, 361
Dichte 64, 113, 184
Dimensionen 171, 299, 302 f.
Dirac, Paul 133, 137, 154, 239
Doppelspaltexperiment 106 f., 111, 142
Drehungen 339
Druck 49, 64
Dualität 58, 86, 99, 105, 112, 120–125, 128, 134, 142, 148, 181, 210, 339
Durchschnitte 59, 64, 97 ff., 101 f.

E

Einbildung (Wirklichkeit und) 35, 92, 349
Eingerollte Dimensionen 302
Einschränkung 60 f., 78, 80–83, 92, 244, 261, 276, 281, 305
Einstein, Albert 18–21, 27, 29, 35, 38–44, 43 f., 81, 84, 86, 96, 105, 108–118, 120, 122, 124 f., 130, 132, 134, 137, 146 f., 150, 153 ff., 157 f., 184 f., 188, 244, 254, 289, 293–296, 298 ff., 304, 336
Einstein-Podolsky-Rosen-Zustand (EPR) 79 f.
Einstein-Rosen-Brücke 311
Elektrizität 303 f.
Elektromagnetische Strahlung 77
Elektromagnetismus 114, 295
Elektronen 14, 28 f., 36, 40, 58, 109, 113–115, 117, 119–131, 134 f., 141, 156, 164, 186, 307
Elsasser, Walter 122
Energie 54–57, 66, 68, 87 ff., 98–101, 108–119, 122, 129, 133 f., 168, 181 f., 243, 274–276, 280, 334–348
Ensemble (von Atomen) 98
Ensemble ähnlicher Systeme 319
Entropie 168, 214, 235, 252
Entscheidungstheorie 224, 226 ff., 232
Epperson, Michael 262
EPR *siehe* Einstein-Podolsky-Rosen-Zustand (EPR)
Erde 12, 177, 191, 195, 237, 286
Ereignisse 39, 105, 175, 180, 184, 217, 258, 263–267, 277, 287 f., 305 f., 328–337, 342–348
Ergebnisse 39, 45, 60, 69, 82 f., 88, 95, 98, 103 f., 108, 110, 119, 127, 149, 159, 168, 178, 195 f., 199 f., 202–206, 211, 213, 218, 220, 222 f., 226, 230 f., 239, 248 f., 276, 288, 322 ff., 344
Erkenntnistheorie 42
Euklidische Geometrie 298
Everett, Hugh 27, 85, 197–205, 207 f., 215, 221–239, 244, 260, 272 f., 353
Experimentalphysik 324
Experimentelle Techniken 352
Experimentelle Vorrichtungen 126

F

Fehler 26, 131, 149 f., 359, 362,
Feld 49, 76 f., 108, 110, 249, 294, 337
Feldtheorie 255 f., 278
Feyerabend, Paul 160, 231, 361

Feynman, Richard 7, 27, 245, 284, 294, 311, 314, 359, 361
Finkelstein, David 163, 185
Forman, Paul 43
Formulierung wirklicher Ensembles 321, 345, 349
Freiheit 317, 319
Freiheitsgrad 270, 298, 317, 319, 328
Frequenz 56 f., 66 ff., 99, 108 f., 111 f., 114, 117 f., 136
Frühes Universum 169, 234
Fuchs, Chris 105, 363
Führungsgleichung 143 f., 155, 275 ff.
Führungswellentheorie 142 f., 145–150, 155–170, 174 f., 178 ff., 193, 195 f., 201, 225, 232 ff., 270–282, 289 ff., 293, 304, 307 ff., 353
Fundamentale Gleichzeitigkeit 306

G

Gambini, Rodolfo 193
Gase (Eigenschaften von) 64, 98, 110 f., 334
Gegenteil-Zustand 75–78
Gegenwart 64, 174, 262 ff., 322, 324, 343
Geigerzähler 88–92, 169, 198 f., 257
Geisteswissenschaftliche Akademiker 24
Geometrie 179, 184 ff., 297 ff., 303, 332
Germer, Lester 122, 123
Geschichten 11, 27, 45, 76, 86, 201, 266, 284 f., 329
Geschwindigkeit 19, 49, 54 ff., 122, 137, 155, 157, 294, 338
Gesetze *siehe auch* Regel 0; Regel 1; Regel 2;
Gespensterhafte Zweige 192, 195, 197, 272–275, 278 f.
Ghirardi, Rimini und Weber (GRW) 180, 190
Glück (Wissenschaft und) 30, 44, 111, 133, 224, 288, 361
Gomes, Henrique 265, 268, 362
Gott 303, 308
Grangier, Philippe 82
Gravitation 26, 44, 187–192, 300, 327
Gross, David 351
Grundgesetze 49, 182, 333, 347, 352
Grundlagen der Quantentheorie 45, 165 f., 184, 232 f., 243–247, 250, 268, 297, 304, 327, 353, 355, 361
Grundlagenphysik (Prinzipien für die) 297–307
GRW *siehe* Ghirardi, Rimini und Weber (GRW)
Gurdjieff 161 f.

H

Hardy, Lucien 243, 246 f., 363
Heisenberg, Werner 22, 29, 52, 61, 127–137, 141, 144, 146, 148, 158, 262, 296, 359
Hermann, Grete 149
Hintergründe 169, 273, 297–302, 307, 310, 340, 345 f.
Holografische Hypothese 335
House Un-American Activities Committee 154
Hunger 237

I

Identität des Ununterscheidbaren 302, 313, 317, 329, 339, 344 ff.
Illusion (Zeit als) 265–268
Impuls 13, 28, 48–58, 63–67, 70, 93, 117 f., 122, 130–133, 158, 275 f., 337–348
Impulserhaltung 158, 339
In der Nähe (bei Netzwerken) 310
Indeterminismus 319
Informatik (Quantenphysik und) 149, 245
Information 28, 33, 49, 65, 71–80, 83 f., 90, 102, 168, 170, 172 f., 181, 199, 213, 218 f., 245–255, 260, 278, 281, 291, 308, 315, 320 f., 335 f., 347 f.
Interferenz 52, 175, 290
Inverses Problem 333, 344
Irrationalität 43, 164
Irreversibilität 306, 345

J

Jacobson, Ted 335, 362
Jetzt, Begriff des 306
Jordan, Pascual 131, 133, 137

K

Kabbala 127
Károlyházy, Frigyes 179, 190

Kastner, Ruth 262, 283
Kauffman, Stuart 262 ff., 362
Kausale Perspektiventheorie 327–350
Kausale Schleifen 329
Kausale Vergangenheit 331, 343 f.
Kausale Zukunft 288, 343
Kausalität 184, 267
Kausalmengen 310, 333, 341
Kausalmengentheorie 331 f.
Kausalrelationen 328, 330–337, 341, 344, 348
Kausalstruktur 330, 335 f., 380
Kernphysik 34
Klassische Physik 19
Klassische Welten 286
Klassischer Zustand 65
Klimawandel 23, 237
Kochen, Simon 95
Kochen-Specker-Theorem 95
Kollapsereignisse 180–183, 193, 279
Kollapstheorie 181, 233
Kommunikation 250, 277
Kommunismus 154, 161
Komplementarität 126 f., 132 f., 135, 145, 147, 160 f.
Komplexe Systeme 320
Konfigurationsraum 170 ff., 272, 276, 308
Kontextualität 94 f.
Kontinuierliche spontane Lokalisierung (CSL) 179
Kopenhagener Interpretation 136, 141, 353
Korrelierte Zustände 89, 198
Kosmologie 264, 271, 327, 352, 354
Kraft 46, 54, 56, 114, 120, 130, 155, 195, 286 ff., 303, 346
Kreisbewegung 117
Krishnamurti 161 f.
Kritischer Realismus 207–239
Kuhn, Thomas 359

L

Lakatos, Imre 233
Leibniz 296, 300, 302 f., 312–316, 327 f., 345, 361
Lewis, David 219
Licht 40, 58, 95, 109, 110 f., 114 f., 118 f., 125, 230, 294, 333
Lichtgeschwindigkeit 80, 83 f., 96, 168, 278, 281 f., 328 f., 347
Lokalität 78, 81 ff., 86, 93, 96, 196, 287, 306, 311, 316, 346, 349, 357
Lokalitätsdefekte 310
Loop-Quantengravitation 186 f., 256, 293, 310, 312 f., 352–357

M

Magischer Realismus 195–206
Magnetfelder 338
Magnetismus 303 f.,
Makroskopische Objekte 177, 192
Makroskopische Systeme 179 f., 190, 279, 319
Markopoulou, Fotini 310, 362
Masse 14, 19, 49, 54 f., 112 ff., 178, 182, 190 f., 227, 338
Materie 12 ff., 18 f., 34 f., 110 ff., 120–125, 148, 182, 273, 294, 333 f., 352
Mathematik 17, 26, 95, 116, 123, 131, 136, 148 f., 159, 166, 171, 184, 244 f., 255 f., 291, 296, 352
Mathematische Gesetze 39
Matrix 308 f.
Maxwell, James Clerk 107 f., 110, 114, 117, 295, 303
Mermin, David 150
Messproblem 37, 72, 90, 103, 164, 180 ff., 193, 248, 268, 270, 278 f., 290, 320, 355
Messung 22, 35, 37, 50–53, 60, 69–71, 78, 85, 90, 93 f., 97, 100–105, 109, 131, 134, 164, 169, 177 f., 181 f., 190, 196, 198, 201 f., 207, 210, 213, 215, 226 f., 239, 246, 248, 251, 255, 257, 299, 322 f.
Metaphysik 161
Minkowski, Hermann 294
Modelle 131, 180, 182, 195, 225, 255 f., 279, 281, 293 ff., 343, 345 f.,
Modelle des physikalischen Kollapses 179, 192
Möglichkeit (Wirklichkeit und) 67, 80–92, 142, 210, 237, 255, 260
Moleküle 12, 14, 33, 35 f., 58, 61, 99
Momente 265–268, 307, 328
Monadologie (Leibniz) 312
Moral 87, 239
Moussouris, John 186

Multiversum 25, 237, 273
Mystizismus 23, 27, 161, 165

N

Nachbarschaften 313–318
Naden 312 f., 316, 327 f., 330 f.
Näherungen 254
Naiver Realismus 22, 261
Nash, John 159
Natur 11 f., 15–26, 33, 35–42, 48 f., 58 f., 60, 82 f., 95 f., 104 f., 111 ff., 117, 126 f., 135, 162, 169, 186, 189, 196, 220, 223, 229, 239, 246, 251 ff., 272, 274, 284, 287, 293–296, 301, 304, 327, 329, 331, 338–341, 345 f., 349–359
Naturwissenschaft 15, 17–27, 33, 39–44, 60–63, 83, 86, 104, 106, 109 ff., 116 f., 127 ff., 133–136, 141, 163, 165 f., 183, 197, 235 f., 248, 257, 288, 303 f., 350 f.
Nelson, Edward 291, 361
Netzwerke 137, 306, 310, 312, 331 ff.
Neues Entwicklungsgesetz 192
Neumann, John von 136, 141, 148, 150 f.
Neutrinos 186
Newton, Isaac 19, 49, 64 f., 106, 112, 121, 296, 308, 337
Newtons Gesetze 103, 192, 285 f.
Newton'sche Mechanik 49, 304, 337
Newton'sche Physik 114 f., 132, 157 f., 166, 187, 210, 214, 248, 262, 285, 295, 297 f., 304
Nichtlokale Interaktionen 310, 320, 349
Nichtlokale Verschränkung 29, 95, 306
Nichtlokalität 79, 87, 95 f., 276 f., 283, 288 f., 297, 305 f., 310, 349
Noether, Emmy 149, 339, 341

O

Objekte 21, 84, 112, 126, 128, 169, 177 f., 180 f., 190, 192, 210, 212, 257, 264, 266, 298, 302
Observablen 60 f., 88, 198, 212, 253, 300 f.
Ontologie 42, 164, 193, 243, 272
Operationalismus 144, 247, 255
Operationalisten 21 f., 260
Oppenheimer, J. Robert 154, 159 f., 162
Oxforder Interpretation (der Quantenmechanik) 208 f.

P

Parität 186
Pauli, Wolfgang 131, 133, 136 f., 148, 159
Pearle, Philip 179 f., 190, 192, 362
Penrose, Roger 171, 183–192, 307, 361
Peres, Asher 105
Perspektiven 24, 259, 268, 313, 315–321
Philosophie 25, 42 f., 78, 112, 126 f., 134, 145, 149 f., 160 f., 208, 244, 255, 288, 296, 361
Photoelektrischer Effekt 109–112
Photonen 76 ff., 81–84, 100, 108 f., 111, 117, 121, 129, 169, 186, 317
Physik 14–30, 33 f., 38, 40, 43 f., 47–54, 57, 59 f., 62–65, 75, 77, 85 f., 103, 114 ff., 119, 121, 125–132, 141, 147, 149, 154, 157 f., 160 ff., 166 ff., 175, 183–187, 193, 197, 208 ff., 219 f., 230 f., 234, 238, 248 ff., 253 f., 262, 270, 274, 282, 285, 293, 295–299, 304, 310, 334, 337 ff., 340, 352, 354, 357, 361 f.
Physikalische Systeme 250, 254
Physikalische Theorien 62, 297
Physikalische Wechselwirkungen 317
Planck, Max 52, 110 f., 120, 335
Planck'sche Konstante 56
Planeten 14, 19, 58, 114 f., 210, 315
Plasmaphysik 154, 161
Podolsky, Boris 81, 84, 87 – *siehe auch* Einstein-Podolsky-Rosen-Zustand (EPR)
Poincarés Wiederkehrtheorem für Quanten 213
Polarisierung 76, 287 f.
Popper, Karl 252
Position 49–53, 55–58, 65 ff., 69, 83, 88, 93, 100 f., 104, 126, 130, 132, 134, 144, 171, 177, 181, 209, 221, 262, 277, 337 f.
Präparierung 322 f.
Präzedenz 324 f.
Präzedenzprinzip 264, 321 f., 324 f.
Princeton University 154
Prinzip der kausalen Vollständigkeit 301 f., 318
Prinzip der Nichtkommutativität 51
Prinzip der relativen Lokalität 357
Prinzip des zureichenden Grundes 302 ff., 345

Prinzipien für die Grundlagenphysik *siehe* Grundlagenphysik (Prinzipien für die)
Prinzipientheorien 295
Propensität 220
Proteine 58
Pullin, Jorge 193

Q

Quanten 14, 17, 28, 33, 44, 47–96, 119 f., 163, 213, 255, 271, 297, 300, 306, 310, 317, 331
Quanten-Bayesianismus 248, 255
Quantencomputer 245 f., 248, 320 f.
Quantengleichgewicht 168 f., 196, 276, 278
Quantengravitation 16, 27, 30, 183–187, 245, 255 f., 271, 282, 295, 297, 310–313, 330, 333 ff., 352–355, 357
Quanteninformationstheorie 245 f., 291, 320
Quantenkraft 277, 318, 348
Quantenmechanik 15–23, 26–30, 33–50, 56, 59–65, 69 f., 73, 78, 80–88, 94–104, 116, 120, 124, 127 f., 131 f., 134 f., 141, 143–150, 153–159, 163, 167–169, 177 f., 180, 183, 187 ff., 192 f., 195 ff., 200–204, 208, 210, 221–239, 243–246, 254 f., 260, 268, 270 ff., 275 ff., 279–288, 291, 297, 300, 302–307, 310, 312, 318 ff., 322, 327, 342, 346, 348 f., 353, 355, 361 ff.
Quantenphänomene 45, 163, 189, 233, 280, 297, 353
Quantenphysik 14–17, 26–30, 34, 40, 44 f., 50, 63, 74, 85, 95, 105, 114, 117, 125, 141 ff., 148, 163 f., 182, 214, 234, 245–249, 262 f., 269, 278, 282, 286 f., 293, 297, 300, 307, 310, 318 f., 363
Quantenphysikalische schwarze Löcher 250
Quanten-Raumzeit 331
Quanten-Superposition *siehe* Superposition
Quantensysteme 37, 73, 90, 95, 169, 199, 215, 261
Quantenteleportation 246
Quantentheorie 16, 18, 20 f., 26 f., 37 f., 40, 43, 45, 50, 59–65, 69, 79, 83 f., 95, 102–105, 112 f., 116 f., 124, 128, 131, 133, 135 ff., 141, 147, 150, 153, 155 ff., 161 f., 164 ff., 184, 186–191, 203, 207 f., 210, 215, 222 f., 230 ff., 236 f., 243–247, 250, 255, 256, 259, 264, 268, 270, 284, 289, 297, 300, 304, 311, 327, 333, 352 f., 355, 361
Quantenzustände 66, 68 f., 75, 81, 99, 172, 190, 196, 229, 255, 260, 284
Quantisierung 26, 187, 189,
Qubit 248

R

Rationalität 304
Raum 12 f., 14, 19, 29, 41, 57, 70, 77, 108, 114, 123 f., 135, 142, 170 ff., 174, 181–185, 246, 268, 276, 294, 296, 298, 300–311, 316 f., 321, 335, 337, 339–341, 345 f., 349
Raumzeit 26, 34, 179, 184, 189, 293 f., 297 f., 304 f., 330–335, 337, 344, 346, 349
Raumzeitgeometrie 191
Rauschen (Kollapstheorie und) 181 ff.
Raymond, Louis Victor Pierre 119
Realismus 17, 20–23, 25, 38, 43, 50, 60, 64, 73, 95 f., 104 f., 125, 133, 141, 153, 155, 177 f., 182, 195 ff., 202 f., 207 f., 212, 230, 239, 247, 255, 260 f., 263 f., 267, 269, 281, 285, 306
Regel 0 267
Regel 1 66, 69–72, 91 ff., 103 f., 143, 145, 163, 166 f., 169, 178 ff., 190, 192, 195–199, 201–208, 213 ff., 221, 229, 231, 238 f., 248, 272, 322
Regel 2 71 f., 78 f., 88, 90 ff., 103 f., 143, 145 f., 163, 177 f., 180, 192, 195–198, 201, 203 f., 206, 213, 215, 221 ff., 229 f., 239, 254 f., 281, 322
Relationale Quantentheorie 255 f., 259
Relationale verborgene Variablen 307
Relationalismus 306 ff., 327, 341
Relativistische Feldtheorie (Führungswellentheorie und) 278
Religion 24, 161
Retrokausalität 282 f.
Reversibilität 49
Reziprozität 290, 301 f., 304, 318
Roger, Gérard 82
Röntgenstrahlen 120 f.
Rosen, Nathan 79, 81, 87, 311 – *siehe auch* Einstein-Podolsky-Rosen-Zustand (EPR)

Rosenfeld, Léon 160
Rovelli, Carlo 255 f., 258–261, 268, 362
Rutherford, Ernest 114

S

Saunders, Simon 208, 228 f., 362
Schallwellen 68
Schattentheorie 16
Schrödinger, Erwin 91, 123 ff., 128, 130, 132, 134, 137, 143, 150, 153, 192, 244, 289, 312, 318, 359
Schrödinger-Newton-Gesetz 192
Schwarze Löcher 250
Schwarzkörperstrahlung 120
Seinsfähige Eigenschaften (beables) 60 f., 96, 225, 270–273, 278, 284 f., 289 ff., 310, 349
Semantik (Information und) 250 f.
Shannon, Claude 250 ff.
Shimony, Abner 212 f., 262, 361
Shore, Peter 245
Solvay-Konferenz 142, 146, 148, 164
Sonnensystem 14, 114 f., 315
Sorkin, Rafael 284, 332, 363
Specker, Ernst 95
Spektrograf (Messung von Photonen) 129
Spektrum 131, 136, 214, 248
Spezielle Relativitätstheorie 84, 194 f., 304, 336
Spin-Netzwerke 185 f., 307
Spontaner Kollaps 180 ff., 193, 195, 273, 278–281, 290, 353
Sprache (Information und) 245, 247 f., 250 f., 261, 296
Standardabweichung 102
Stationäre Zustände 118
Sterne 34, 58
Stochastische Quantenmechanik 291
Stoppard, Tom 48
Strahlung 15 f., 20, 39, 77, 91, 95, 115, 120 f., 136, 187, 192
Stringtheorie 250, 293, 303, 352, 357
Subjektive Wahrscheinlichkeiten 230
Subjektivität (Entropie und) 252
Subsystemprinzip 60 ff.
Superdeterminismus 287 ff.
Superposition 34 f., 68, 73, 86–90, 92 f., 104, 188, 190 f., 196, 198–200, 205, 211, 257–260, 290
Superpositionsprinzip 68, 188 f., 192
Symmetrie 329, 339 f.

T

Tatsachen 12 f., 23, 222, 264
Technik (Verschränkung) 34, 86, 187, 246
Teilchen 14, 28, 35, 38, 54–58, 63–70, 75, 82 f., 85 f., 99 ff., 105 f., 108, 111, 113 f., 120–126, 132–135, 141–147, 155–158, 164–174, 181, 190–193, 195, 201, 210, 221, 238, 262, 270, 272–279, 286, 290 f., 295 f., 304, 307 ff., 318, 321, 328, 337 f.
Teilnahme (Beobachtung und) 249
Temperatur 64
Theorie wirklicher Ensembles 320, 348
Thermodynamik 168, 214, 235, 252, 280, 295
Topologische Feldtheorien 255 f.
Trägheit 117
Transaktionsinterpretation 283
Tumulka, Roderich 153, 362
Turingmaschine 245
Twistor-Theorie 186 f.
Tyrannei 237

U

Überzeugungen 42, 212, 220 f., 248
Unger, Roberto Mangabeira 263, 299, 341, 362
Universeller Quantencomputer 245
Universum 13, 22, 25, 42, 61 f., 69, 169, 184, 202, 214, 224 f., 227 f., 232 ff., 249 f., 256, 259, 263, 267, 286, 288, 290, 299–303, 312 ff., 319–321, 324, 328 ff., 336, 338, 340, 346, 348 f., 352
Unschärfeprinzip 67, 86, 97 f., 101, 132 f., 135
Unterscheidung 105, 235 f., 251, 253, 263, 313, 335
Urknall 169, 288

V

Valentini, Antony 146, 167, 169, 271, 275, 362
Verborgene Variablen 20, 190, 270, 307
Vereinheitlichung 16, 282, 294, 297

Vereinheitlichung der Kräfte 16
Vergangenheit 184, 219, 244, 263, 266 f., 283, 287 f., 296, 322 ff., 328–332, 336, 342–348, 354
Verschränkung 29, 35, 75, 85 f., 95, 249, 283, 290, 305–308
Vervielfältigungen 186
Viele-Welten-Interpretation 22, 26, 197, 201, 204 f., 207, 211, 215, 230, 232, 234, 236, 247, 272, 290
Vielfalt 231, 315–319, 348 f.
Vigier, Jean-Pierre 161
Vollkommenheit 314 ff.
Vorgesetztenprinzip 219

W

Wahrheit 19 f., 25, 27, 30, 200, 247, 258 f., 282, 289, 339, 351, 353–356
Wahrnehmung 18 f., 23, 334
Wahrscheinlichkeiten 39, 64, 69, 70, 88, 98, 100, 102–105, 164, 166 f., 182, 197, 203 ff., 207 f., 212 f., 215–232, 238 f., 254 f., 263, 270, 272, 276, 281, 284 f., 300, 309, 318, 322 ff.
Wasser 13, 14, 33, 112 f., 131, 143
Wasserstoffatome 100
Wasserstoffbombe 27
Weinberg, Steven 238
Wellen 28, 36, 58, 63, 66 ff., 70, 77, 99, 105–108, 123, 126, 132, 136, 141, 143, 145, 156, 172, 181, 190, 193, 210, 221, 270, 273 f., 278, 290
Wellenfunktion 66, 71, 143 ff., 155 f., 163, 166 ff., 172–175, 177–182, 190–193, 195 ff., 203 ff., 207, 211, 221 f., 235, 237 f., 247 f., 254, 262, 270–281, 284, 289 ff., 300, 308 f., 321
Wellenlänge 28, 56 f., 66 f., 125
Wellenmechanik 134, 159
Wellentheorie 106, 110
Welle-Teilchen-Dualität 58, 86, 99, 120 ff., 124 f., 128, 134, 142, 148, 181
Weyl, Hermann 123
Wheeler, John Archibald 27 f., 73, 207, 249, 267, 361
Wheeler-DeWitt-Gleichung 267
Wider den Methodenzwang (Feyerabend) 231
Wigner, Eugene 258, 361
Wigners Freund 258
Wirklichkeit (Möglichkeit und) 159, 193, 200 f., 235, 261–265, 306
Wissen 18–21, 34, 42, 74, 128, 195 f., 219, 250, 262, 354, 356, 358 f.
Wissenschaftliche Geisteshaltung 12
Wissenschaftliche Methode 135, 351
Witten, Edward 187
Wittgenstein, Ludwig 112
Wunder 120, 203
Wurmlöcher 310 f.

Y

Young, Thomas 106 f., 121

Z

Zeit 14, 37 f., 48 f., 53 f., 62 f., 66, 69 ff., 80, 85, 87 f., 90 f., 93, 95, 99 f., 103, 112, 116, 119 f., 125, 128 f., 133, 135, 145, 146, 156 f., 161, 167 f., 173 f., 178, 180, 182, 184 f., 188–191, 196 f., 203, 213, 217, 231, 238 f., 244, 263, 265–268, 280, 282 f., 284, 288 f., 293, 296–307, 315, 321 f., 324, 327 f., 337–339, 341–346, 351–355, 357–359
Zeitlicher Relationalismus 327, 341
Zerfall 89, 259
Zufälligkeit 34, 70, 102, 209, 211, 277 f.
Zukunft 18, 36, 47–51, 55, 58 f., 64 f., 82, 86, 133, 166, 173, 175, 184, 193, 219, 231, 236 f., 247, 253, 255, 262 ff., 273 f., 283, 287 f., 305, 329, 331 f., 336 f., 342 f., 349 f., 355
Zusammenstöße 54, 113, 202, 274
Zustände *siehe* Quantenzustände
Zweiter Hauptsatz der Thermodynamik 214, 235
Zyklen 345

»Ein neues Verständnis von Zeit und Realität.« *BR2*

ISBN 978-3-570-55281-0

Dieses Buch ist auch als E-Book erhältlich

Lee Smolin sieht Zeit als die einzige fundamentale Größe des Universums. Alles andere, auch die vermeintlich unabänderlichen Gesetze, unterliegen seiner Auffassung nach der Veränderung in der Zeit. Newtons Gesetze werden vielleicht nicht immer so grundlegend bleiben, wie wir sie heute verstehen. Mit dieser revolutionären Auffassung stellt er die Zeit in den Mittelpunkt unseres Denkens über die Welt und erklärt, welche Auswirkungen das auf uns und auf unser Verständnis der Welt und des Universums hat.

www.pantheon-verlag.de